U0390091

玻璃加工技术丛书
编写人员

主　编：刘志海

《玻璃冷加工技术》：高　鹤

《玻璃强化及热加工技术》：李　超

《玻璃镀膜技术》：宋秋芝

《玻璃复合及组件技术》：李　超、高　鹤

玻璃加工技术丛书
BOLI JIAGONG JISHU CONGSHU

BOLI | 玻璃
QIANGHUA JI
REJIAGONG JISHU

强化及热加工技术

李超 编著

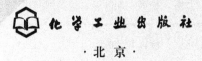

化学工业出版社
·北京·

图书在版编目（CIP）数据

玻璃强化及热加工技术/李超编著. —北京：
化学工业出版社，2013.6（2025.4 重印）
（玻璃加工技术丛书）
ISBN 978-7-122-16924-2

Ⅰ.①玻…　Ⅱ.①李…　Ⅲ.①玻璃-热加工
Ⅳ.①TQ171.6

中国版本图书馆 CIP 数据核字（2013）第 065708 号

责任编辑：常　青　　　　　　　　文字编辑：颜克俭
责任校对：吴　静　　　　　　　　装帧设计：韩　飞

出版发行：化学工业出版社（北京市东城区青年湖南街 13 号　邮政编码 100011）
印　　装：北京虎彩文化传播有限公司
710mm×1000mm　1/16　印张 16½　字数 308 千字　2025 年 4 月北京第 1 版第 6 次印刷

购书咨询：010-64518888　　　　　售后服务：010-64518899
网　　址：http://www.cip.com.cn
凡购买本书，如有缺损质量问题，本社销售中心负责调换。

定　　价：49.00 元

丛书前言

　　玻璃是应用广泛的透明材料，玻璃经过各种工艺加工以后，其光学、热学、电学、力学及化学的性能改变，可以制得具有某设定值的太阳光反射率、透射率；辐射热的反射率、透射率；热传导率；表面电阻；机械强度；晶莹高雅的颜色或图案。因此加工玻璃制品具有隔热、控光、导电、隔声、防结露、防辐射、减反射、安全、美观舒适的功能。

　　随着我国国民经济的迅速发展和城乡居民生活水平的不断提高，对加工玻璃的数量和质量的要求也不断提高。进入 21 世纪，玻璃精细加工行业发展迅猛。玻璃的加工过程，常是运用热学、化学、电子学、磁学、分子动力学、离子迁移学的处理过程，更多时是运用多种工艺方法共同处理的过程。也就是说，玻璃加工行业已从简单的生产，发展为各学科、各技术相互渗透与交融的高新技术产业。在新的形势面前，为了使广大的生产、科研、使用者能够充分了解玻璃加工技术的发展，掌握其产品性能、生产工艺、检测手段和使用方法，我们在参考国内外有关玻璃深加工方面文献的基础上，并结合玻璃加工技术实践经验，组织编著了这套玻璃加工技术丛书，以飨读者。

　　本套丛书按照玻璃加工工艺及专业分为四册，即《玻璃冷加工技术》、《玻璃强化及热加工技术》、《玻璃镀膜技术》和《玻璃复合及组件技术》。本套丛书在编写过程中，力求做到既介绍玻璃加工基础知识，又联系生产实际，希望能为从事玻璃加工研究、开发设计、生产、施工、管理、监理等广大同仁提供一些帮助。

　　由于我们学识水平所限，难免在丛书的整体结构方面，各分册具体技术的阐述方面存在这样和那样的问题及不足，敬请有识之士批评、指正。

　　借此丛书出版之际，谨向所有关心我们的老领导、老前辈以及同事、朋友表示深切的谢意！

刘志海
2013 年 5 月

前言

FOREWORD

随着工业化、城镇化进程的加快，房地产、汽车等相关行业快速发展，各式各样的房屋设计造型、功能性玻璃幕墙以及轻型化汽车的出现，极大地拉动了加工玻璃的需求，促进了加工玻璃行业的发展。加工玻璃是以平板玻璃为基础，经过不同的加工或者处理方法，使其具有节能、环保、安全、装饰等新的功能或形状的二次加工制品。

玻璃强化和热加工是玻璃加工的主要内容。玻璃强化和热加工是通过加热或化学处理等方法，改变玻璃及玻璃制品的外形、表面状态，赋予新功能。

为满足玻璃加工生产技术人员、教学人员及研究人员的需要，我们在参考了大量有关玻璃强化和热加工技术的最新成果等文献资料，并访谈了有实践经验的从事强化和热加工玻璃生产的技术人员和一线操作人员的基础上，编写了本书。

本书以各种玻璃强化和热加工技术原理、生产工艺及设备、产品质量等为主线，介绍了玻璃热弯、物理钢化、化学钢化、特殊钢化、施釉、热熔、封接等玻璃强化和热加工技术方面的内容，力求使本书具有较强的参考性、实用性，以期对玻璃强化和热加工产业发展有些助益。

本书在编写中，得到同事、朋友及家人的大力支持，他们是马军、刘世民、王彦彩、王立坤、冀杉、刘笑阳、付一轩等，在此一并致以衷心的感谢！

鉴于玻璃加工行业发展势头强劲，加之笔者学识有限，实践经验不足，难免在某些问题的界定、分类以及表述等方面存在疏漏和不妥之处，敬请有识之士不吝赐教，给予批评指正。

编者
2013 年 5 月

目 录

CONTENTS

第 **3** 章 ==== **玻璃钢化技术**   40

第 4 章　玻璃化学钢化技术　　　　　115

第 5 章　玻璃特殊钢化技术　　136

第 6 章　玻璃施釉技术　　163

第 7 章　玻璃热熔技术　233

第 8 章　玻璃封接技术　243

玻璃强化及热加工技术基础知识

1.1 概述

1.1.1 玻璃强化的概念

玻璃强化又通称玻璃钢化。它是用物理的或化学的方法，在玻璃表面上形成一个压应力层，玻璃本身具有较高的抗压强度，不会造成破坏。当玻璃受到外力作用时，这个压力层可将部分拉应力抵消，避免玻璃的碎裂，虽然钢化玻璃内部处于较大的拉应力状态，但玻璃的内部无缺陷存在，不会造在成破坏，从而达到提高玻璃强度的目的。玻璃强化加工可分为物理强化和化学强化。

物理强化是将普通平板玻璃在加热炉中加热到接近玻璃的软化温度（600℃）时，通过自身的形变消除内部应力，然后将玻璃移出加热炉，再用多头喷嘴将高压冷空气吹向玻璃的两面，使其迅速且均匀地冷却至室温，即可制得钢化玻璃。这种玻璃处于内部受拉，外部受压的应力状态，一旦局部发生破损，便会发生应力释放，玻璃被破碎成无数小块，这些小的碎片没有尖锐棱角，不易伤人。

化学强化是通过改变玻璃的表面的化学组成来提高玻璃的强度，一般是应用离子交换法进行钢化。其方法是将含有碱金属离子的硅酸盐玻璃，浸入到熔融状态的锂（Li^+）盐中，使玻璃表层的 Na^+ 或 K^+ 与 Li^+ 发生交换，表面形成 Li^+ 交换层，由于 Li^+ 的膨胀系数小于 Na^+、K^+，从而在冷却过程中造成外层收缩较小而内层收缩较大，当冷却到常温后，玻璃便同样处于内层受拉，外层受压的状态，其效果类似于物理钢化玻璃。

1.1.2 玻璃热加工的概念

玻璃制品的热加工原理与成形的原理相似，主要是利用玻璃黏度随温度改变的特性以及表面张力与热导率来进行的。各种类型的热加工都必须把制品加热到一定的温度，由于玻璃的黏度随温度升高而减少，同时玻璃的热导率较小，所以能采取加热的方法，在需要热加工的地方使之变形、软化，甚至熔化流动，以进行改变形状的加工。

在热加工过程中，需掌握玻璃的析晶性能，防止玻璃析晶。玻璃与玻璃或其他材料（如金属陶瓷等）加热焊接时，两者的热膨胀系数必须相同或者相近。玻璃在火焰上加工时，要防止玻璃中的砷、锑、铅等成分被还原而发黑。要结合玻璃的组成与性能，控制适宜的火焰性质和温度。由于玻璃的导电性能随温度升高而增强。可采用煤气与电加热的方法来加工厚壁玻璃制品。经过热加工的制品应缓慢冷却，防止炸裂或产生大的永久应力。对许多制品还必须进行二次退火。

平板玻璃的热加工主要包括热弯、热熔、叠烧、彩釉、封接等。当然火焰切割、钻孔，激光切割、钻孔，火焰抛光也应算作热加工，但为了总体分类和便于叙述，笔者将其划归冷加工。

1.2 玻璃的黏度

在重力、机械力和热应力等的作用下，玻璃液（或玻璃熔体）中的结构组元（离子或离子组团）相互间发生流动。如果这种流动是通过结构组元依次占据结构空位的方式来进行，则称为黏滞流动。当作用力超过"内摩擦"阻力时，就能发生黏滞流动。

黏滞流动用黏度衡量。黏度是指面积为 S 的两平行液面，以一定的速度梯度 $\dfrac{dV}{dx}$ 移动时需克服的内摩擦阻力 f。

$$f = \eta S \frac{dV}{dx} \tag{1-1}$$

式中　η——黏度或黏滞系数；

　　　S——两平行液面间的接触面积；

　　　$\dfrac{dV}{dx}$——沿垂直于液流方向液层间速度梯度。

黏度是玻璃的一个重要物理性质，它贯穿于玻璃生产的全过程。在熔制过程中，石英颗粒的熔解、气泡的排除和各组分的扩散都与黏度有关。在工业上，有时应用少量助熔剂降低熔融玻璃的黏度，以达到澄清和均化的目的。在成形过程中，不同的成形方法与成形速度要求不同的黏度和料性。在退火过程中，玻璃的黏度和料性对制品内应力的消除速度都有重要作用。高黏度的玻璃具有较高的退火温度，料性短的玻璃退火温度范围一般较窄。

影响玻璃黏度的主要因素是化学组成和温度，在转变区范围内，还与时间有关。不同的玻璃对应于某一定黏度值的温度不同。例如黏度为 $10^{12}\,Pa \cdot s$ 时，钠钙硅玻璃的相应温度为 $560℃$ 左右，钾铅硅玻璃为 $430℃$ 左右，而钙铝硅玻璃为

720℃左右。

在玻璃生产中，许多工序（和性能）都可以用黏度作为控制和衡量的标志（表 1-1）。使用黏度来描述玻璃生产全过程较温度更为确切与严密，但由于温度测定简便、直观，而黏度和组成关系的复杂性及习惯性，因此习惯上用温度来描述和规定玻璃生产工艺过程的工艺制度。

表 1-1　黏度与特性温度的关系

工艺流程		相应的黏度 /Pa·s	温　　度/℃		
			最大范围	一般范围	以 Na_2O-CaO-SiO_2玻璃为例
①澄清		10	1000～1550	1200～1400	1460
②成型	开始成型	$10^2～10^3$	850～1350	1000～1100	
	机械供料				1070～1230
	吹料	10			
	落料	10^3			
	吹制成型	$10^{2.7}～10^{3.7}$			
	压制成型	$10^{2.6}～10^5$			800
	制品出模	10^6			
③热处理 及其他	开始结晶	10^3			1070
	结晶过程	$10^4～10^5$			870～960
	软化温度	$10^{6.5}～10^7$		580～915	
	烧结温度	$10^8～10^9$			
	变形温度	$10^9～10^{10}$		550～650	640～680
	退化上限温度	10^{12}			
	应变温度	$10^{13.5}$			510
	退化下限温度	10^{14}			410

1.2.1　玻璃黏度与温度关系

由于结构特性的不同，因而玻璃熔体与晶体的黏度随温度的变化有显著的差别。晶体在高于熔点时，黏度变化很小，当到达凝固点时，由于熔融态转变成晶态的缘故，黏度呈直线上升。玻璃的黏度则随温度下降而增大。从玻璃液到固态玻璃的转变，黏度是连续变化的，其间没有数值上的突变。

所有实用硅酸盐玻璃，其黏度随温度的变化规律都属于同一类型，只是黏度随温度的变化速率以及对应于某给定黏度的温度有所不同。图 1-1 表示两种不同类型玻璃的黏度-温度曲线。这两种玻璃随着温度变化其黏度变化速率不同，称为具有不同的料性。曲线斜率大的玻璃 B 属于"短性"玻璃；曲线斜率小的玻璃 A 属于"长性"玻璃。如果用温度差来判别玻璃的料性，则温度差值越大，玻璃的料性就越长，玻璃成形和热处理的温度范围就越宽广，反之就狭小。

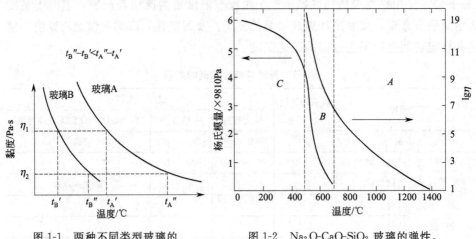

图 1-1　两种不同类型玻璃的　　　　图 1-2　$Na_2O\text{-}CaO\text{-}SiO_2$ 玻璃的弹性、
　　　　温度-黏度曲线　　　　　　　　　　黏度与温度的关系

图 1-2 是 $Na_2O\text{-}CaO\text{-}SiO_2$ 玻璃的弹性、黏度与温度的关系曲线。图中分三个区。在 A 区因温度较高，玻璃表现为典型的黏性液体，它的弹性性质近于消失。在这一温度区中黏度仅决定于玻璃的组成与温度。当温度进入 B 区（温度转变区），黏度随温度下降而迅速增大，弹性模量（杨氏模量）也迅速增大。在这一温度区，黏度（或其他性质）除决定于组成和温度外，还与时间有关。当温度继续下降进入 C 区，弹性模量进一步增大，黏滞流动变得非常小。在这一温度区，玻璃的黏度（或其他性质）又仅决定于组成和温度，而与时间无关。上述变化现象可以从玻璃的热历史加以说明。

从液体的结构可知，液体中各质点之间的距离和相互作用力的大小均与晶体接近，每个质点都处于周围其他质点键力作用之下，即每个质点均是落在一定大小的势垒（Δu）之中。要使这些质点移动（流动），就得使它们具有足以克服该势垒的能量。这种活化质点（具有大于 Δu 能量的质点）数目越多，液体的流动度就越大；反之流动度就越小。按玻尔兹曼分布定律，活化质点的数目与 $e^{-\frac{\Delta u}{KT}}$ 成比例。则液体的流动度 ϕ 可表示为：

$$\phi = A' e^{-\frac{\Delta u}{KT}} \tag{1-2}$$

因 $\phi = \dfrac{1}{\eta}$，故

$$\eta = A e^{\frac{\Delta u}{KT}} \tag{1-3}$$

式中　Δu——质点的黏滞活化能；

A——与组成有关的常数；

K——玻尔兹曼常数；

T——绝对温度。

式(1-3) 表明，液体黏度主要决定于温度和黏滞活化能。随着温度升高，液体黏度按指数关系递减。当黏滞活化能（Δu）为常数时，将式(1-3) 取对数可得：

$$\lg\eta=\alpha+\frac{\beta}{T} \tag{1-4}$$

式中　β——$\dfrac{\Delta u}{K}\lg e$，为常数；

　　　α——$\lg A$，为常数。

式(1-4) 表明，$\lg\eta$ 与 $\dfrac{1}{T}$ 成简单的线性关系。这是因为温度升高，质点动能增大，使更多的质点成为"活化"质点之故。图 1-3 是一般玻璃的 $\lg\eta$ 与 $\dfrac{1}{T}$ 的关系曲线，高温区域 ab 段和低温区域 cd 段都近似直线，而 bc 段不呈直线，这是因为式(1-4) 仅对不缔合的简单液体具有良好的适应性。对多数硅酸盐液体（如熔融玻璃）而言，高温时熔体基本上未发生缔合，低温时缔合趋于完毕，Δu 都为常数，故 ab 段和 cd 段都呈直线关系。但当玻璃从高温冷却时，对黏度起主要作用的阴离子团（$Si_xO_y^{2-}$）不断发生缔合，成为巨大复杂的阴离子团。伴随着阴离子团的缔合，其黏滞活化能亦随之增大，尤其在 T_g-T_f 温度范围内。因而在 bc 段不呈直线关系，与式(1-4) 产生很大偏差。

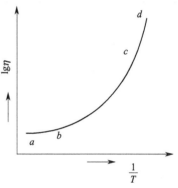

图 1-3　玻璃的 $\lg\eta$ 与 $1/T$ 的关系

进一步研究指出，$\Delta u=\dfrac{b}{T}$，说明黏滞活化能是温度的函数，Δu 与键强 b 成正比，与绝对温度 T 成反比。代入式(1-4)，则：

$$\lg\eta=\alpha+\frac{b'}{T^2} \tag{1-5}$$

式中，$b'=\dfrac{b}{K}\lg e$。

式(1-4)、式(1-5) 都为近似公式，因而有人提出更精确的黏度计算公式如式(1-6) 所示，但其很复杂不便计算，故式(1-4)、式(1-5) 通常被采用。

$$\lg\eta=a+\frac{a'}{T}e^{\frac{r}{T}} \tag{1-6}$$

式中，$\alpha' = \dfrac{\lg e}{K}\alpha$；$a$、$r$ 为常数。

富尔切尔（Fulcher）为了符合图 1-3 中的 bc 段，提出了另一个方程式：

$$\lg\eta = A + \frac{B}{T - T_0} \tag{1-7}$$

式中　A，B——常数；

　　　T_0——温度常数；

　　　T——绝对温度。

这一方程的特点是有 3 个任意常数，使用者可任意选择适当的 A、B 和 T_0 的最佳值。

一般钠钙硅玻璃的黏度-温度数据见表 1-2，从表 1-2 中可看出，随着温度的下降，玻璃黏度的温度系数（$\Delta\eta/\Delta T$）迅速增大。

表 1-2　钠钙硅玻璃的黏度-温度数据

黏度/Pa·s	温度/℃	$\lg\eta$	黏度范围/Pa·s	温度范围/℃	黏度系数/(Pa·s/℃)
10	1451	1.0			
3.16×10	1295	1.5	$10\sim10^2$	273	2.3
10^2	1178	2.0			
10^3	1013	3.0	$10^3\sim10^4$	110	8.2×10
10^4	903	4.0			
10^5	823	5.0	$10^5\sim10^6$	59	1.5×10^4
10^6	764	6.0			
10^7	716	7.0			
10^8	674	8.0	$10^7\sim10^8$	42	2.3×10^6
10^9	639	9.0			
10^{10}	609	10.0	$10^9\sim10^{10}$	30	2.8×10^8
10^{11}	583	11.0			
10^{12}	559	12.0	$10^{11}\sim10^{12}$	24	3.8×10^{10}
10^{13}	539	13.0			
10^{14}	523	14.0	$10^{13}\sim10^{14}$	16	5.6×10^{12}

1.2.2　玻璃黏度与熔体结构的关系

玻璃的黏度与熔体结构密切相关，而熔体结构又决定于玻璃的化学组成和温度。熔体结构较为复杂，目前有不同解释。就硅酸盐熔体来说，大致可以肯定，熔体中存在大小不同的硅氧四面体群或络合阴离子，如 $[SiO_4]^{4-}$、$[(Si_2O_5)^{2-}]_x$、$[SiO_2]_x$，式中 x 为简单整数，其值随温度高低而变化不定。四面体群的种类有岛状、链状（或环）、层状和架状，主要由熔融物的氧硅比（O/Si）决定。有人认为由于 Si—O—Si 键角约为 145°，因此硅酸盐熔体中的四面体群优先形成三元环、四元环或短键。同一熔体中可能出现几种不同的四面体群，它们在不同温度下以不同比例平衡共存。例如：在 O/Si≈3 的熔融物中有较多的环状 $(Si_3O_9)^{6-}$ 存在，它是由 3 个四面体通过公用顶角组成的；而在 O/Si≈2.5 的熔融物中则形成层状的四面体群 $\left[(Si_2O_5)^{2-}\right]_x$。这些环和层的形状不规则，并且在高温下分解而在低温下缔合。

熔体中的四面体群有较大的空隙，可容纳小型的群穿插移动。在高温时由于空隙较多较大，有利于小型四面体群的穿插移动，表现为黏度下降。当温度降低时，空隙变小，四面体群的移动受阻，而且小型四面体群聚合为大型四面体群，表现为黏度上升。在 T_g-T_f 之间表现特别明显，此时黏度随温度急剧变化。

在熔体中碱金属和碱土金属以离子状态 R^+ 和 R^{2+} 存在。高温时它们较自由的移动，同时具有使氧离子极化而减弱硅氧键的作用，使熔体黏度下降。但当温度下降时，阳离子 R^+ 和 R^{2+} 的迁移能力降低，有可能按一定的配位关系处于某些四面体群中。其中 R^{2+} 还有将小四面体群结合成大四面体群的作用，因此，在一定程度有提高黏度的作用。

1.2.3 玻璃黏度与组成的关系

玻璃化学组成与黏度之间存在复杂的关系，氧化物对玻璃黏度的影响，不仅取决于该氧化物的性质，而且还取决于它加入玻璃中的数量和玻璃本身的组成。一般来说，当加入 SiO_2、Al_2O_3、ZrO_2 等氧化物时，因这些阳离子的电荷多、离子半径小，故作用力大，总是倾向于形成更为复杂巨大的阴离子团，使黏滞活化能变大，增加玻璃的黏度。当引入碱金属氧化物时，因能提供"游离氧"，使原来复杂的硅氧阴离子团解离，使黏滞活化能变小，降低玻璃的黏度。当加入二价氧化物时对黏度的影响较为复杂，它们一方面与碱金属离子一样，给出游离氧使复杂的硅氧阴离子团解离，使黏度减小；另一方面这些阳离子电价较高、离子半径又不大，可能夺取原来复合硅氧阴离子团中的氧离子于自己周围，致使复合硅氧阴离子团"缔合"而黏度增大。另外，CaO、B_2O_3、ZnO、Li_2O 对黏度影响最为复杂。低温时 ZnO、Li_2O 增加黏度，高温时降低黏度。低温时 CaO 增加黏度，高温时含量低于 10% 降低黏度，含量高于 12% 增加黏度。低温时 B_2O_3 含量<15% 增加黏度，含量>15% 降低黏度，高温时降低黏度。

玻璃组成与黏度之间存在复杂的关系。下面从氧硅比、键强、离子的极化、结构的对称性以及配位数等方面加以说明。

（1）氧硅比 在硅酸盐玻璃中，黏度大小首先决定于硅氧四面体网络的连接程度。而硅氧四面体网络的连接程度又与氧硅比的大小有关。当氧硅比增大（例如熔体中碱含量增大游离氧增多），使大型四面体群分解为小型四面体群，导致黏滞活化能降低，熔体黏度下降。反之，熔体黏度上升。如表1-3所示。

表1-3 一些钠硅酸盐在1400℃的黏度

组成	O：Si	[SiO₄]连接程度	1400℃时的黏度/Pa·s
SiO_2	2.0	骨架状	10^9
$Na_2O \cdot 2SiO_2$	2.5	层状	28
$Na_2O \cdot SiO_2$	3.0	链状	0.16
$2Na_2O \cdot SiO_2$	4.0	岛状	<0.1

其他阴离子与硅的比值对黏度也有显著的作用。例如水（H_2O）一般以OH^-状态存在于玻璃结构中，使玻璃中的阴离子与硅之比值增大，因此能降低玻璃的黏度。从某种意义上说，水对四面体群起着解聚作用。玻璃中当以氟化物取代氧化物时（例如以CaF_2取代CaO），由于阴离子与硅之比值增大，也有降低黏度的作用。

（2）键强与离子的极化 在其他条件相同前提下，黏度随阳离子与氧的键力增大而增大。在碱硅二元（R_2O-SiO_2）玻璃中，当O/Si比值很高时，硅氧四面体间连接较少，已接近于岛状结构，四面体间很大程度依靠键力R—O相连接，因此键力最大的Li^+具有最高的黏度，黏度按$Li_2O \to Na_2O \to K_2O$顺序递减。但当O/Si比值很低时，则熔体中硅氧阴离子团很大，对黏度起主要作用的是[SiO₄]四面体之间的键力。这时R_2O除提供"游离氧"以断裂硅氧网络外，R^+在网络中还对Si—O键有反极化作用，从而减弱了Si—O间的键力，降低熔体的黏度。Li^+半径最小，电场强度最大，反极化作用最强，降低黏度的作用也最大，故黏度按$Li_2O \to Na_2O \to K_2O$顺序增加。

离子间的相互极化对黏度也有显著影响。阳离子极化力大，使（硅氧键的）氧离子极化、变形大，它们之间的共价成分增加而减弱了硅氧键，使熔体黏度下降。一般来说非惰性气体型阳离子（包括18电子壳层、过渡金属离子和类氩电子结构的阳离子如Pb^{2+}、Cd^{2+}、Zn^{2+}、Sn^{2+}、Bi^{3+}、Fe^{2+}、Cu^{2+}、Co^{2+}、Mn^{2+}、Li^+、Be^{2+}、B^{3+}等）的极化力大于惰性气体型阳离子，故前者减弱硅氧键的作用较大，使玻璃具有较低的黏度。

（3）结构的对称性 在一定条件下，结构的对称性对黏度有重要的作用。如果结构不对称就可能在结构中存在缺陷或薄弱环节，使黏度下降。例如，硅氧键（Si—O）和硼氧键（B—O）的键强属于同一数量级，然而石英玻璃的黏度却比硼氧（B_2O_3）玻璃大得多，这正是由于两者结构的对称程度不同所致。又如磷氧键（P—O）与硅氧键键强也属于同一数量级，但磷氧（P_2O_5）玻璃的黏度比石英玻璃小得多。主要是磷氧四面体中有一个带双键的氧，使结构不对称产生薄弱环节的缘故。

（4）配位数　阳离子的配位状态对玻璃的黏度也有重要的影响，氧化硼表现特别明显。图 1-4 表示 $16Na_2O \cdot xB_2O_3 \cdot (84-x)SiO_2$ 系统玻璃当 B_2O_3 含量改变时黏度的变化。

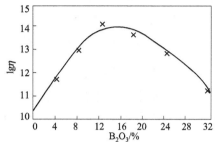

图 1-4　$16Na_2O \cdot xB_2O_3 \cdot (84-x)SiO_2$ 系统玻璃在 560℃时的黏度变化

由图 1-4 可见，B_2O_3 含量较少时，硼离子以［BO_4］四面体形式存在，并将断裂的硅氧网络连接起来，使结构网络聚集紧密，黏度随 B_2O_3 含量的增加而增大。当硼含量增至 $Na_2O/B_2O_3<1$ 时，增加的 B_2O_3 开始处于［BO_3］三角体中，使结构疏松，黏度下降。

Al_2O_3 对黏度的影响也很复杂。Al_2O_3 在硅酸盐玻璃中也有 4 和 6 两种配位状态。当 Al^{3+} 处于铝氧四面体［AlO_4］中，可与［SiO_4］共同组成网络；当 Al^{3+} 处于铝氧八面体［AlO_6］中，则是处于网络之外。Al^{3+} 的配位状态主要取决于熔体中碱金属或碱土金属氧化物提供游离氧的数量，当 $Na_2O/Al_2O_3>1$ 时，Al^{3+} 位于四面体中，当 $Na_2O/Al_2O_3<1$ 时，Al^{3+} 位于八面体中。在一般的钠钙硅酸盐玻璃中，Al_2O_3 的引入量较少，$Na_2O/Al_2O_3>1$，Al^{3+} 夺取非桥氧形成铝氧四面体，与硅氧四面体组成统一的网络，形成复杂的铝硅氧阴离子团，使玻璃结构趋于紧密，从而使黏度迅速增大。

在加入配位数相同阳离子的情况下，各氧化物取代 SiO_2 后黏度的变化决定于 R—O 键力的大小。因此 $\eta_{Al_2O_3}>\eta_{Ga_2O_3}$ 和 $\eta_{SiO_2}>\eta_{GeO_2}$。

在电荷相同的条件下随阳离子配位数 N 的上升，增加了对硅氧集团的积聚作用，促使黏度上升。故有：

$$\eta_{In_2O_3}(N=6)>\eta_{Al_2O_3}(N=4)$$
$$\eta_{ZrO_2}(N=8)>\eta_{TiO_2}(N=6)>\eta_{GeO_2}(N=4)$$

综上所述，各常见氧化物对玻璃黏度的作用，可归纳如下。

① SiO_2、Al_2O_3、ZrO_2 等提高玻璃熔体黏度。

② 碱金属氧化物降低玻璃熔体黏度。

③ 碱土金属氧化物对玻璃熔体黏度的作用较为复杂。一方面类似于碱金属氧化物，能使大型的四面体解聚，引起黏度减小；另一方面这些阳离子电价较高（比碱金属离子大一倍），离子半径又不大，故键力较碱金属离子大，有可能夺取小型四面体群的氧离子于自己周围，使黏度增大。前者在高温时是主

要的，而后者主要表现在低温。碱土金属离子对黏度增加的顺序一般为：$Mg^{2+} > Ca^{2+} > Sr^{2+} > Ba^{2+}$。

④ PbO、CdO、Bi_2O_3、SnO 等降低玻璃熔体黏度。

此外，Li_2O、ZnO、B_2O_3 等都有增加低温黏度，降低高温黏度的作用。

1.2.4　玻璃黏度参考点

鉴于玻璃生产的需要，一般把生产控制常用的熔体黏度点同黏度-温度曲线上数值相近的点联系起来，可以反映出玻璃生产工艺各个特定阶段的温度值，如图 1-5 所示。常用熔体黏度参考点如下。

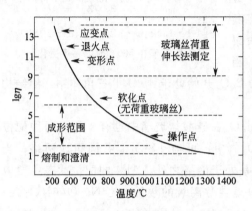

图 1-5　硅酸盐玻璃的黏度-温度曲线

① 应变点：大致相当于黏度为 $10^{13.6}$ Pa·s 的温度，即应力能在几小时内消除的温度，也称退火下限温度。

② 转变点（T_g）：相当于黏度为 $10^{12.4}$ Pa·s 的温度，高于此点玻璃进入黏滞状态，开始出现塑性变形，物理性能开始迅速变化。

③ 退火点：大致相当于黏度为 10^{12} Pa·s 的温度，即应力能在几分钟内消除的温度，也称退火上限温度。

④ 变形点：相当于黏度为 $10^{10} \sim 10^{11}$ Pa·s 的温度范围。

⑤ 软化点（T_f）：与玻璃的密度和表面张力有关。相当于黏度为 $3 \times 10^6 \sim 1.5 \times 10^7$ 之间的温度。密度约为 $2.5 g/cm^3$ 的玻璃相当于黏度为 $10^{6.6}$ Pa·s 的温度。软化点大致相应于操作温度的下限。

⑥ 操作范围：相当于成形时玻璃液表面的温度范围。$T_{上限}$ 指准备成形操作的温度，相当于黏度为 $10^2 \sim 10^3$ Pa·s 的温度。$T_{下限}$ 指成形时能保持制品形状的温度，相当于黏度 $> 10^5$ Pa·s 的温度。操作范围的黏度一般为 $10^3 \sim 10^{6.6}$ Pa·s。

⑦ 熔化温度：相当于黏度为 10Pa·s 的温度，在此温度下玻璃能以一般要求的速度熔化。

⑧ 自动供料机供料的黏度：$10^2 \sim 10^3$ Pa·s。

⑨ 人工挑料的黏度：$10^{2.2}$ Pa·s。

⑩ 挑料入衬炭模的黏度：$10^{3.5}$ Pa·s。

⑪ 脱模（衬炭模）的黏度：10^6 Pa·s。

表 1-4 为一些实用玻璃的熔体黏度-温度数据。

表 1-4　一些实用玻璃的熔体黏度-温度数据

氧化物	含量(质量分数)/%				
	石英玻璃	高硅氧玻璃	高铝玻璃	派来克斯玻璃	钠钙硅玻璃
SiO_2	99.9	96.0	62.0	81.0	73.0
H_2O	0.1				
Al_2O_3		0.3	17.0	2.0	1.0
B_2O_3		3.0	5.0	13.0	
Na_2O			1.0	4.0	17.0
MgO			7.0		4.0
CaO			8.0		5.0
黏度参考点/Pa·s	温　度/℃				
操作点(10^3)	—	—	1202	1252	1005
软化点($10^{5.6}$)	1580	1500	915	821	696
退火点(10^{12})	1084	910	712	560	514
应变点($10^{13.5}$)	956	820	667	510	743

1.3　玻璃的热学性质

玻璃的热学性质包括热膨胀系数、导热性、比热容、热稳定性以及热后效应等，其中以热膨胀系数较为重要，对玻璃制品的使用和生产都有着密切关系。

1.3.1　玻璃的热膨胀系数

玻璃的热膨胀对玻璃的成形、退火、钢化、封接（玻璃与玻璃的封接、玻璃与金属的封接以及玻璃与陶瓷的封接）以及玻璃的热稳定性等性质都有着重要的意义。

1.3.1.1　玻璃的热膨胀

物体受热后都要膨胀，其膨胀多少是由它们的线膨胀系数和体膨胀系数来表示的。线膨胀系数是当物体升高 1℃ 时在其原长度上所增加的长度。一般用某一段温度范围内的平均线膨胀系数来表示。设玻璃被加热时，温度自 t_1 升到 t_2 时，其长度自 L_1 增加到 L_2，则 $t_1 \sim t_2$ 温度范围内的平均线膨胀系数 α 为：

$$\alpha = \frac{L_2 - L_1}{L_1(t_2 - t_1)} = \frac{\Delta L}{L_1 \Delta t} \tag{1-8}$$

式中　ΔL——试样从 t_1 加热到 t_2 时长度的伸长值，cm；

Δt——试样受热后温度的升高值，℃。

如果把每一温度 t 及该温度下物体的长度 L 作图，并在所得的 L-t 曲线上任取一点 t_A 则在这点上曲线的斜率 dL/dt 表示温度为 t_A 时玻璃的真实线膨胀系数。

体膨胀系数是指当物体温度升高1℃时，在其原体积上所增加的体积。体膨胀系数用 β 表示，α 和 β 之间有式(1-9)所示的近似关系：

$$\beta \approx 3\alpha \tag{1-9}$$

从测试技术而言，测定 α 要比 β 简便而精确得多。为此在讨论玻璃热膨胀性质时，通常是指线膨胀系数。

不同组成的玻璃的热膨胀系数可在 $(5.8 \sim 150) \times 10^{-7}/℃$ 范围内变化，若干非氧化物玻璃的热膨胀系数甚至超过 $200 \times 10^{-7}/℃$。微晶玻璃可获得零膨胀或负膨胀的材料，为玻璃开辟了新的应用领域。表1-5为温度从 $0 \sim 100℃$ 范用内几种典型玻璃及有关材料的平均线膨胀系数。

表 1-5 几种典型玻璃及有关材料的平均线膨胀系数

玻　　璃	线膨胀系数 /$(\times 10^{-7}/℃)$	玻璃	线膨胀系数/$(\times 10^{-7}/℃)$
石英玻璃	5	钨组玻璃	36～40
高硅氧玻璃	8	（钨）	44
派来克斯玻璃	32	钼组玻璃	40～50
钠钙硅玻璃	60～100	（钼）	55
平板玻璃	95	铂组玻璃	86～93
光学玻璃	55～85	（铂）	94
氧化硼玻璃	150		

注：括号中为非玻璃物质，用于对比。

技术玻璃按其膨胀系数大小分成硬质玻璃和软质玻璃两大类：硬质玻璃 $\alpha < 60 \times 10^{-7}/℃$；软质玻璃 $\alpha > 60 \times 10^{-7}/℃$。

玻璃的热膨胀系数在很大程度上取决于玻璃的化学成分，温度的影响也很大，此外还与玻璃的热历史有关。

1.3.1.2 玻璃热膨胀系数与成分的关系

当温度上升时，玻璃中质点的热振动振幅增加，质点间距变大，因而呈现膨胀。但是质点间距的增大，必须克服质点间的作用力，这种作用力对氧化物玻璃来说，就是各种阳离子与氧离子之间的键力 $f = \dfrac{2Z}{a^2}$，式中 Z 为阳离子的电价，a 为阳离子和氧离子间的中心距离。f 值越大，玻璃膨胀越困难，膨胀系数越小，反之，玻璃的膨胀系数越大。Si—O键的键力强大，所以石英玻璃具有很小的膨胀系数。R—O的键力弱小，因此 R_2O 的引入使 $\alpha_{玻}$ 变大且随着 R^+ 半径的增大，f 不断减弱以致 $\alpha_{玻}$ 不断增大。RO的作用和 R_2O 相类似，只是由于电价较高，f 较大，因此RO对热膨胀系数的影响较 R_2O 为小。碱金属氧化物和二价金属氧化物对玻璃热膨胀系数影响的次序为：

$$Rb_2O > Cs_2O > K_2O > Na_2O > Li_2O$$

$$BaO>SrO>CaO>CdO>ZnO>MgO>BeO$$

从硅酸盐玻璃的整体结构来看，玻璃的网络骨架对膨胀起着重要作用。Si—O 组成三度空间网络，刚性大不易膨胀。而 B—O 虽然它的键能比 Si—O 大，但由于 B—O 组成 $[BO_3]$ 层状或链状的网络，因此 B_2O_3 玻璃的膨胀系数比 SiO_2 玻璃大得多，见表 1-6。

表 1-6　玻璃各组成氧化物的膨胀计算系数　　单位：$\times 10^{-7}/℃$

组　成 氧化物	肖特玻璃 (20~100℃)	特纳玻璃 (0~100℃)	瓶罐玻璃 (80~170℃)	器皿玻璃 和艺术玻璃
SiO_2	0.267	0.05	0.28	0.1
B_2O_3	0.0333	—	-0.60	0.5
Li_2O	0.667	—	6.56	—
Na_2O	3.33	4.32	3.86	4.9
K_2O	2.83	3.90	3.20	4.2
Al_2O_3	1.667	0.14	0.24	0.4
CaO	—	1.63	1.36	2.0
MgO	0.0333	0.45	0.73	—
ZnO	0.60	0.70	—	1.0
BaO	1.00	1.4	1.03	1.90
PbO	1.00	1.06	—	1.35
CuO	—	—	—	1.0
Cr_2O_3	—	—	—	0.9
CoO	—	—	—	0.9

当 $[BO_3]$ 转变成 $[BO_4]$ 时，又能使硼酸盐玻璃的膨胀系数降低。同理 R_2O 和 RO 的加入，由于将网络断开使 $\alpha_{玻}$ 上升。Ga_2O_3、Al_2O_3 和 B_2O_3 相仿，在足够的"游离氧"条件下能转变为四面体而参加网络，对断网起到修补作用，使 $\alpha_{玻}$ 下降。此外高键力高配位离子如 La^{3+}、In^{3+}、Zr^{4+}、Th^{4+} 处于网络空隙中，对周围的硅氧四面体起了积聚作用，因此使 $\alpha_{玻}$ 下降。

综上所述，各组分氧化物对 $\alpha_{玻}$ 的影响归纳如下。

① 在比较各种组成对 $\alpha_{玻}$ 作用时，首先区别氧化物种类，即网络生成体、中间体和网络外体。

② 能增强网络的组分，使 $\alpha_{玻}$ 降低；能断裂网络者，使 $\alpha_{玻}$ 上升。

③ R_2O 和 RO 断网作用是主要的，积聚作用是次要的。而对于高键力高配位离子，则积聚作用是主要的。

④ 网络生成体使 $\alpha_{玻}$ 下降，中间体在有足够"游离氧"的条件下也使 $\alpha_{玻}$ 下降。除此之外，在玻璃组分中 R_2O 总含量不变时，引入两种不同的 R^+，将产生"混合碱效应"，使 $\alpha_{玻}$ 出现极小值。

在转变温度以下，玻璃热膨胀系数与温度成直线关系，并受外界的影响较小，其主要决定于玻璃网络结构和网络外离子配位状态的统计规则，$\alpha_{玻}$大致上可以看成各氧化物组分性质的总和（即加和法则），计算公式为：

$$\alpha_{玻} = \alpha_1 p_1 + \alpha_2 p_2 + \cdots + \alpha_n p_n \tag{1-10}$$

式中　p_1，p_2，$\cdots$，p_n——玻璃中各氧化物的质量分数，%；

　　　　α_1，α_2，$\cdots$，α_n——各种氧化物组分的热膨胀计算系数，见表1-6。

表1-6中的系数，对硅酸盐玻璃可得到较为满意的结果，而对于硼硅酸盐玻璃，由于硼反常现象，误差较大。为此在计算时必须考虑到B^{3+}的配位变化，干福熹的计算数据较为合理，见表1-7。

表1-7　干福熹的玻璃组成氧化物膨胀计算系数（20～400℃）

氧化物	$\alpha/(\times 10^7/℃)$	氧化物	$\alpha/(\times 10^7/℃)$
Li$_2$O	260 (260)	ZnO	50
		CdO	120
Na$_2$O	400 (420)	PbO	130～190
		B$_2$O$_3$	−50～150
K$_2$O	510 (510)	Al$_2$O$_3$	−40
		Ga$_2$O$_3$	2
Rb$_2$O	510 (530)	Y$_2$O$_3$	−20
		In$_2$O$_3$	−15
BeO	45	La$_2$O$_3$	60
MgO	60	CeO$_2$	−5
CaO	130	TiO$_2$	−25
SrO	160	ZrO$_2$	−100
BaO	200	HfO$_2$	−50

注：1. 括号内碱金属氧化物膨胀计算系数，仅用于二元 R$_2$O-SiO$_2$ 系统中。

2. α_{PbO} 的计算（平均值）：$\bar{\alpha}_{PbO} \times 10^7 = 130 + 5 \left(\sum R_2O - 3 \right)$。

3. $\alpha_{B_2O_3}$ 的计算：决定于 SiO$_2$ 的含量（%）及摩尔比 ψ，其中 $\psi = \dfrac{\sum K \times R_m O_n}{B_2 O_3}$，式中 K 值见下表。

$\alpha_{B_2O_3}$ 计算的 K 值

K 值	1	0.8	0.6	0.4	0.2	0	−1
氧化物组分	Na$_2$O,K$_2$O Rb$_2$O,Cs$_2$O	Li$_2$O BaO	SrO,CdO PbO	CaO La$_2$O$_3$	ZnO,MgO ThO$_2$	TiO$_2$,Ga$_2$O$_3$ ZrO$_2$	Al$_2$O$_3$,BeO B$_2$O$_3$

在使用表1-7的数据时，根据 SiO$_2$ 含量的不同，可分下列 3 种情况，见表1-8～表1-10。

表 1-8 硼硅酸盐玻璃的 $\alpha_{B_2O_3}$

SiO₂含量/%	摩尔比值 ψ	$\bar{\alpha}_{B_2O_3}/\times10^7$
40～90	$\psi>4$	-50
0～100	$\psi<4$	$12.4(4-\psi)-50$

表 1-9 硅硼酸盐玻璃的 $\alpha_{B_2O_3}$

SiO₂含量/%	摩尔比值 ψ	$\bar{\alpha}_{B_2O_3}/\times10^7$
0～40	$\psi>0.2$	$30～0.6a$
	$\psi<0.2$	$150～1.7a$

注：a 为 SiO₂的含量，下同。

表 1-10 硼酸盐玻璃的 $\alpha_{B_2O_3}$

项 目	$\bar{\alpha}_{B_2O_3}\times10^7$		
摩尔比值 ψ	$R_2O\gg RO$	$R_2O\approx RO$	$RO\gg R_2O$
$\psi<0.2$	$130～150\psi$	$70～200\psi$	50
$\psi>0.2,K>0.3$	$55～125\psi$	$70～200\psi$	30

SiO₂部分性质决定于本身的含量，按表 1-11 计算。

表 1-11 SiO₂部分性质决定的 $\alpha_{B_2O_3}$

SiO₂含量/%	$\bar{\alpha}_{SiO_2}/\times10^7$
67～100	$35-1.0(a-67)$
34～67	$35+0.5(67-a)$
0～34	52

1.3.1.3 玻璃热膨胀系数与温度及热处理的关系

玻璃的热膨胀系数 α 随着温度的升高而增大，但从 0℃起直到退火下限温度，玻璃的热膨胀曲线实际上是由若干线段组成的折线，每一线段仅适用于一个狭窄的温度范围，见表 1-12。因此，在给出一种玻璃的热膨胀系数时，应当标明是在什么温度范围内测定的，如 $\alpha_{20/100}$ 则表明是在 20～100℃温度范围内的热膨胀系数。

表 1-12 Na₂O-CaO-SiO₂玻璃在软化点以下的线膨胀系数

玻璃成分/%			转变点/℃	软化点/℃	线膨胀系数 /(×10⁻⁷/℃)						
SiO₂	CaO	Na₂O			0～75℃	75～190℃	190～240℃	240～310℃	310～370℃	370～T_g	T_g～软化点
75.25	9.370	15.38	500	560	84.4	87.8	91.8	98.6	101.3	105.9	173.9
75.80	10.21	13.99	518	577	79.6	82.4	85.6	91.3	92.3	107.9	149.6
74.07	10.01	15.45	512	568	85.8	88.7	94.0	100	102.0	111.8	198.6
70.64	14.41	15.00	522	570	87.4	91.8	94.6	57.7	102.8	114.1	167.2

从表 1-12 可看出，在转变温度 T_g 以上时，热膨胀系数随着温度升高而显著的增大，直到软化为止。

通过热膨胀曲线的测定，可以确定一些工艺上有参考价值的温度。图 1-6 表示退火玻璃的典型膨胀曲线各切点的相应温度。图中切点 T_1 为应变点，即退火下限温度，其相应的黏度值为 $10^{13.6}\,Pa \cdot s$；T_g 为转变点，其相应的黏度值为 $10^{12.4}\,Pa \cdot s$；切点 T_2 为退火点，其相应的黏度值为 $10^{12}\,Pa \cdot s$；切点 T_3 为变形点，其相应的黏度值为 $10^{10} \sim 10^{11}\,Pa \cdot s$；$T_f$ 为膨胀软化温度，其相应的黏度值为 $10^8 \sim 10^{10}\,Pa \cdot s$。

玻璃热处理对玻璃的热膨胀系数有明显的影响。组成相同的淬火玻璃比退火玻璃的热膨胀系数大百分之几（图 1-7）。测试用玻璃的化学组成见表 1-13。

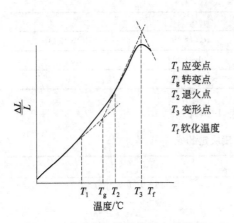

| 图 1-6　典型膨胀曲线各切点的分析 | 图 1-7　淬火玻璃与退火玻璃的热膨胀曲线 |

图 1-7　淬火玻璃与退火玻璃的热膨胀曲线
1—退火充分玻璃；2—淬火玻璃

表 1-13　玻璃热处理后的化学组成　　　　　　　单位：%

SiO_2	B_2O_3	Al_2O_3	Fe_2O_3	CaO	Na_2O	K_2O
56.76	19.43	0.90	0.10	8.50	7.38	7.14

将曲线 2（淬火玻璃，试样 2）同曲线 1（退火充分玻璃，试样 1）进行对比可以看出：

① 在约 330℃ 以下，曲线 2 在曲线 1 之上；

② 在 330～500℃ 之间，曲线 2 在曲线 1 之下；

③ 在 500～570℃ 之间，曲线 2 折向下行，这时玻璃试样 2 不是膨胀而是收缩；

④ 在 570℃ 处，二条曲线都急转向上，这个温度是 T_g。

①至③的现象可用玻璃试样 2 中存在着巨大应变来解释。由于应变的存在

和在 T_g 以下，玻璃内部质点已不能发生流动。在 330℃ 以下，由于质点间距较大，相互间的吸引力较弱，因此，在升温过程中显出热膨胀较高。在 330～570℃ 之间，有两种作用同时发生，即由于升温而膨胀以及由于应变的存在而收缩（这是因为玻璃试样 2 是从熔体通过快冷得到的，它保持着较高温度时的质点间距，这一间距相对于 330～570℃ 平衡结构来说显然偏大而引起收缩）。在 330～500℃ 之间，因温度还不是太高，质点调整还较困难，故应变的存在而产生的收缩未占主导地位，总的效果是膨胀大于收缩，不过此时曲线已明显趋于平坦。而在 500～570℃ 之间，由于温度的不断提高，收缩逐渐超过膨胀，并占据主导地位，此时收缩大于膨胀。到 T_g 时，质点可以移动，玻璃试样 2 内存在的巨大应变迅速松弛，结构也即趋向平衡，使膨胀曲线迅速上升。不同退火程度的该成分玻璃，它们的热膨胀系数曲线将界于图 1-7 中曲线 1 和曲线 2 之间。

玻璃在晶化后，微观结构的致密性是减小热膨胀系数的因素之一，另外其结晶学特征、晶粒间的几何排列等都可能对材料的热膨胀系数有影响。所以微晶化后的膨胀系数由析出晶体的种类以及它们的晶体学特点等而定。在大多数情况下热膨胀系数趋于降低。

必须指出，原始玻璃具有较高的热膨胀系数 $[\alpha=(50～70)\times10^{-7}/℃]$。但微晶化后的玻璃根据晶化条件不同，可从零膨胀到负膨胀或低膨胀。

1.3.2　玻璃的比热容

在某一温度下单位质量的物质升高 1℃ 所需的热量称为该物质的比热容，用 C 表示，则得：

$$C=\frac{1}{m}\times\frac{\mathrm{d}\theta}{\mathrm{d}t} \tag{1-11}$$

式中　m——物质的质量；

　　　$\mathrm{d}\theta$——消耗的热量；

　　　$\mathrm{d}t$——升高的温度。

在实际计算中多采用 t_1 到 t_2 温度范围内平均比热容 C_m，计算公式为：

$$C_m=\frac{1}{m}\times\frac{\theta}{t_2-t_1} \tag{1-12}$$

比热容的国际单位为 J/(kg·K)。各种玻璃的比热容介于 335～1047J/(kg·K) 之间。玻璃的比热容常用于熔炉热工中计算燃料消耗量、热利用率等。

1.3.2.1　玻璃比热容与温度的关系

同其他物质一样，玻璃的比热容在绝对零度时为零。随着温度的升高，玻璃的比热容逐渐增大，在转变区域内比热容开始增长得特别快，这是由于在此区域

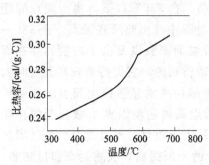

图 1-8 硅酸盐玻璃的比
热与温度的关系

内，玻璃开始由低温的致密结构转变为高温的疏松结构所致，这种结构的改变需要吸收大量的热量。在熔融状态下，比热容随温度的升高而逐渐增大，如图 1-8。

1.3.2.2 玻璃比热容与组成的关系

SiO_2、Al_2O_3、B_2O_3、MgO、Na_2O 特别是 Li_2O 能提高玻璃的比热容，含有大量 PbO 或 BaO 的玻璃比热容较低，其余的氧化物影响不大。通常，玻璃的密度愈大则比热容愈小，比热容和密度之积近似为常数。

比热容按式(1-13) 计算：

$$C = \sum P_i C_i \tag{1-13}$$

式中 P_i——玻璃中某氧化物的质量分数，%；

C_i——玻璃中各氧化物的比热容计算系数，见表 1-14。

表 1-14 比热容计算系数

氧化物	C_i(15~100℃，温克尔曼系数)	0~1300℃(夏普和金瑟系数)	
		a_i	C_{0i}
SiO_2	0.001912	0.000468	0.1657
B_2O_3	0.002272	0.000635	0.1980
Al_2O_3	0.002074	0.000453	0.1765
As_2O_3	0.002176	—	—
Sb_2O_3	—	—	—
MgO	0.002439	0.000514	0.2142
CaO	0.001903	0.000410	0.1709
BaO	0.000673	—	—
ZnO	0.001248	—	—
PbO	0.000512	0.000013	0.0490
Li_2O	0.005497	—	—
Na_2O	0.002674	0.000829	0.2229
K_2O	0.001860	0.000335	0.2019
P_2O_5	0.001902	—	—
Fe_2O_3	0.001600	—	—
Mn_2O_3	0.001661	—	—
SO_3	—	0.000830	0.1890
误差/%	5~8	2	2

注：为保持原来系数，此处计算的比热容单位为 cal/(g·K)；1cal≈4.18J。

也可按式(1-14) 计算 $0\sim t℃$ 的平均比热容：

$$C_m=\frac{at+C_0}{0.00146t+1} \tag{1-14}$$

式中，$a=\sum P_i a_i$；$C_0=\sum P_i C_{0i}$。其系数见表 1-14。

1.3.3　玻璃的导热性

物质靠质点的振动把热能传递至较低温度方面的能力称为导热性。玻璃的导热性以传热系数 k 来表示。玻璃的传热系数是用在温度梯度等于 1 时，在单位时间内通过试样单位横截面积上的热量来测定的。其国际单位为 $W/(m^2 \cdot K)$。

设单位时间内通过玻璃试样的热量为 Q，则：

$$Q=\frac{kS\Delta t}{\delta} \tag{1-15}$$

式中　Q——热量，J；

S——截面积，m^2；

Δt——温差，℃；

δ——厚度，m；

k——传热系数，$W/(m^2 \cdot K)$。

玻璃是一种热的不良导体，其传热系数较低，介于 $0.712\sim1.340W/(m^2 \cdot K)$ 之间，主要决定于玻璃的化学组成、温度及其颜色等。玻璃的传热系数十分重要，在设计熔炉、设计玻璃成形压模以及计算玻璃生产工艺的热平衡时，都要首先知道玻璃的传热系数。

1.3.3.1　玻璃传热系数与温度的关系

玻璃内部的导热可以通过热传导和热辐射来进行，即传热系数是热传导系数和热辐射系数两者之和。低温时热传导占主要地位，其大小主要决定于化学组成。在高温下通过热辐射的传热起主导作用，因此在高温时，玻璃的导热性随着温度的升高而增加。普通玻璃加热到软化温度时，玻璃的导热性几乎增加一倍。图 1-9 所示为石英玻璃的传热系数与温度的关系，从图中可看出温度较

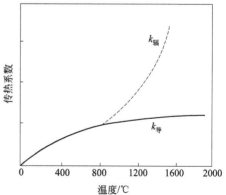

图 1-9　石英玻璃的传热系数
与温度的关系

高时，$k_导$（热传导系数）几乎保持不变，而 $k_辐$（热辐射系数）因与 k 成比例关系而迅速增大。

1. 3. 3. 2 玻璃传热系数与组成的关系

各种玻璃中石英玻璃的传热系数最大，其值为 $1.340W/(m^2 \cdot K)$，硼硅酸盐玻璃的传热系数也很大，约为 $1.256W/(m^2 \cdot K)$，普通钠钙硅玻璃为 $0.963W/(m^2 \cdot K)$，含有 PbO 和 BaO 的玻璃传热系数较低，例如含 50%PbO 的玻璃其 k 约为 $0.796W/(m^2 \cdot K)$。因此玻璃中增加 SiO_2、Al_2O_2、B_2O_2、CaO、MgO 等都能提高玻璃的导热性能。

低温时热传导系数占主导地位，故化学成分对玻璃导热性能的影响可从化学键强度来分析。键强度越大，热传导性能应越好。因此在玻璃中引入碱金属氧化物会减小传热系数。

传热系数可按鲁斯的经验公式计算：

$$k = \frac{1}{\sum V_i K_i} \tag{1-16}$$

式中，$V_i = \dfrac{\dfrac{P_i}{\rho_i} \times 100}{\dfrac{\sum P_i}{\rho_i}}$，$K_i$、$\rho_i$ 见表 1-15；P_i 为组成氧化物的质量分数；

ρ_i 为组成氧化物的密度系数。

玻璃的传热系数也可用巴里赫尔公式进行计算：

$$k = \sum P_i k_i \tag{1-17}$$

式中，k_i 值见表 1-15。

表 1-15　计算玻璃传热系数的系数

氧化物	鲁斯		巴里赫尔
	ρ_i	K_i	$k_i \times 10^3$
SiO_2	2.30	3.00	0.0020
B_2O_3	2.35	3.70	0.0150
Al_2O_3	3.20	6.25	0.0200
Fe_2O_3	3.87	6.55	—
MgO	3.90	4.55	0.0084
CaO	3.90	8.80	0.0320
BaO	7.10	11.85	0.0100
ZnO	5.90	8.65	0.0100
PbO	10.0	11.70	0.0080
Na_2O	2.90	10.70	0.0160
K_2O	2.90	13.40	0.0010

注：k_i 单位为 $cal/(s \cdot cm^2 \cdot K)$。

1. 3. 3. 3 玻璃传热系数与其颜色的关系

玻璃颜色的深浅对传热系数的影响也较大，玻璃的颜色越深，其导热能力也越小。这对玻璃制品的制造工艺具有显著的影响。当熔制深色玻璃时，由于它们的导热性比无色透明玻璃差，透热能力低，所以沿炉池深度方向上，表层玻璃液与底层玻璃液存在着较大的温差。因此对于熔制深色玻璃的池炉来说，池深一般要求设计得比较浅，否则深层玻璃液得不到足够的热量，而使熔化发生困难，而当温度处于析晶温度范围时，还将产生失透等缺陷，严重时在低层甚至形成不动层，造成玻璃液在流液洞中凝结，影响正常生产。当冷却时，深色玻璃内部的热量又不易散出，导致内外温度差大，使玻璃退火不良。但对钢化却是有利的。熔制有色的玻璃液，其耗热量较低。

1.3.4 玻璃的热稳定性

玻璃经受剧烈温度变化而不破坏的性能称为玻璃的热稳定性。它是一系列物理性质的综合表现，而且与玻璃的几何形状和厚度也有一定关系。

玻璃的热稳定性可用式(1-18) 表示：

$$K=\frac{P}{\alpha E}\sqrt{\frac{k}{Cd}} \tag{1-18}$$

式中 K——玻璃的热稳定性系数；

P——玻璃的抗张强度极限；

α——玻璃的膨胀系数；

E——玻璃的弹性模量；

k——玻璃的传热系数；

C——玻璃的比热容；

d——玻璃的密度。

在式(1-18) 中，P 和 E 通常以同倍数改变，所以 P/E 比值基本保持恒定。$k/(Cd)$ 对 K 影响较小，只有膨胀系数 α 随着组成的改变有很大的不同，有时甚至可达 20 倍以上，因此 α 对玻璃的热稳定性具有决定性意义。因此玻璃热稳定性的大小也可用玻璃在保持不破坏情况下能经受的最大温差 Δt 近似地表示：

$$\alpha \cdot \Delta t=1150\times10^{-6} \tag{1-19}$$

式(1-19) 表示玻璃的热膨胀系数越小，其热稳定性就越好，玻璃能承受的温度差也越大。凡是能降低玻璃热膨胀系数的成分都能提高玻璃的热稳定性，如 SiO_2、B_2O_3、Al_2O_3、ZrO_2、ZnO、MgO 等。碱金属氧化物 R_2O 能增大玻璃的热膨胀系数，故含有大量碱金属氧化物的玻璃热稳定性就差。例如石英玻璃的膨胀系数很小（$\alpha=5.6\times10^{-7}/℃$），它的热稳定性极好。透明石英玻璃能承受高达 1100℃左右的温度差，即将赤热的石英玻璃投入冷水中而不破裂。仪器玻璃中的 SiO_2 含量高，R_2O 含量低且 B_2O_3 的含量达 12%～14%，其热稳定性也很高，Δt 可达 280℃以上，而普通钠钙硅玻璃如瓶罐玻璃、平板玻璃等由于 Na_2O

的含量较高，热稳定性就较差。

玻璃本身的机械强度对其热稳定性影响亦很显著。凡是降低玻璃机械强度的因素，都会降低玻璃的热稳定性，反之则能提高玻璃的热稳定性。尤其是玻璃的表面状态，例如表面上出现擦伤或裂纹以及存在各种缺陷，都能使玻璃的热稳定性降低，当玻璃表面经受火抛光或 HF 酸处理后，由于改善了玻璃的表面状况，就能使玻璃的热稳定性提高。微晶玻璃具有高强度性能，即使它们的膨胀系数较高，其热稳定性比相应成分的玻璃还高。

另外玻璃受急热要比受急冷强得多。比如：同一玻璃试样能迅速加热至 450℃，但当急冷至 160℃时就会破裂。原因在于急热时，玻璃的表面产生压应力，而急冷时，玻璃表面形成的是张应力，玻璃的耐压强度比抗张强度要大十多倍。因此在测定玻璃热稳定性时应使试样受急冷。

淬火能使玻璃的热稳定性提高 1.5～2 倍，这是由于玻璃经淬火后，表面具有分布均匀的压应力，此种压应力可与制品受急冷时表面产生的张应力相抵消而致。

玻璃的热稳定性还与制品的厚度有关。对于外形相似而只有厚度或膨胀系数不同的玻璃制品，导致破裂的最小温度差可用式(1-20) 表示：

$$\Delta t = \frac{P}{n\alpha \sqrt{d}} \qquad\qquad (1\text{-}20)$$

式中　Δt——导致破裂的最小急变温度；

　　　P——抗张强度极限；

　　　n——比例常数；

　　　α——热膨胀系数；

　　　d——棒状、管状或板状玻璃的厚度。

实际上，对于同成分的玻璃，由于制品的大小、形状、厚度各不相同，成形方法的差异，其破裂的最小温差往往出入很大，因此在实践中，对各种玻璃制品的热稳定性所规定的破裂最小温度差，应以制品的实际测定数据为准，这样才可以衡量同种规格的制品是否符合使用要求。

第 **2** 章

玻璃热弯技术

随着工业水平的进步和人民生活水平的日益提高,热弯玻璃在建筑、民用场合的使用也越来越多。建筑热弯玻璃主要用于建筑内外装饰、采光顶、观光电梯、拱形走廊等。民用热弯玻璃主要用作玻璃家具、玻璃水族馆、玻璃洗手盆、玻璃柜台、玻璃装饰品等。此外,热弯玻璃在汽车玻璃领域也有很好的应用,各种车辆普遍采用热弯夹层玻璃用作前挡风玻璃,合理的夹层玻璃结构可以使汽车更安全。

2.1 热弯玻璃基本概念

2.1.1 热弯玻璃概念

所谓热弯玻璃是指平板玻璃在曲面坯体上靠自重或加配重等方法加热成型的曲面玻璃。即把切割好尺寸大小的玻璃,放置在根据弯曲弧度设计的模具上,放入加热炉中,加热到软化温度,使玻璃软化,然后退火,即可制成热弯玻璃,如图 2-1 所示。

2.1.2 热弯玻璃分类

(1)按弯曲形状分类 按形状不同,热弯玻璃可分为单弯热弯玻璃、折弯热弯玻璃、多曲面热弯玻璃等。如图 2-2~图 2-4 所示。

(2)按弯曲面的数量分类

① 单弯玻璃 整片玻璃只有一个弯曲面或一个弯曲面与平面相连,还可分为弧形热弯玻璃、J 形热弯玻璃和 V 形热弯玻璃。

图 2-1 热弯玻璃产品

② 双弯玻璃 有两个或两个以上曲面状态的热弯玻璃,又可分为双曲面热弯玻璃、双 J 形热弯玻璃、S 形热弯玻璃以及双折板热弯玻璃。

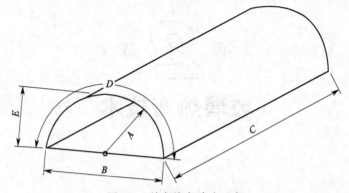

图 2-2　单弯热弯玻璃示意

A—曲率半径；B—弦；C—高度；D—弧长；E—拱高

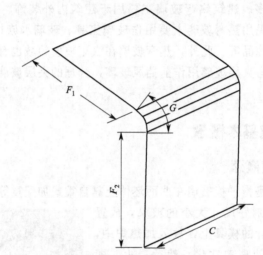

图 2-3　折弯热弯玻璃示意

C—角度；F_1，F_2—直边尺寸；G—高度

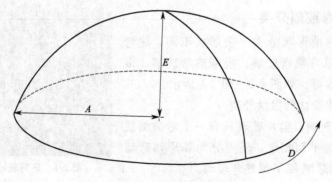

图 2-4　多曲面热弯玻璃示意

A—半径；D—弧长；E—拱高

以上按弯曲面的数量分类，主要指热弯钢化玻璃，用于汽车前后窗、风挡、侧窗等方面。实际上热弯玻璃的形状、弯曲面数量很多，而且还在不断增加。

（3）按深加工类型分类

① 热弯玻璃　玻璃热弯后不再进行其他深加工。

② 弯钢化玻璃　在热弯的同时进行钢化，即热弯后不是退火，而是风淬冷钢化。

③ 弯夹层玻璃　用热弯玻璃为原片，制备夹层玻璃。

④ 弯钢化夹层玻璃　以弯钢化玻璃为原片，再制备夹层玻璃。

（4）按用途分类

① 运输工具用热弯玻璃　与钢化或夹层结合，用于汽车、船舶的挡风。

② 建筑装饰用热弯玻璃　用于建筑物的门窗、间壁、屏风、玄关、阳台转折、观光电梯、旋转顶层、屋顶采光、门厅大堂、过街通道等。在建筑物中使用热弯玻璃，可以改善建筑物立面直平的呆板感觉，使立面有弧线造型，增加建筑物的生动变化，产生特殊的艺术装饰效果。

③ 家具装饰用热弯玻璃　用于桌椅、橱柜、茶几、观赏水族箱等。

④ 卫生洁具用热弯玻璃　用于洗面盆、洗面池面板、浴室镜框、梳妆桌面等。

⑤ 餐具用热弯玻璃　如玻璃盘、玻璃碟、玻璃托盘等。

2.2　热弯玻璃生产方法

根据热弯玻璃制品形状大小，精确计算出热弯前所需玻璃原片的形状和尺寸。目前已有计算软件，可按热弯玻璃弦长、弧度、角度、半径等参数，用换算软件和优化切割排版软件就可制成模板，按模板进行人工切割或机械切割。

切割后的玻璃需磨边，先用金刚砂磨轮对切割后的玻璃锐边进行研磨，再用树脂轮细磨（精磨），氧化锌毡轮进行抛光，根据需要可磨成弧形边、带倒角平边、卵形边、带棱平边等。对异形玻璃采用异形磨边机、靠模磨边机（按加工玻璃的形状和尺寸做成模板，磨边机照此模板对玻璃毛坯边缘研磨、抛光）、仿形磨边机（采用杠杆式仿形杆，用变频无级调速粗磨、精磨或抛光磨轮，对玻璃毛坯周边进行研磨、抛光）。

磨边后的玻璃要进行清洗，大量生产采用洗涤干燥机。清洗工序的重要性不能忽视，玻璃表面的油迹、污秽在热弯后停留在玻璃表面，可能造成废品。

洗涤干燥后的平板玻璃进入热弯炉进行热弯处理，经过检验合格后成为热弯玻璃成品。

热弯玻璃的制备工艺流程如图 2-5 所示。

图 2-5 热弯玻璃制备工艺流程

2.2.1 成型工艺分类

常见的热弯工艺主要有 3 种：重力沉降法、模压式压弯法和挠性弯曲法。

（1）重力沉降法 重力沉降法，是将玻璃加热到软化温度后，在自身重力的作用下弯曲成型的方法。重力沉降法又可分为模框自重软化弯曲法和悬挂自重软化弯曲法两种。

① 模框自重软化弯曲法 又称槽沉法，是在加热炉内，热塑性玻璃在自重下弯曲而落在一定形状的模具上，这种方法所用的设备简单。玻璃周边用模具来弯形，而中间部位不会有模具痕迹，其光学质量往往优于硬面压制弯曲的产品。

② 悬挂自重软化弯曲法 将平板玻璃两边钻孔，用金属丝悬挂或用特殊夹具悬挂，加热到玻璃的软化温度以上，因自重而弯曲。

用自重法可生产四周深弯度的弯型玻璃及供夹层用的弯型玻璃。采用自重法时，在局部加热过程中玻璃有可能变形。因此必须注意使各部分的加热量达到良好的过渡状态，对加热、弯曲时的温度曲线及时间要求严格。

（2）模压式压弯法 模压式压弯法是按曲面玻璃所需形状做成钢制阳模（凸形）和阴模（凹形），其外表面用玻璃布包裹。用此阴阳模（压模）对热塑玻璃进行热压，玻璃按模子形状压紧而定型。根据模具又可分为以下几种。

① 阳模软化弯曲法 将玻璃平放在阳模上，加热到软化温度以上，玻璃就会顺着阳模形状弯曲。

② 阴模软化弯曲法 将玻璃平放在阴模上，加热到玻璃软化温度以上，玻璃就弯曲成阴模形状。

③ 阴模塌陷弯曲法 将玻璃平放在阴模上面，加热到玻璃软化温度以上，玻璃塌陷到阴模而成型。此种热弯成型方法，玻璃加热要超过软化温度，也可以归纳在热熔玻璃范围内。一般软化弯曲只能形成浅浮雕，而塌陷玻璃塌陷在模型内，能够形成比较深的花纹图案，因此塌陷弯曲玻璃表面浮雕的立体感更强。玻璃完全塌陷于模型壁时，会形成密闭的空间层，使空气积压进入模子本身而造成断裂。为此，在模型底部最薄处钻几个小孔，以便于空气的排除。

④ 压模弯曲法 将玻璃平放在阴模上面，加热到软化，并利用相应阳模加压。此法能精确地弯曲成所需形状，曲率精度较高。

模压式压弯法的不足之处是，压模不能制成玻璃所要求的最终形状，玻璃最后总是比模子要平直一些。解决办法：一是经过多次试验后，才制出确切的模子，使压弯的玻璃在允许的误差范围内；二是用螺丝扣调节阳模和阴模的周边，这样就可以迅速调节，以适应厚度不同的玻璃和不同的工作条件；三是对汽车玻璃这样要求越来越精致的玻璃，要用一种铰链式阴模，将玻璃绕着阳模周围包起来。阴模的中心部分往往是一种固定件，两头有铰链及叶片，在中心部分加压成型后，两个叶片就慢慢围绕阳模把玻璃弯曲并包起来。

（3）挠性弯曲法 按弯曲玻璃所要求的曲面，用挠性辊弯成所需形状。在这种热弯设备中，轴心圆钢的外面套上不锈钢做成的软管。在软管内每隔一定距离安装一石墨轮，以支撑外面的软管。软管的旋转形成挠性辊，使玻璃弯曲。

2.2.2 成型工艺控制

生产热弯玻璃时，控制温度应严格按照所生产的产品进行控制升温、恒温以及降温，一般温度控制曲线如下：0℃升到300℃约用30min；300℃升到500℃约用25min；520℃升到580℃约用20min；保温时间为10～20min；降温是由580℃降到520℃约为40min；520℃降到300℃约用30min；300℃降到常温约50min。严格控制好炉温才不会导致炸炉，或由于温度过高产生麻点或者弧度变形等缺陷。

（1）初始温度控制 玻璃是脆性材料，在加热时受热应力的影响往往会发生破裂。玻璃是热的不良导体，传热速度比较慢，在刚开始加热过程中，因温度低、热辐射小，玻璃表面首先受热，然后热量以传导的方式向下传递。如此就在玻璃的厚度方向存在着较大的温差，再加上刚开始炉中的模具温度低，玻璃往往受热不均，使玻璃的热膨胀不一致而产生应力。当热应力超过玻璃的强度时，玻璃就会炸裂。温差的大小与刚开始加热速度密切相关，在一定范围内，加热速度越大，温差就越大。因此，刚开始加热时速度应控制在玻璃不炸裂的极限速度以内，一般升温速率应设定在180～280℃/h。

（2）热弯温度控制 玻璃热弯处理的温度大约在玻璃软化转换点之间（即560～620℃），热弯炉温度在650～750℃，炉温和玻璃温度相差90～130℃。在玻璃软化点以上，具体根据玻璃成分、厚度和弯曲程度而调整。钠钙玻璃比铅玻璃的热弯温度要高，塌陷成形比自重软化弯曲时加热温度要高。保温时间为10～30min，视玻璃厚度和塌陷成形的复杂程度而定，如玻璃较厚或塌陷造型复杂，则保温时间长一些。

当玻璃达到软化点后，玻璃开始下弯，其形状接近于模具的形状。如果此时温度过高或时间过长，玻璃的温度会继续升高而进一步软化，对于实心模具可产生热弯麻点，对于空心模具可使玻璃出现鼓面，从而影响玻璃质量。如果加热温度不够，可能使玻璃贴近模具的程度不到位，出现玻璃形状不符合模具的缺陷。

另外热弯时，由于中间下弯得快，往往出现中间热弯过火而两边不到位的情况。因此，必须严格控制加热。

控制热弯加热的原则是：那里玻璃刚贴上模具，就关闭与该位置相对应的加热器。例如由于中间玻璃下弯得快，刚贴模具点从中间向两边进行，就要在从中间开始的贴模具处向两边依次关闭与刚贴模具点位置相对应的加热器，直到玻璃全部贴模，加热器也全部关闭。

2.2.3　热弯退火

玻璃在热弯过程中被加热，在加热过程中由于温差的存在，就会产生热弹性应力，热弹性应力被松弛，在冷却后就可能在玻璃中存在永久应力。永久应力的存在，减小了玻璃强度，因此，必须进行退火，以消除玻璃内应力。

退火时的温度控制至关重要，退火温度过高，可能使玻璃进行变弯或出现麻点；退火温度过低，不能有效消除玻璃内部残余的应力而影响玻璃强度。最应注意的是：退火时，一定要注意降温速度要均匀、缓慢，才能达到消除内应力的目的。

2.3　热弯玻璃生产设备及操作

2.3.1　热弯炉

热弯炉是热弯的重要设备，在加热能源上可分为燃油、燃气、电加热等几种。燃油、燃气的结构比较复杂，温度控制调节不方便，而电加热式热弯炉具有结构简单、控温方便、易操作、不污染玻璃等优点，故被广泛应用。

热弯炉要求电加热元件布置合理，能够实现局部加热，玻璃的放置方向要与电热丝方向一致。水族馆展览室和柜台玻璃常采用折弯热弯玻璃。折弯玻璃在热弯时的技术难点是直线边弯曲，折角处易出现横痕等缺陷。除了合理制定温度制度外，在折弯处要有电辅助加热，才能避免缺陷产生。球形玻璃、转弯的拱形走廊、玻璃洗手盆由于热弯时工艺复杂，常常设计出专业热弯炉进行热弯。

玻璃热弯炉从结构划分，可分为单室炉、循环式和往复式3种。其中往复式热弯炉和循环式热弯炉均属于连续性生产，生产周期为几十分钟，生产效率比单室式热弯炉高。

(1) 单室炉　单室炉是最常见的热弯炉，其类型有抽屉式和升降式两种，分别见图2-6和图2-7。

由于建筑玻璃批量小、规格多，因此使用单室炉是最经济、方便的。单室炉只有一个工位，玻璃从升温、热弯到退火均在这一工位完成。单室炉优点是适应各种不同规格制品，不要求有连续的工艺制度，每一炉根据制品不同，制定相应

图 2-6　抽屉式单室热弯炉

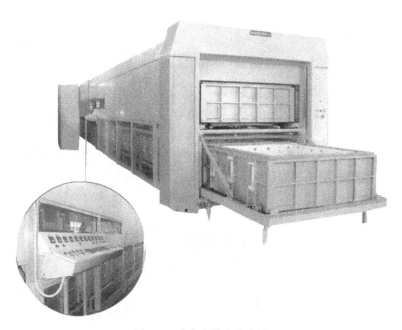

图 2-7　升降式单室热弯炉

的工艺参数。单室炉制作简单，结构易处理，密封好、相对能耗低。缺点是效率低，热弯周期长。抽屉式单室炉，其结构就如同一个抽屉，窑车是一个只有前脸的平板车，这为玻璃的装卸提供了很大方便，目前单室炉可弯玻璃最大的尺寸达到了 12m×3m。升降式单室炉，其结构为四周和上部全密封，炉底有一定的高度，玻璃从炉的底部进入，底部可以升降，热弯模具靠外接轨道进入热弯平台并上升至热弯位，热弯好的玻璃制品反工序退出。

（2）循环式热弯炉　循环式热弯炉（图2-8）在制作上为减少占地面积一般为上下循环，热弯炉上部为预热1区、预热2区、热弯区、退火区，热弯炉下部均为降温退火区。每区由一个独立的窑车组成。玻璃从制品出料区装入，上升到热弯炉上层，将窑车推入，在预热区玻璃加热到400～500℃，然后进入热弯区，在600℃左右玻璃开始热弯，之后进入冷却退火区，在400℃左右窑车下降到下层退火，70℃左右玻璃退火完毕。

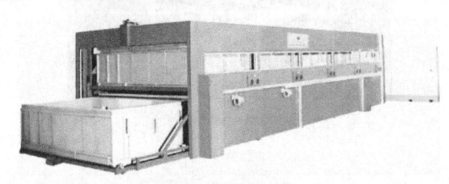

图 2-8　循环式热弯炉

（3）往复式热弯炉　往复式热弯炉（图2-9）有5工位和3工位两种。5工位炉有2个装卸料区、2个预热区、1个热弯区、2个窑车。玻璃在预热区加热到400℃左右进入热弯区，热弯后再退回预热区降温，另一个窑车再进入热弯区，如此往复。3工位炉只有2个卸料区和一个热弯区，也是2个窑车，玻璃在热弯区从室温按温度制度直接升到热弯温度，热弯好后降温到250～300℃时再回到装卸料区。

图 2-9　往复式热弯炉

往复式热弯炉可以适应不同的玻璃制品，不要求有连续的温度制度，但密封程度不如单室炉，结构也比单室炉复杂。

2.3.2　热弯炉操作

（1）单室热弯炉操作　用单室热弯炉热弯玻璃时，应按以下程序进行操作。

① 首先检查设备是否一切正常，炉内和附近无易燃品。

② 检查模具合格后，放入模具。如是空心模，要在四周框上涂上石膏粉或粉笔末。如是实心模或半实心模，放好后清扫表面，必要时表面要加垫一层石棉纸。

③ 将玻璃放在模具上。放片前，应检查玻璃是否合格；放片时，注意玻璃周边与模具周框外形距离应均等。对于大小不等的玻璃，应大片在下、小片在上，大、小片玻璃周边台阶应均等；对于厚薄不同的玻璃，应厚的在下、薄的在上。

④ 关闭炉子，按工艺要求进行低温升温。升到规定温度时，升温停顿，按规定进行保温。升温过程一定要均匀，速度不能太快。

⑤ 保温完成后，开始升高温。当玻璃达到软化温度后，在热弯窗口进行观察，玻璃弯曲到位后，要及时关闭加热器或使玻璃离开。

⑥ 如是无退火降温室的热弯炉，在关闭加热器后，按工艺要求在炉中缓慢冷却；有退火降温室的热弯炉，玻璃在退火室，按工艺要求缓慢冷却。

⑦ 玻璃冷却到规定温度后，取出弯好的玻璃。

依次按上述过程放入下一片玻璃进行热弯（有退火降温室的热弯炉可在退火时装片）。也可用另一模具，按上述过程进行另一种热弯玻璃的热弯。

（2）连续热弯炉操作　用连续热弯炉热弯玻璃时，应按以下程序进行操作。

① 首先检查设备是否一切正常，炉内和附近无易燃品。

② 检查气压是否合格（有高温计热弯炉要先给高温计通冷却水，并检查排水正常）。

③ 按工艺要求升低温，并保持到规定时间；然后按工艺要求升高温。升温过程要保持均匀；升低温时，速度不能太快。

④ 放入热弯模具（也可在启动设备后依次放入），空心模要在四周框上涂上石膏粉或粉笔末，如是实心模要清扫表面，必要时表面要加垫一层石棉纸。

⑤ 启动热弯炉（有风机的要同时启动风机），一般要先走空车，预热小车和模具。

⑥ 在装片端，检查玻璃合格后放在模具上。放片时，注意玻璃周边与模具周框外形距离应均等。对于大小不等的玻璃，应大片在下、小片在上，大、小片玻璃周边台阶应均等；对于厚薄不同的玻璃，应厚的在下、薄的在上。

⑦ 每装完一车片，按要求使玻璃进入预热室逐一预热。

⑧ 玻璃预热到规定温度后，进入热弯室。此时应通过观察进行热弯，当玻

璃弯到位后，要及时关闭加热器或使玻璃离开。

　　⑨ 玻璃进入退火室逐级均匀降温。

　　⑩ 玻璃冷却到规定温度后，进入卸片台，取出弯好的玻璃。

　　⑪ 再按上述过程再进行装片、热弯、退火，以连续进行生产。

　　(3) 连续热弯炉加工时玻璃排列　当用连续热弯炉同炉热弯多品种玻璃时，入炉顺序要以玻璃大小、面积、弯深形状和厚度等为依据去排列，也就是以相邻位置玻璃热弯时间尽量相近为原则来排列玻璃入炉顺序。具体讲，就是按玻璃热弯加热时间长短，先从时间最短品种开始入片，逐步放入热弯时间稍长点的玻璃，依次递增。到总车数的一半时，再顺序装入热弯时间依次递减的品种，并使最后装片玻璃的热弯时间与最先装片玻璃的时间相近。也可反过来，先入热弯加热时间长的玻璃，再按时间依次递减顺序入片，到总车数的一半时，再依次递增放入，同样也要求最后放入玻璃与最先放入玻璃热弯时间尽量相近。

　　之所以这样排列，是因为连续热弯炉是连续生产的，有多级预热室。在连续生产时，前面玻璃的热弯时间，就是后面品种玻璃在某级预热室的预热时间。如果不按上述顺序排出，当大玻璃热弯时，就会使后面相邻的玻璃预热过火；反之，当小玻璃热弯时，由于时间短，会造成后面相邻大玻璃预热不足。从而影响玻璃质量，甚至造成玻璃报废或破裂。而按上述方法进行排列，相邻玻璃热弯加热时间相近，可以看作近似相等，按入炉顺序加热时间是逐步变化，不同品种玻璃不会因热弯时间不同而相互干扰，就可以保证热弯质量和成品率。

2.3.3　热弯模具的制作

　　制作热弯模具的材料主要是钢材。视不同的材质，所使用的制作工具有电焊机、切割机、弯管机等。弯管机是把钢管弯成需要的弧度，弧度弯好后就可以进行焊接模具。模具成型的关键是弧度一定要在同一个弧面上，曲平面都要求平整，对角线相同，四角都在一个平面上。这样烧弯的玻璃才能够平整，不易变形。一般弯度热弯玻璃如果是 4～6mm 的玻璃，成型的弧度又允许有轻微误差的话，是可以几块玻璃放在同一个模具进行热弯的。在热弯时，先在模具上垫上一层玻璃纤维布再放玻璃，在每片玻璃之间洒一些滑石粉进行隔离。

　　一般弧度模具的制作是正弯弧，即是两边高中间低的 U 形。这种模具烤玻璃无需外力以及局部加温就可以成型，控制温度约 580℃左右。如果时间控制合理，成型的热弯玻璃就不会出现问题。

　　对于深弯热弯模具的制作与一般浅弯模具制作基本相同。只是有的深弯玻璃产品在热弯时，需要得到外力或者还要在局部区域加温才能达到所需的要求效果，深弯产品一般每次每个模具只热弯一件，如果有必要热弯二件在同一个模具时，就应更加小心。如果温度还稍有偏差就容易造成玻璃的炸裂以及成型不好，特别是厚玻璃，要想得到理想的产品，要有相当好的产品经验才行。

深弯玻璃产品在热弯时一般是两边朝下弯，与浅弯玻璃的生产方向相反。特别相近 180°以上的深弯产品，就必须用反模热弯。

直角模具的制作非常简单，只要用方管或角铁按尺寸焊接成一个长方体的架子就可以了。但是在焊接时应特别模具的平整度以及平行度，在模具的两边（即玻璃弯落的两边）应安装有定位装置，以免玻璃成型时角度太大，不是一个直角产品，形成报废。

特殊形状的热弯产品的模具制作应特别注意弧度的平滑性，只有模具与模板完全相吻合，才能够生产出合格的产品。特殊形状的热弯产品有很多，有的需要使用外力及温度局部加热才能够成型，有的就不需要使用外力。对于有些特别的热弯产品，还应该使用特别的热弯炉才能够生产，如子弹头形、U 形、洗脸盆形等产品。

一些小型的热弯灯饰、钟表玻璃、水果盘等，一般都使用不锈钢来制作模具。在烧制时，还应该喷上隔离粉进行隔离，尽量减少由于温度过高形成的麻点。

2.4　热弯玻璃常见事故及处理

2.4.1　热弯炉生产中出现"卡车"现象

（1）产生原因　循环式热弯炉生产过程中，出现"卡车"现象，主要是该炉玻璃运行，是靠模具车的槽和底面在轮轨上运行来实现的，而升降是靠升降机来完成的。当炉内发生温度不均匀时，由于热胀冷缩不一致，就会因为零件移位或变形产生挤卡现象，造成模具车不走或升降机卡住，发生卡车现象。更有甚者，由于挤卡会使轮轨错位，造成轮子不在同一直线上，会频频造成"卡车"事故，引起不良后果。另外，在搬动小车时用力不当也会造成轮子移位，从而产生"卡车"。

（2）处理方法　预防循环式热弯炉生产过程中，出现"卡车"现象的办法是：在升温时温度要均匀，要按规定升温时间升温。更重要的是在升温完成后、放入玻璃之前，先要使热弯室小车下降并保持 2～3min，热弯室升至 590～600℃，才进行下一个小车动作，让下个小车进入热弯室空车加热。并按此法连续走半数以上空模具车，让小车把热量带到炉子各处，并使热弯室下部加热均匀，此时放入玻璃热弯就可以避免出现"卡车"。另外，在搬运或推动小车时要注意，不可使轮轨错位，不可使轮子出槽，以防"卡车"。

2.4.2　玻璃热弯后形状不合要求

热弯处理后，玻璃形状不合要求的原因和处理如下。

① 模具形状不合格，应更换或校正模具。

② 空心模具热弯过火，是因为热弯时间太长，适当缩短热弯加热时间。

③ 热弯不到位，是因为热弯时间不够，适当延长热弯加热时间。

④ 放片时，玻璃与模具放位不正。应保证正确放片。

⑤ 传动运行振动大，玻璃在传动中与模具错位，应校正传动轮直线或找正传动水平面。

⑥ 成对放玻璃时，上下玻璃错位或错把薄的一片放在下边。应注意正确放片顺序。

2.4.3　两片玻璃同时热弯后吻合性不一致

因为同时热弯玻璃时，一般薄玻璃软化早、下弯快，而厚玻璃需要热量多，下弯慢。如果把薄玻璃放下边，在热弯时，由于下弯快，下面的薄玻璃就会与上边厚玻璃分开，造成组片外形不一致，导致吻合性差。而把厚玻璃放在下边，当热弯时，由于厚玻璃下弯慢，可在下面托着薄玻璃，使上下玻璃外形一致，保证了吻合度。因此，同一模具上两片玻璃同时热弯时应厚玻璃放在下边。

同一模具上两片玻璃同时热弯后，吻合性不一致的原因和预防办法如下。

① 上、下两片玻璃位置放错，例如两片玻璃厚度不同，错误地把厚片放在上面，造成上片下弯慢而上片下弯快。防止的办法是装片时一定要按要求放片，即薄片在上、厚片在下。

② 装片时，上、下两片玻璃相互错位太大，弯好后再对齐就不一致了。故装片时上、下片玻璃放片时前后要对齐，两边台阶要均等。

③ 玻璃热弯时弯的不到位，造成局部没有模具托玻璃，易在温度变化影响下发生变形而不一致。故热弯时要精心控制热弯程度，应使玻璃全部贴模。

④ 玻璃装片时与模具发生偏移，玻璃周边与模具框距离不一样，热弯时造成下边玻璃某边有点局部掉下，另外弯得过火时，也有这种现象发生。防止办法是装片一定要对正模具，并在热弯时不要弯得过火。

2.4.4　热弯过程出现中间过火

玻璃在热弯过程中，出现中间过火是因为加热过火、热弯时间太长造成的。特别是空心模具热弯时，当玻璃已全贴合空心模具，如仍继续加热，会使玻璃进一步软化下垂，向下弯的过火（产生"大肚子"），严重时还会造成玻璃从模具上脱落，其解决办法如下。

① 缩短热弯加热时间，防止温度过高，玻璃贴模完成，应立即关闭加热器或使玻璃离开。

② 如还不能纠正，则改变加热丝布局，减少中间加热器通电加热时间，直

到纠正合适为止。

③ 当用上述方法已纠正热弯过火，则按该法热弯生产。

2.4.5　热弯时造成玻璃炸裂

热弯玻璃两表面应力状况不同，凸表面常处于张应力状态，凹表面常处于压应力状态，有些异形热弯玻璃应力更为复杂。虽然经过退火，能消除一部分残余应力，但在连续热弯炉中常用三段式分级退火，即有 3 个退火炉，温度逐级递减，玻璃在各个退火炉分别保温一段时间，最后完成退火。如各退火炉之间衔接不好，退火制度不合理，很容易造成退火不良，使玻璃的某一部分残余应力超过玻璃强度，而产生炸裂。

玻璃在热弯时，造成炸裂的原因主要及处理方法如下。

① 模具不合格或模具放位不正。应检查模具，不合格的送去维修或更换新模具；模具在炉中或车上要放牢放平，位置应与加热中心相适应。

② 玻璃原片有裂口、碰伤等缺陷。在入片前进行检查，有缺陷的玻璃不能进入热弯炉，在放片时应注意防止碰出裂口。

③ 玻璃升温速度不均匀。应按规定温度操作，如果操作正常，如果玻璃在热弯前仍出现炸裂，可调接玻璃升温速度或设定合理的各预热室温度。

④ 热弯成型温度不够或成型速度控制不得当。可适当调节成型温度或降低成型速度。

⑤ 玻璃降温不均匀、冷却太快。如果是热弯时没炸，出炉已炸或刚出炉就炸，这是因为降温时降温太快，使温度不均匀，或者是玻璃出炉温度过高造成的，应调节降温工艺，使降温均匀，并适当降低出炉温度。如果是出炉后放一段时间才炸，是因为放置不合理造成的，刚出炉玻璃应避免放在冷风口，热玻璃不要与凉玻璃放置在一起。

2.5　热弯玻璃质量要求及检测

2.5.1　材料要求

（1）玻璃原片　热弯玻璃的原片不应使用非浮法玻璃（压花玻璃除外）。原片玻璃应符合下述技术要求：浮法玻璃应符合 GB 11614 的要求，着色玻璃应符合 GB/T 18701 的要求，镀膜玻璃应符合 GB/T 18915.1～GB/T 18915.2 的要求，压花玻璃应符合 JC/T 511 的要求。

（2）磨边处理　玻璃热弯加工前应做磨边处理。

2.5.2　尺寸偏差要求及检测方法

热弯玻璃的尺寸偏差包括对高度和弧长偏差两方面要求。

① 热弯玻璃的高度是指垂直于水平弧的玻璃某一直边的尺寸。高度偏差应符合表 2-1 的规定。高度偏差检测：使用最小刻度为 1mm 的钢卷尺测量，取其最大值。

表 2-1　高度允许偏差　　　　　　　单位：mm

高度 C	高度允许偏差	
	玻璃厚度≤12	玻璃厚度＞12
C≤2000	±3.0	±5.0
C＞2000	±5.0	±5.0

② 热弯玻璃的弧长偏差应符合表 2-2 的规定。弧度偏差检测：使用软尺在凸面两边部测量，取其最大值。

表 2-2　弧长允许偏差　　　　　　　单位：mm

弧长 D	弧长允许偏差	
	玻璃厚度≤12	玻璃厚度＞12
D≤1520	±3.0	±5.0
D＞1520	±5.0	±5.0

2.5.3　吻合度偏差要求及检测方法

对于弧长≤1/3 圆周的热弯玻璃的吻合度应符合表 2-3 的规定；弧长＞1/3 圆周的热弯玻璃的吻合度由双方商定。

表 2-3　吻合度允许偏差　　　　　　　单位：mm

弧长 D	吻合度允许偏差	
	玻璃厚度≤12	玻璃厚度＞12
D≤2440	±3.0	±3.0
2440＜D≤3350	±5.0	±5.0
D＞3350	±5.0	±6.0

吻合度偏差检测：以合同规定的模板或理论形状的曲线为基准，用最小刻度为 0.5mm 的钢直尺测量模板或理论形状的曲线与玻璃间的偏差，凸出为正、凹陷为负。

2.5.4　弧面弯曲偏差要求及检测方法

热弯玻璃的弧面弯曲偏差应符合表 2-4 的规定。

表 2-4　弧面弯曲允许偏差　　　　　　　　　　　单位：mm

高度 C	弧面弯曲允许偏差			
	玻璃厚度 <6	玻璃厚度 6~8	玻璃厚度 10~12	玻璃厚度 >12
C≤1220	2.0	3.0	3.0	3.0
1220<C≤2440	3.0	3.0	5.0	5.0
2440<C≤3350	5.0	5.0	5.0	5.0
C>3350	5.0	5.0	5.0	6.0

弧面弯曲偏差检测：玻璃制品垂直且曲线边放在两个垫块上。垫块分别垫在曲线变弧长的 1/4 处，钢直尺的直线边或绷紧的直线紧靠玻璃的凸面与直边平行，用塞尺测量钢直尺直线边（或直线）与玻璃之间的最大缝隙。分别在两直边处和 1/2 弧长处测量三次，取最大值。

2.5.5　扭曲偏差要求及检测方法

曲率半径>460mm、厚度为 3mm~12mm 的矩形热弯玻璃的扭曲应符合表 2-5 的规定。其他厚度和曲率半径的热弯玻璃的扭曲由供需双方商定。

表 2-5　扭曲允许偏差　　　　　　　　　　　单位：mm

高度 C	允许扭曲值			
	弧长 <2440	弧长 2440~3050	弧长 3050~3660	弧长 >3660
C≤1830	2.0	5.0	5.0	5.0
1830<C≤2440	5.0	5.0	5.0	8.0
2440<C≤3050	5.0	5.0	6.0	8.0
C>3050	5.0	6.0	6.0	9.0

扭曲偏差检测：把玻璃放在一个 90°的检测支撑装置内测量扭曲值，支撑装置的仰角为 5°~7°，玻璃下角与装置的两表面的交线相接触，其他角尽量靠近竖平面，然后用最小刻度为 0.5mm 的钢直尺测量其他角离开装置另一表面的实际距离即为扭曲值。扭曲检测装置见图 2-10。

2.5.6　应力要求及检测方法

热弯玻璃的应力指标包括厚度应力和平面应力两项。

厚度应力，是玻璃在冷却过程中，由厚度方向上的温度梯度导致的玻璃内应力。板芯为张应力，表面为压应力。

平面应力，是玻璃板平面各区域，由于形状、模具等因素造成平面温度梯度

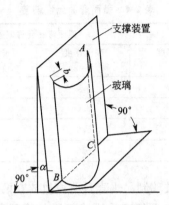

图 2-10 扭曲检测装置示意

α—支撑装置的仰角，为 5°~7°；b—玻璃的扭曲值

所导致的应力。平面应力在玻璃厚度方向上大小不变。

（1）厚度应力的允许值 厚度应力以板芯最大张应力为准，不同厚度玻璃的应力最大允许值见表 2-6。

表 2-6 不同厚度玻璃的应力最大允许值

玻璃厚度/mm	3	4	5	6	8	10	12-19
应力值/MPa	0.70	0.90	1.20	1.40	1.70	2.20	2.10

（2）平面应力的允许值 在玻璃板的任意部位其压应力 ≤6MPa，张应力 ≤3MPa。

（3）应力检测 使用 Senarmont 应力测定法，此种方法采用的应力仪的各光学元件及其方向匹配关系见图 2-11。

起偏器及检偏器的偏振方向均须与基准线成 45°，它们之间必须相互垂直。被测样品主应力之一的方向必须与基准线一致，即主应力方向与偏振方向成 45°。

检偏器是可以旋转的，转动角度由刻度指示。使用时，先将检偏器转至 0 刻度处；然后放置被测样品，调整样品方向，使被测点主应力方向与偏振方向成 45°；再转动检偏器，直到被测点变得最暗；记下转角读数，每度相当于 3.14mm 光程差。根据旋转方向可判断出与水平线一致的应力是张应力还是压应力。如顺时针转动检偏器能使被测点变暗，则为张应力，反之为压应力。

以厚度应力测定为例：从热弯玻璃上取样，尺寸为 25mm×200mm。将样品立放在仪器上，样品的长度方向与仪器面板上的 0°~180°刻度线方向一致，样品在 25mm 方向为高度，使光线透射过样品的上下端面。顺时针转动偏振器，直到端面中心部位由蓝色刚刚变为棕色。读取检偏器上的旋转角度读数。

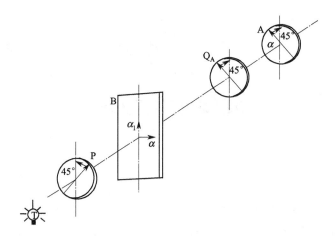

图 2-11　Senarmont 应力测定法示意

P—起偏器；A—检偏器；B—样品；Q$_A$—1/4 波片；α—检偏器转角

第3章
玻璃钢化技术

玻璃钢化技术的研究始于 19 世纪 70 年代，但早期的技术发明不适用于工业化生产。到 20 世纪 20 年代，具有实用价值的大面积平板玻璃钢化技术问世；30 年代，英国等国开始了钢化玻璃的商业化生产，1931 年法国的圣戈班公司获得了钢化玻璃的专利权并实用化。在工业化生产的初期，生产方法以垂直钢化法和燃气炉弯钢化法为主，后来出现了垂直压弯法。20 世纪 60～70 年代，美国匹兹堡公司和帕尔玛公司相继研究成功气垫水平钢化法，在生产过程中，玻璃用气垫水平输送，可生产平面和弯钢化玻璃；70 年代进行技术改进后，可生产薄型钢化玻璃；70 年代以来，水平辊道输送钢化技术日臻完善，从而推动了钢化玻璃的生产。

3.1 钢化玻璃基本概念

3.1.1 钢化玻璃定义

钢化玻璃是指经在处理工艺之后，在玻璃表面形成压应力层的玻璃。钢化玻璃其实是一种预应力玻璃，为提高玻璃的强度，通常使用化学或物理的方法，在玻璃表面形成压应力层，玻璃承受外力时首先抵消表层应力，从而提高了承载能力，增强了玻璃自身机械强度和耐热冲击强度等性能，并具有特殊的碎片状态。

3.1.2 钢化玻璃分类

玻璃钢化的方法有多种，通常分为物理钢化法和化学钢化法两大类，见表 3-1。

表 3-1 玻璃钢化方法分类

钢化类型			说　明
物理钢化法	按冷却介质分类	风钢化	采用高压空气作为冷却介质使玻璃增强的方法
		液体钢化	采用油类或水雾作为冷却介质使玻璃增强的方法
		熔盐钢化	采用易熔盐作为冷却介质使玻璃增强的方法
		固体钢化	采用高导热的固体颗粒作为冷却介质使玻璃增强的方法

续表

钢化类型		说　明
物理钢化法	按钢化程度分类	全钢化玻璃、半钢化玻璃、区域钢化玻璃
	按钢化方式分类	垂直法钢化玻璃、水平法钢化玻璃
	按钢化玻璃形状分类	平钢化玻璃、弯钢化玻璃
	其他分类	普通钢化玻璃、均质钢化玻璃、彩色膜钢化玻璃、釉面钢化玻璃、导电钢化玻璃
化学钢化法	低温型	在较低温度下用大半径的碱金属例子交换玻璃中的小半径碱金属离子，玻璃表面形成压应力层的方法
	高温型	在较高温度下用小半径的碱金属例子交换玻璃中的大半径碱金属离子，在玻璃表面生成膨胀系数小的物质,使玻璃表面形成压应力层的方法
	电化学法	采用附加电场,在电场中进行离子交换,以加快离子扩散速率的方法

3.1.3　钢化玻璃的性能特点

钢化玻璃同一般玻璃相比,其抗弯强度、抗冲击强度以及热稳定性等,都有很大的提高。

(1) 抗弯强度　钢化玻璃抗弯强度要比一般玻璃大 4～5 倍。如 6mm×600mm×400mm 钢化玻璃板,可以支持 3 个人的质量(约 200kg)而不破坏。厚度 5～6mm 的钢化玻璃,抗弯强度达 $1.67×10^2$ MPa。

钢化玻璃的应力分布,在其厚度方向上呈抛物线形。表面层为压应力,内层为张应力。当其受到弯曲载荷时,由于力的合成的结果,最大应力值不在玻璃表面,而是移向玻璃的内层,这样可以经受更大的弯曲载荷。

钢化玻璃的挠度比一般玻璃大 3～4 倍,如 6mm×1200mm×350mm 钢化玻璃,最大弯曲可达 100mm。

(2) 抗冲击强度　钢化玻璃的抗冲击强度比经过良好退火的普通透明玻璃高了 3～10 倍。如 6mm 厚的钢化玻璃抗冲击强度为 8.13kg·m,而普通平板玻璃的抗冲击强度为 2.35kg·m。

(3) 热稳定性　钢化玻璃的抗张强度提高,弹性模量下降,此外,密度也较为退火玻璃为低,从热稳定性系数 K 计算公式可知,钢化玻璃可经受温度突变的范围达 250～320℃,而一般同厚度玻璃只能经受 70～100℃。如 6mm×510mm×310mm 的钢化玻璃铺在雪地上,浇上 1kg、327.5℃ 的铅水而不会破裂。

(4) 其他性能　钢化玻璃破坏时首先在内层,由张应力作用引起破坏的裂纹传播速度很大,同时外层的压应力有保持破碎的内层不易剥落的作用。因此,钢化玻璃在破裂时,只产生没有尖锐角的小碎片。

钢化玻璃中有很大的相互平衡着的应力分布,所以一般不能再进行切割。在钢化玻璃加工过程中，玻璃表面裂纹减少，表面状况得到改善，这也是钢化玻璃强度较高和热稳定性较好的原因。

3.2　钢化玻璃的发展和应用领域

3.2.1　世界钢化玻璃发展

（1）钢化玻璃的雏形　钢化玻璃在数百年前已被发现，但当时并不知道其原理。17世纪时，英国的鲁伯特王子把熔解的玻璃液滴入水内造成玻璃珠。这种泪滴形的玻璃非常坚硬，就算以槌敲打也不会破碎。但是只要把玻璃滴尾部弄破，它便会突然爆碎成粉末。这种“玩意”还被带到朝廷上，用来戏弄人，称为“鲁伯特水滴”（Rupert's drop）。

（2）钢化玻璃的研制　钢化玻璃工艺早期尝试是在1870年，法国巴士底的弗朗西斯德拉于1874年获得第一项专利，钢化方法是将玻璃加热到接近软化温度后，立即投入一个温度相当低的液体槽中，使表面应力提高。这种方法即是早期的液体钢化方法。德国的鲁道夫 Frederick Siemens 于1875年获得一项专利，主张采用施加压力的方法进行钢化——接触钢化法。Siemens 于1881年获得第三项专利，这项专利针对平板钢化或不规则制品钢化。美国马萨诸塞州的 Geovge E. Rogens 于1876年将钢化方法应用于玻璃酒杯和灯柱。同年，新泽西州的 Hugh O. heill 获得了一项专利，叙述了“观察孔”中的钢化过程。要钢化的玻璃制品在一个火篮中加热，然后浸入两个不同的冷却槽中，第二个冷却槽的温度比第一个低。Littleton、Lillie 和 Shater 于1942年发表了有关类似过程的专利。这些专利揭示了钢化过程的理论并且试图对钢化过程中玻璃产生的应变程度加以控制。

（3）钢化玻璃的工业化　钢化工艺在工业上得到应用最早可能是在1892年，是由 Jena 玻璃厂的 Schott 博士实现的。20世纪30年代中期，欧洲采用平钢化安全玻璃。法国首先将这种产品投放市场，商品名为 Scurit。

第二次世界大战后的40年代，美国轿车的设计受飞机的设计影响很大。设计者希望轿车是球面形的，并有弯钢化玻璃做的顶盖。当时发展起来的水平自重弯钢化法则可生产圆形大型玻璃。对球面弯钢化而言，这一技术也有其局限性。很快上述两种方法就被一种新发展起来的快速自重弯钢化法所取代，这种工艺可为轻型、能耗低的轿车提供几毫米的钢化玻璃。1946年美国第一次用快速自重弯钢化成形方法制造了汽车 Futuramic Old mobibe，其他汽车厂商很快仿效这种做法。

20世纪50年代初，美国最先采用曲面钢化玻璃作为汽车前风挡玻璃。整块曲面钢化玻璃视野开阔，外形美观。但是钢化玻璃内部存在较大的应力，许多因素都会导致其在瞬间炸裂。在汽车前风挡使用中，一旦玻璃破碎，不能保证驾驶员的视野，以至于不能及时采取刹车措施，导致二次事故的发生，而且小颗粒碎片将对眼睛造成严重的伤害。1961 年玻璃区域钢化技术问世，日本、美国、联邦德国等陆续开始生产区域钢化玻璃。利用区域钢化技术可在风挡的驾驶员主视区域和周边区域分别形成不同的钢化程度，主视区域钢化程度降低，破碎后碎片较大，因此能保证视线，避免二次事故的发生。但碎片较大，并且可能还会有锐利的边角，导致钢化玻璃的安全系数有所降低。到 60 年代中期，英国等国家又研制了碎片呈蜂窝状分布的，即非均匀分布的区域钢化玻璃。这种钢化玻璃碎片大小间隔交替分布，碎片的分布基本与冲击点的位置无关，玻璃破碎后的失透现象有所改善，碎片没有尖锐的边角。

（4）钢化玻璃的发展　20 世纪 70 年代开始进行钢化技术的全面推广工作，钢化玻璃在汽车、建筑、航空、电子等领域开始使用，尤其在建筑和汽车方面得到应用。80 年代开始随着玻璃的新品种增加，钢化玻璃制造工业进行了新产品的开发和研究，比如建筑节能窗的低辐射玻璃钢化、汽车玻璃的大型及特异型玻璃钢化等。

3.2.2　我国钢化玻璃发展

我国钢化玻璃生产开始于 20 世纪 50 年代，1951 年 3 月，由沈阳玻璃厂与东北科研所（建材研究院的前身）合作，采用煤气加热、吹风急冷的办法制造出第一块物理钢化玻璃，随后开始小批量生产，同时开展垂直吊挂钢化电炉的研究设计，为 1955 年和 1965 年在上海耀华玻璃厂和秦皇岛耀华玻璃厂先后建成两套钢化电炉奠定了基础。70 年代末，由洛阳玻璃厂率先引进比利时的吊挂式弯钢化玻璃生产线，初步解决了车用玻璃的配套问题。改革开放后，各地又从国外引进了一大批水平辊道式钢化玻璃生产，连同国产的吊挂式钢化设备和水平式钢化设备一起，已形成适用于汽车、建筑、家电等领域的钢化玻璃产业群。

在化学钢化玻璃方面，1953 年 5 月由沈阳玻璃厂试制出化学钢化玻璃并进行批量生产后，秦皇岛耀华玻璃厂在 1983 年又建成了一条化学钢化玻璃生产线。

80 年代后，随着建筑、汽车行业的发展和人们对生活空间环境要求的提高，钢化玻璃也得到较快发展，特别是 90 年代后期得到了快速发展。2004 年 1 月 1 日《建筑安全玻璃管理规定》正式实施后，在政策上极大促进了钢化玻璃的发展。

目前我国钢化玻璃产品主要朝着两个方向发展：一是提高产品质量为主，突出产品的"安全、透明、平整"的特点；二是以强化产品的功能为主，突出产品的"安全、节能、环保、智能"等特色。在建筑安全玻璃方面，在提高玻璃强度的同时具有防盗、隔声、节能等其他功能，如能根据室外温度变化控制可见光和红外线的透光率的智能玻璃，还有防反射的镀膜钢化玻璃、防盗隔声玻璃等。而汽车玻璃正在向个性化、环境友好、舒适驾乘、更具安全性和防范性、易于通信等方向发展。

3.2.3　钢化玻璃的应用领域

（1）航空领域　航空领域是最早使用钢化玻璃的领域之一。飞机玻璃一般为复合结构，即与有机玻璃组成有机、无机复合夹层玻璃；与无机玻璃组成全无机复合夹层玻璃；或在玻璃表面镀膜制成电加温防冰除雾玻璃、隐身玻璃等。钢化玻璃的抗冲击性能很高，复合玻璃可以抵御飞行速度为 550km/h 的鸟的冲击。

（2）建筑领域　现代建筑为了适应舒适的工作生活环境，对于玻璃的要求越来越高，已从单纯的采光要求转向安全、节能、美观、隔声和大型化等多功能的要求。钢化玻璃以其安全性能，在现代建筑中得到广泛的应用。为了确保人身安全，许多国家对建筑物用玻璃的安全性提出了一定的要求。例如，美国、英国、德国、法国、日本、澳大利亚等国制定了有关的法规，要求公共建筑物的玻璃窗、玻璃门、玻璃屏障、玻璃隔断、卫生间玻璃、楼梯护板玻璃等，必须使用安全玻璃。钢化玻璃抗冲击强度高，热稳定性好，因此在建筑物玻璃构件及温室、顶棚玻璃中广泛使用。

在冰雹地区的玻璃屋顶、玻璃天井、倾斜装配窗等构件采用钢化玻璃，在下冰雹时，可承受较大冰雹的冲击而不破碎，即使破碎，碎粒不会造成对人体的伤害。近十年来，农业温室用钢化玻璃在不断扩大，全国许多地方用钢化玻璃温室代替塑料薄膜，用作育苗及蔬菜的生产基地，获得较好的经济效益。以东北某市为例，该市每年要求供应钢化玻璃 10 万～15 万平方米，用来做蔬菜基地的温室。全国目前用玻璃做温室的用量很大，用普通平板玻璃，在气温骤然变化及冰雹、风雪袭击时，破损率较高，每年破损约 1/3。而使用钢化玻璃，5 年以后才有少量破损。用钢化玻璃做温室，一次性投资虽然高一些，但服务年限长，总体看来是经济的。钢化玻璃在建筑物的窗、门、建筑构件及许多方面已经得到广泛的应用。国外建筑用安全玻璃数量已经超过汽车的用量。建筑上使用钢化玻璃有利于实现幕墙和窗户大型化，并为建筑物造型美观创造条件。国外建筑业已经成为钢化玻璃的第一大领域，用量不断增长。随着我国改革开放，国内的建筑业蓬勃发展，许多高中档建筑物也已经使用钢化玻璃，随着国民经济进一步发展，随着建筑安全玻璃法规的实施，钢化玻璃在国内建筑业的应用会越来越广泛。

幕墙玻璃使用的是钢化夹层玻璃或中空双钢化夹层玻璃，主要解决了建筑物邻近机场、高速公路、火车等噪声较高地区的噪声的威胁，同时，夹层钢化玻璃可以抵御因玻璃面积逐渐提高抗风荷载能力。通过中空夹层玻璃可以节省能源 30% 左右，降低噪声 10dB。

　　钢化玻璃在建筑楼梯上用做无支撑护板，既起到支撑的作用，又有护栏的作用，这种形式国外设计中已经使用。钢化玻璃还作为承重材料使用在过街天桥的整体结构上，利用钢化玻璃的抗弯强度大的优点也有将玻璃设计成塔型支撑柱、造型底座等。

　　（3）汽车工业　汽车的发展带动钢化玻璃的发展和使用。汽车玻璃已经由原来的厚片钢化，发展到薄型钢化和镀膜、异型钢化等。

　　新颖的轿车要求玻璃美观、安全。近年来发展的S形、L形、U形钢化玻璃解决了欧洲、美国、日本等国对高中档豪华客车、轿车外形流线型或棱角分明以及一体化的设计要求。隐框钢化玻璃设计减少了汽车运动阻力，镀膜钢化玻璃的使用增加了私人的空间和车内的凉爽、舒适度。低辐射钢化玻璃减少夏季太阳能进入车内，降低空调的使用。

　　轻型化是轿车的发展趋势，它要求所用的玻璃在安全的前提下薄型化，新型汽车的前风挡玻璃是用薄钢化玻璃层合制成的，后风挡玻璃用热线印刷玻璃（钢化玻璃），侧风挡及窗用单弯薄钢化玻璃。中外合资生产的奥迪、桑塔纳、标致、捷达汽车全部或部分使用上述钢化玻璃。根据安全、防爆的要求，国外已经使用了侧窗薄型钢化夹层玻璃。农用汽车的前风挡玻璃、侧风挡玻璃均采用钢化玻璃或区域钢化玻璃等。

　　（4）火车、船舶运输　火车、船舶等交通运输工具的窗、门均采用钢化、中空钢化或钢化夹层玻璃等。火车的前风挡玻璃一般使用电加温钢化夹层玻璃，侧风挡使用中空钢化玻璃。高速列车玻璃侧窗则采用弧形中空镀膜钢化夹层玻璃。玻璃与车体外形衔接，降低高速列车噪声向车内传播，降低太阳辐射热对车内舒适度的影响，起到节能的作用。城市铁路列车玻璃与城际列车玻璃类似，新增加车厢内的隔挡玻璃均为钢化玻璃。轮船的前风挡玻璃一般使用钢化玻璃，侧风挡使用钢化玻璃。高速行驶的船舶、舰船则包括远洋捕鱼船、交通船、缉私艇、水文观测船等必须使用钢化夹层玻璃，目的是承受海上的风浪的袭击而不破碎。

　　（5）家用电器、日用家具、卫生洁具　家用电器在钢化玻璃应用领域已经占有举足轻重的位置。钢化玻璃的适用范围基本遍布家电行业。小到电子显示器、体重计，大到微波炉的门、烤箱门、冰箱门、抽油烟机的护罩、彩色电视保护屏等。冰箱门还有用中空钢化玻璃或低辐射钢化玻璃制成的，目的是减少外界热空气对箱体的辐射，节省冰箱制冷的能耗。

　　浴室中的门、围护、面盆、浴缸在国内外均有用钢化玻璃制备的。写字台的台面、茶几、餐桌的台面、玻璃屏风都是钢化玻璃。家用煤气灶具台面、切板、锅盖也是钢化玻璃制品。

　　（6）电子行业　电子行业使用钢化玻璃较晚，但是用量不容忽视。因为，电子行业安全的问题危及的人群范围却较大。目前用到钢化玻璃的有计算机显示器保护屏、投影仪保护屏、工业业电视监视器、计算机触摸屏、手机显示屏、游艺机显示屏、投影仪内部耐热保护屏。

（7）化工领域　利用钢化玻璃可耐200℃温差的特点，作为有机材料成形板制备的模板、配料容器。利用钢化玻璃的抗弯强度高、耐热的优点做高压容器的观察窗。

（8）其他领域　利用钢化玻璃耐磨、耐热性能，作为建筑物的射灯、地灯保护玻璃；医疗器械的无影灯保护玻璃；印刷机械的耐热玻璃屏；博物馆展示柜、展厅、橱窗、商业柜台等公共场所使用钢化玻璃，避免玻璃受冲击时破碎伤害人群。

3.3　物理钢化技术

玻璃的物理钢化是将玻璃制品加热后迅速冷却，使其达到室温时表面形成高度均匀的压应力层，以增加其在外力作用和温度急变时的强度，并在破碎时形成很小的不伤人的颗粒。

3.3.1　物理钢化原理

3.3.1.1　玻璃中内应力类型与形成原因

物质内部单位截面上的相互作用的力称为内应力。玻璃中的内应力可分为三类：第一类是由外力作用或热变化所产生的，称为宏观应力，它可以用材料力学和弹性力学的方法进行研究；第二类称为微观应力，这类内应力是由玻璃中存在的微观不均匀区或者由分相造成的，例如硼硅酸盐玻璃中就存在这种内应力；第三类称为单元应力或超微观应力，它相当于晶胞大小的体积范围内所造成的应力。后两种内应力在玻璃的物理性质，如折射率、热膨胀系数、密度等方面有反映。这些由结构特性所引起的内应力，对玻璃的机械强度而言，并不很大。本书主要是研究玻璃由热变化引起的宏观应力即玻璃的热应力。

玻璃的热应力又可分为暂时应力和永久应力（或称残余应力）。

（1）暂时应力　当玻璃处于弹性变形范围内进行加热和冷却时，由于玻璃不是传热的良导体，在它的内层产生一定的温度差，从而产生一定的热应力。这种应力随着温度梯度的存在而存在，随着温度梯度的消失而消失，故称为暂时应力。

如图3-1所示，一块无应力的玻璃从常温加热到T_g温度以下时，玻璃内外层就产生温差，外层的温度高于内层，外层受热膨胀就大于内部，这样，外层是在内层的阻碍下（压缩作用）膨胀，而内层是在外层膨胀（拉伸作用）下膨胀[图3-1(b)、图3-1(c)]。所以在加热时，玻璃的表面产生压应力，内层受到张应力。而且规定张应力为正，压应力为负。

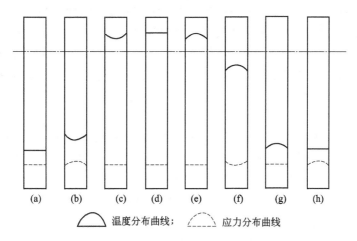

温度分布曲线；　　　应力分布曲线

图 3-1　玻璃加热、退火、冷却过程温度及应力分布曲线

(a) 原始状态；(b) 加热；(c) 加热；(d) 保持；
(e) 退火；(f) 冷却；(g) 冷却；(h) 室温

如果外层加热到一定温度后，把整块玻璃继续进行均热时，玻璃外层已不再膨胀，内层却继续膨胀，这样外层受到张应力，而内层受到压应力。它们的大小和加热过程中所产生的应力大小相等，方向相反，所以当内外温度均衡后，玻璃中的应力也就消失 [图 3-1(d)]。

同理，一块无应力的热玻璃在冷却过程开始时所生成的应力分布和加热过程的刚好相反，即外层为张应力，内层为压应力 [图 3-1(e)～图 3-1(h)]。所以，温度均衡后玻璃中的暂时应力随之消失。但当暂时应力超过玻璃极限强度时，玻璃同样会产生破裂，尤其是在冷却过程中，应使降温速度小于加热过程的升温速率。

(2) 永久应力　当玻璃的温度均衡后，在玻璃中仍然存在的应力称为永久应力。如图 3-1 所示，当玻璃从高温（$>T_g$）下冷却时，玻璃内外层产生了温差。由于在转变温度区域。（$\eta < 10^{11}$ Pa·s）内，分子的热运动能量较大，玻璃内部结构基团间可以产生位移变形等使以往由温差而产生的内应力消失，我们把这个过程称为应力松弛。这时玻璃内外层虽然存在着温差，却不产生应力。但是，在 T_g 温度下以一定冷却速度冷却时，玻璃从黏滞塑性体逐渐地转化为弹性体，由温差产生的内应力 P 仅部分 x 被松弛。当温度冷却到应变点以下，玻璃内所产生的内应力相应为 $P-x$；当进一步冷却使玻璃内外温差消除时，此时应力的变化值为 P，也就是说，温度均衡后，留在玻璃中内应力的大小为 $(P-x)-P=-x$。这种内应力称为永久应力或残余应力。

玻璃内永久应力产生的直接原因是退火温度区域内应力松弛的结果。应力松弛的程度取决于在这个区域内的冷却速度、温度梯度、黏度及制品厚度。

除了热应力所造成的永久应力外，在玻璃中因化学不均匀也能产生永久应力，如在玻璃制造过程中由于熔制均化不够，使玻璃中产生条纹和结石等缺陷，这些缺陷的化学组成不同于玻璃体，它们的膨胀系数也不相同，如硅砖内或材料结石的膨胀系数为 $60\times10^{-7}/℃$，而一般玻璃的为 $90\times10^{-7}/℃$ 左右。因此，它们之间产生的应力就无法消除。

除上述几种情况外，不同膨胀系数玻璃之间或玻璃与金属间的封接、套料时都会产生永久应力。如果制品制造不妥往往造成散热不均匀、应力集中，这种应力都很难消除，也是造成制品炸裂的原因之一。

永久应力的存在给生产和使用过程中带来以下弊病：过大的永久应力，会使玻璃在加工或使用过程中炸裂；由于永久应力的存在，使光学精密仪器产生双折射而影响仪器的工作精度；在长期高温下使用仪器，会使光学零件产生形变而影响成像质量。各种不同工业玻璃制品都有其允许的永久应力值，见表 3-2。

表 3-2   各类玻璃中永久应力的允许值

玻璃种类	永久应力允许值/MPa	玻璃种类	永久应力允许值/MPa
Ⅰ～Ⅱ级光学玻璃	2～6	空心玻璃	60
Ⅲ～Ⅳ级光学玻璃	10～20	玻璃管	120
平板玻璃	20～95	钢化玻璃	1350～2400
压延玻璃	20～60	航空玻璃	25
瓶罐玻璃	50～400		

玻璃中的内应力可用光折射的光程差来表示。在玻璃板上有两个相互垂直的不同的内应力（张应力，以 O_x 和 O_y 表示），且 $O_y>O_x$，则光线沿 x、y 轴的传播速度（分别用 V_y 和 V_x 表示）也不同，$V_y>V_x$，这样就产生了光程差 Δ，即双折射现象。光程差与试样的厚度 d 和玻璃中光线传播速度差 V_y-V_x 成比例，而 V_y-V_x 与内应力差 $\sigma_y-\sigma_x$ 成正比。程差的计算见式(3-1)。一些工业玻璃的应力光学常数列于表 3-3。

表 3-3   各类玻璃的应力光学常数 B

玻璃种类	B	玻璃种类	B
石英玻璃	3.4	轻钡冕玻璃	2.8
96％高硅氧玻璃	3.6	重钡冕玻璃	2.14
低膨胀硅酸盐玻璃	3.8	钡冕玻璃	3.10
低 tanδ 硼酸盐玻璃	4.7	轻冕玻璃	3.50
铅玻璃	2.6	中冕玻璃	3.12
平板玻璃	2.8	重冕玻璃	2.67
钙硅玻璃	2.4～2.6	特重冕玻璃	1.19

可用偏光仪或超声波来测定不同传播速度以计算内应力的大小，或者用激光干涉法测量。

$$\Delta = Bd(\sigma_y - \sigma_x) \qquad (3\text{-}1)$$

式中　Δ——光程差，nm/cm；

　　　B——应力光学常数；

　　　d——玻璃的厚度，mm。

3.3.1.2　物理钢化的原理

当玻璃输送到电加热炉或气体加热炉内进行加热时，玻璃的热膨胀情况如图 3-2 所示。随着温度升高，玻璃结构发生变化，黏度下降，网络内部连接键伸长，由图 3-2 的 D 状态转变成 C 状态。当加热温度接近软化点附近，玻璃由固化态转变成液化态时，玻璃的黏度急剧下降，很多键断开，如图 3-2 的 B 状态或 A 状态，此时玻璃极易变形。之后如果玻璃没有发生变形，被缓慢冷却下来，断了的键可以重新连接起来，玻璃的黏度逐渐提高，网络重新有序地排列。玻璃接近室温时，伸长的键随着温度降低恢复到原来键长。上述过程仅可以消除玻璃的内应力，无法提高玻璃的强度。

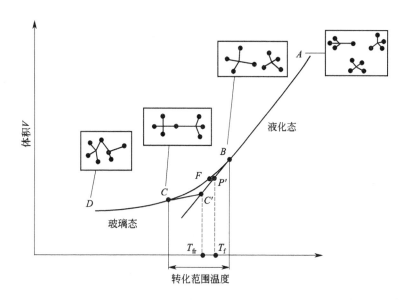

图 3-2　玻璃热膨胀示意

玻璃钢化是在玻璃表面有意造成外表面压应力，内部形成张应力（图 3-3）。钢化玻璃工艺过程是将玻璃加热到软化点附近（其黏度值高于 $10^{6.65}$ Pa·s），然后用冷却介质快速将玻璃表面热量带走，使得玻璃表面快速由液化态转变成固化态。在此过程中，玻璃有一部分被断开的键来不及重新连接，就已经变成固化态，这部分玻璃冷却后的体积大于加热前的体积；玻璃的内部是通过与外层玻璃的分子运动热传导进行冷却的，越往里玻璃的冷却速度越慢。所以玻璃冷却时由于内部冷却较慢，断开的键可以重新连接，伸长的键可以恢复原来键长，当玻璃被全部冷却后，玻璃内部的体积与原来相同。这样玻璃表面体积大于内部体积，玻璃表面对内部就有一个向外拉伸的趋势，单位面积上外部对内部就产生一个张应力；相反，玻璃内部对表面就有一个向里压缩的趋势，单位面积上内部对表面就形成一个压应力，这就是玻璃钢化原理。

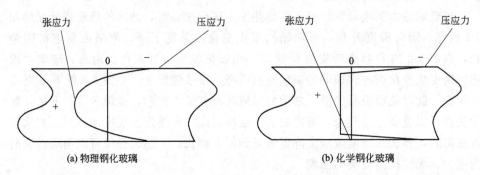

图 3-3　钢化玻璃应力分布示意

如前所述，永久应力的产生是由应力松弛和温度变形被冻结下来的结果。玻璃加热温度越高，应力松弛的速率也越快，钢化后产生的应力也越大；而且玻璃各部分的冷却速率不同，使玻璃表面的结构具有较小的密度，而内层具有较大的密度。这种结构因素引起各部分的膨胀系数不同，也引起内应力的产生。

通过这样的热处理，玻璃内部具有均匀分布的内应力，提高了玻璃的强度和热稳定性。当退火玻璃板受载荷弯曲时，玻璃的上表层受到张应力，下表层受到压应力，如图 3-4(b) 所示。

玻璃的抗张强度较低，超过抗张强度玻璃就破碎，所以退火玻璃的强度不高。如果负载加到钢化玻璃上，其应力分布如图 3-4(c) 所示，钢化玻璃表面（上层）的压应力比退火玻璃大，而所受的张应力比退火玻璃小。同时在钢化玻璃中最大的张应力不像退火玻璃存在于表面上而移到板中心。由于玻璃耐压强度要比抗张强度几乎大 10 倍，所以钢化玻璃在相同的负载下并不破裂。

此外在钢化过程中玻璃表面微裂纹受到强烈的压缩，同样也使钢化玻璃的机械强度提高。同理，当钢化玻璃骤然经受急冷时，在其外层产生的张应力被玻璃外层原存在的方向的压应力所抵挡，使其热稳定性大大提高。通常钢化玻璃强度比退火玻璃高 4～6 倍，达 350MPa 左右，而热稳定性可提高到 280～320℃

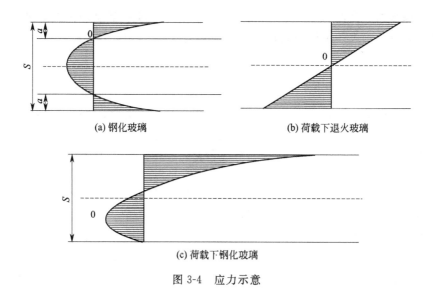

(a) 钢化玻璃　　　　　　　　(b) 荷载下退火玻璃

(c) 荷载下钢化玻璃

图 3-4　应力示意

左右。

钢化玻璃的张应力存在于玻璃内部，当玻璃破裂时，在外层的保护下（虽然保护力并不强），能使玻璃保持在一起或布满裂缝的集合体。而且钢化玻璃内部存在的是均匀的内应力。根据测定，当内部张应力为 30～32MPa 时，可以产生 6cm² 的断裂面，相当于把玻璃粉碎到 10mm 左右的颗粒。这也就揭示了钢化玻璃在炸裂时分裂成小颗粒的原因。

3.3.1.3　钢化玻璃强度与钢化程度的关系

钢化玻璃开始均匀急冷的温度称为淬火温度或钢化温度 T_2，一般取 $T_2 = T_g + 80℃$ 左右（$\eta \approx 10^{9.5}$ Pa·s）。钢化 6mm 的平板玻璃时，淬火温度为 610～650℃，加热时间在 200～300s 范围内，或者以每毫米厚需 36～50s 加热时间予以计算。

玻璃钢化应力是冷却介质将玻璃表面及内部热量带走后，玻璃表面和内部的应力发生变化而形成的。在计算玻璃钢化应力时，假设玻璃板的温度为 T、厚度为 h，在单位时间、单位面积上玻璃均匀放出热量 Q，那么玻璃厚度中心到厚度 x 点，经过 t 时间冷却后玻璃的温度 $T(x, t)$ 可由以下方程式给出：

$$\frac{\partial^2 T}{\partial x^2} = \frac{C\rho}{K} \times \frac{\partial T}{\partial t} \tag{3-2}$$

式中　K——玻璃的传热系数，W/(m²·℃)；

　　　C——玻璃的比热容，kJ/(kg·℃)；

　　　ρ——玻璃的密度，kg/m³。

玻璃某点的温差 $\Delta T = T - T_{s}$，T、T_{s} 分别表示玻璃某点的温度、玻璃某个时刻的温度。用边界条件解上式，那么 T 则为：

$$\Delta T = \frac{hQ}{8K}\left(1 - \frac{8}{\pi^2}\sum_{n=\text{add}}^{\infty}\frac{1}{n}e^{-\frac{n^2}{\tau}t}\right) \approx \frac{hQ}{8K}\left(1 - \frac{8}{\pi^2}e^{-\frac{t}{\tau}}\right) \tag{3-3}$$

式中，n 表示某点、某时；add 表示某点、某时的组合。时间常数：

$$\tau = \frac{C\rho h^2}{4\pi^2 K} \tag{3-4}$$

$$(\Delta T)_{\text{最大}} = (T - T_{s})_{\text{最大}} = hQ/(8K) \tag{3-5}$$

由于温差 $T - T_{s}$ 引起的玻璃表面拉应力及内部压应力，在应变点以上的温度区短时间内松弛并消失。在这种情况下，若设玻璃的应力松弛时间为 τ_c，则 $\tau_c \leqslant \tau$。如果冷却时玻璃的平均温度降低到应变点以下，那么应力松弛时间急剧增大，而变化为 $\tau_c > \tau$。ΔT 引起的最大应力，玻璃应力符号改变，表面为压应力及中心为拉应力。

厚度中心线及表面拉应力 σ_t、压应力 σ_c 分别由下式表示：

$$\sigma_t = \frac{\alpha E}{1-\nu} \times \frac{1}{3}(\Delta T)_{\text{最大}} = \frac{\alpha E}{1-\nu} \cdot \frac{hQ}{24K} \tag{3-6}$$

$$\sigma_c = 2\sigma_t = \frac{\alpha E}{1-\nu} \times \frac{1}{3}(\Delta T)_{\text{最大}} = \frac{\alpha E}{1-\nu} \times \frac{hQ}{12K} \tag{3-7}$$

式中，α、E、ν 分别为玻璃的热膨胀系数、杨氏模量、泊松比。从表面向内 $h/5$ 深度为压应力层，$h - 2/5h = 3/5h$ 的中央部位为拉应力层，而整体处于平衡状态。由式(3-6)、式(3-7)可知，当玻璃应力值一定时，玻璃越薄（h 越小），Q 值应越大，即采用冷却能大的装置；反之，若设 Q 为定值，则玻璃越厚，越容易钢化。

巴尔杰涅夫指出钢化玻璃的强度 $\sigma_{钢}$ 与钢化程度 Δ 有下列关系：

$$\sigma_{钢} = \sigma_0 + \frac{\chi\Delta}{B} \tag{3-8}$$

式中　σ_0——退火玻璃的表面强度，MPa；

　　　B——应力光学常数，2.5×10^{-8} cm²/N；

　　　χ——表示玻璃表面与中间层应力的比例系数；

　　　Δ——钢化程度，μm/cm。

即钢化玻璃的强度 $\sigma_{钢}$ 随着钢化程度 Δ 和 χ 的增大而增强。研究结果表明，钢化玻璃的强度主要取决于其表面的压应力（称为机械因素）大小，但是近年来认为，除了这一因素外，由于高温急冷引起的玻璃表面的变化也是影响物理钢化的重要因素之一。

3.3.1.4　钢化玻璃应力释放速度的理论

钢化玻璃应力释放速度的理论对于预测玻璃在不同温度下暴露不同时间后的应力状况是有意义的。匹茨堡平板玻璃公司玻璃研究实验室的 LcoydBlack 于 1948 年进行了一系列试验，对钢化玻璃在高温下暴露不同时间后的应力释放速度做了测定。Black 是用福特城池窑熔制 12in×12in×1/4in（305mm×305mm×6.35mm）的玻璃板做试样。玻璃板被钢化，在整个面积上应变都尽可能均匀并且钢化值达到大约 1500nm/cm。

钢化玻璃在 218～521℃ 的温度范围内，间断加热 3 h、23 h 和 119 h，从炉内取走；冷却后，通过 4 个拐角测量出应变。玻璃板被再次放入炉内，保持下一个时间间隔，重复上述过程。每个试样都加热和冷却 3 次。如果一个试样加热3h，另一个加热 23 h，最后一个加热 119 h，而中间不做观测，那么，毫无疑问会得到不同的结果。另一个困难是在较高温度下衰变进行很迅速，玻璃还没能加热到给定温度，大部分双折射就消失了。然而，这种操作方法简单易行，比在理想条件下操作具有更大的使用价值。

经验式(3-9)所示的与 Black 的观测完全一致：

$$\lg F = \lg F_\theta - \frac{K}{A}\lg(Bt-1) \tag{3-9}$$

式中　F——在时间 t（单位 h）的应力，MPa；

F_θ——初始钢化应力，49MPa 中部张应力，所以 F_θ 近似等于 0.7；

$\dfrac{K}{A}$——随温度变化的量；

B——随温度变化的量。

该式在两个典型温度下的值为：

在 895℉（480℃）下，$\lg F = 0.7 - 0.581g(13t+1)$；

在 616℉（324℃）下，$\lg F = 0.7 - 0.43\lg(1.5t+1)$。

Littleton 和 Lillie 对公式的物理基础进行了研究，他们强调了玻璃"热历史"的巨大重要性。研究发现，相同类型和相同尺寸的玻璃棒或玻璃纤维，快速冷却时的暂时黏度为缓慢冷却时的 1%。实际上，这意味着高温状态会在玻璃中"凝固"，凝固的程度与冷却速度有关。也就是说，与达到平衡状态所用的时间有关。当加热这种玻璃时，要消除这种凝固状态的效应可能需要数小时、数天甚至数年时间（取决于温度）。Littleton 发现，当钙玻璃纤维从高温快速冷却到室温，然后快速加热到 460℃ 时，初始黏度为 $\lg N_0 = 14$。在 460℃ 恒温下保持 3000min 后，黏度增加到 $\lg N_t = 15.5$，很长时间后才接近平衡值 $\lg N_e = 16$。

这时，最后黏度比初始黏度高达 100 倍。Lillie 采用同一种玻璃的纤维，将它们加热到大约 800℃，然后置入 440℃的骤冷槽中骤冷。他发现，在 453℃下，黏度从 $\lg N_0=15.1$ 增加到 $\lg N_t=16.5$。这一过程需要 1000min，在 1000min 结束时，黏度仍然增加很快，因此，平衡值可以达到 $\lg N_e=17$ 或者更高。

Tool 提出："假定"温度 θ 的概念。假设一块玻璃处于实际温度 T，但是从比 T 高得多的某一温度快速冷却到 T，这一冷却速度非常之快，不允许玻璃在冷却过程的每个中间温度下达到平衡状态。这样，玻璃就表现出现具有某种高温的特点，这就称为假定温度。Tool 指出，如果是从原高于退火范围的温度上迅速冷却，那么，当达到大气温度时 θ 就很高；相反，如果冷却很缓慢、θ 可能比（通常的）退火温度低 70～90℃。因此，我们就获得最小和最大黏度曲线。

Lillie 利用这些概念进行了一系列试验，最后证明，式(3-10)正确而完全地表示了应力消除的现象：

$$\frac{dF}{dt}=-MF\theta \tag{3-10}$$

通过试验发现，常数 M 实际上与温度和热历史无关，它表示的是特定玻璃的某些位置模量。当然，热历史效应使用流动性 ϕ 与时间关系的变化值表示。Adams 和 Williamson 早先提出的关系尽管在理论上是错误的，但在大多数情况下在经验上还是正确的，因为在任何一个退火过程中，应力消除与黏度（或流动性）之间存在一定的相互关系。但是，在异常情况下，如在玻璃已被退火或高度钢化的情况下，采用它们的公式则必须特别小心。

Black 的"全钢化"要求骤冷速率很快，一是高温状态在玻璃中"凝固"。要更正确地确定初始黏度曲线，研究人员需要试验结果，因为对钢化试样的黏度没有直接的测定方法。例如，假设应力是在通常的应变点（517℃）消除，研究人员可以把 493℃确定为钢化玻璃的近似当量温度。

3.3.2 物理钢化工艺

3.3.2.1 物理钢化工艺分类

物理钢化工艺按淬冷介质划分，可分为气体钢化法、液冷钢化法、微粒钢化法和喷雾钢化法等。根据使用生产设备的不同，物理钢化玻璃生产方法大致可分为垂直吊挂钢化法、水平钢化法和气垫钢化法等。

（1）气体介质钢化法　气体介质钢化法，即风冷钢化法。包括水平气垫钢化、水平辊道钢化、垂直钢化等方法。所谓风冷钢化法就是将玻璃加热至接近玻璃的软化温度（650～700℃），然后对其两侧同时吹以空气使其迅速冷却，以增加玻璃的机械强度和热稳定性的生产方法。加热玻璃的淬冷是用物理钢化法生产钢化玻璃的一个重要环节，对玻璃淬冷的基本要求是快速且均匀地冷却，从而获得均匀分布的应力，为得到均匀的冷却玻璃，就必须要求冷却装置有效疏散热风、便于清除偶然产生的碎玻璃并应尽量降低其噪声。

① 优缺点　风冷钢化的优点是成本较低，产量较大，具有较高的机械强度、耐热冲击性（最大安全工作温度可达 287.78℃）和较高的耐热梯度（能经受 204.44℃），而且风冷钢化玻璃除能增强机械强度外，在破碎时能形成小碎片，可减轻对人体的伤害。但是对玻璃的厚度和形状有一定的要求（国产设备所钢化的玻璃最小厚度一般在 3mm 左右），而且冷却速度较慢，能耗高。对于薄玻璃，钢化过程中还存在玻璃变形的问题，无法在光学质量要求较高的领域内应用。

② 适用范围　目前空气钢化技术应用广泛，空气钢化的玻璃多用在汽车、舰船、建筑物上。

（2）液体介质钢化法　液体介质钢化法，即液冷法。所谓液冷法就是将玻璃加热到接近软化点后，放入盛满液体的急冷槽内进行钢化。此时作为冷却介质可以采用盐水，如硝酸钾、亚硝酸钾、硝酸钠、亚硝酸钠等的混合盐水。此外，还可以采用矿物油作为冷却介质，当然也可以向矿物油中加入甲苯或四氯化碳等添加剂。一些特制的淬冷油及硅酮油等也可以使用。

在进行液体钢化时，由于玻璃板的边部先进入急冷槽，因此会出现应力不均引起的炸裂。为了解决这一问题，可先用风冷或喷液等进行预冷，然后再放入有机液中急冷。也可以在急冷槽中放入水和有机溶液，有机溶液浮于水上面，当把加热后的玻璃放入槽中时，有机溶液起到预冷作用，吸收一部分热量，然后进入水中快速冷却。除了采用浸入冷却液体，也可以采用液体喷雾法，但一般多用浸入法。英国的 Triplex 公司，最早在 20 世纪 80 年代就用液体介质法钢化出了厚度为 0.75～1.5mm 的玻璃，结束了物理钢化不能钢化薄玻璃的历史。

液体钢化法的难点是建立起合理的液冷法工艺制度，在液冷钢化时应注意的两个问题：一是产生的过高的压应力层，二是避免玻璃炸裂。

① 优缺点　采用液体介质钢化法，由于水的比热容较大，气化热高，因此用量大为减少，从而能耗降低，成本减少，而且冷却速度快，安全性能高，变形较小。由于在冷却时是玻璃受热后插入液体介质中，因此对于面积较大的玻璃板来说容易受热不均而影响质量和成品率。

② 适用范围　主要适用于钢化各种面积不大的薄玻璃，如眼镜玻璃、液晶显示屏玻璃、光学仪器仪表用玻璃等。

（3）微粒钢化法　微粒钢化法是把玻璃加热到接近软化温度后，于流化床中经固体微粒（一般为粒度小于 200μm 的氧化铝微粒）淬冷而使玻璃获得增强的一种工艺方法。从理论上看，用固体作为冷却介质可以制造出更薄、更轻、强度更高的钢化玻璃，故 20 世纪 70 年代中期至 80 年代初期，英国、日本、比利时、德国等陆续将此技术应用于生产。

① 优缺点　微粒钢化法可钢化超薄玻璃，强度高、质量好，是目前制造高性能钢化玻璃的一项先进技术。微粒钢化新工艺与传统的风钢化工艺相比。冷却介质的冷却能大，适于钢化超薄玻璃，节能效果显著（节能约 40%）。但微粒钢化工艺的冷却介质成本较高。

② 适用范围　高强度，高精度的薄玻璃和超薄玻璃。

（4）喷雾钢化法　喷雾钢化法是以雾化水作为冷却介质，利用喷雾排气装备，可使玻璃在钢化过程中冷却更均匀，能耗更小，钢化后的性能更好。喷雾排气装备由若干相互并列连接且排布在底板上的栅格形桶状结构构成，每个桶状结构由底板、隔板、喷嘴和若干排气孔构成。类似于气体法，但使用的冷却介质不是空气，而是雾化水。特征在于以雾化水为冷却介质，对玻璃进行钢化处理。水的比热容较大，所有的液体中水的气化热也是最高的。在玻璃的钢化过程中，水雾连续不断地喷到加热后的玻璃表面，呈微粒状的雾化水迅速吸热成为 100℃ 的水，再气化，利用水的比热大及气化热高这一特点。将玻璃表面的大量热瞬间带走（吸收），使玻璃淬火钢化，在玻璃表面造成永久性的压缩应力，从而提高玻璃的抗张能力，使玻璃钢化。水雾（雾化水）可由压缩空气喷吹法、蒸汽喷吹法或液压喷雾法等喷向被加热的玻璃表面，由于雾化水接触到赤热的玻璃后会迅速吸热并气化膨胀，若令其自由扩散，则会影响玻璃的均匀冷却，易使玻璃炸裂。为此，需设计有独特的喷雾排气设备，使得已气化和膨胀的水汽可就地抽走，而不会沿着玻璃表面扩散。

① 优缺点　冷却介质易得、成本低、不污染环境，还可钢化一般气体、液体及微粒钢化所不能钢化的薄玻璃，但冷却均匀性较难控制。

② 适用范围　因其冷却制度较难控制，目前应用较少。

3.3.2.2　垂直吊挂钢化工艺

（1）工艺简介　垂直吊挂钢化法，是将玻璃在加热炉中加热到工艺规定温度后，通过链条输送机或曲柄输送机、可调速输送机等输送装置将其输送到风栅冷却装置中进行冷却。玻璃必须位于风栅中心线的垂直面上不动，依靠两侧风栅的运动将喷出的气流均匀的冷却，风栅的运动分为回转式、水平往复式和上下往复式 3 种。冷却风靠风栅上均匀排列（可以是矩形排列也可是梅花形排列）的气体喷嘴吹向玻璃，喷嘴孔的内径在使用低压风（普通风机送风）时，一般为 3～6mm；使用高压风（压缩空气）时，一般为 0.6～1mm。喷嘴口距玻璃表面一般为 45～50mm。冷却风的压力一般为 3700～

9800Pa，比如 6mm 玻璃冷却风压力为 3700～4500Pa，理论淬冷时间 15s，实际吹风时间 30s。

垂直钢化法的缺点是生产率低，产品存在着不可避免的夹痕缺陷，玻璃加热时出现拉长、弯曲或翘曲，不易实现生产自动化。其优点是投资少、成本低廉、操作简单。因此，国内仍有一些厂家采用该法生产钢化玻璃。

(2) 工艺流程　垂直钢化工艺是物理钢化法的一种，其生产过程大致是玻璃原片经过准备、切裁、磨边、洗涤、干燥和半成品检验等预处理，用耐热钢夹钳钳住玻璃沿上边，送入电加热炉中进行加热。当玻璃加热到所需温度后，快速移至风栅中进行淬冷。在钢化风栅中，用压缩空气均匀、迅速地喷吹玻璃的两个表面，使玻璃急剧冷却。在玻璃的冷却过程中，玻璃的内层和表层之间产生很大的温度梯度，因而在玻璃的表面层产生压应力，内层产生拉应力，从而提高玻璃的机械强度和热稳定性。淬冷后的玻璃从风栅中移出并去除夹具，经检验后可包装入库。

垂直吊挂钢化法的工艺流程如图 3-5 所示。

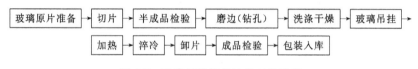

图 3-5　垂直吊挂钢化法的工艺流程

3.3.2.3　水平钢化法

(1) 工艺简介　水平钢化法，是玻璃完全处于水平状态下完成输送、加热、成型及淬冷等整个钢化过程的方法。由于水平钢化的成型工序可以进行玻璃的复杂热弯，所以水平钢化法可生产平钢化玻璃、单弯钢化玻璃、双曲面钢化玻璃及双折板钢化玻璃等产品。

水平钢化法的各个工序都在水平辊道上进行，其中加热炉和冷却装置可做往复运动。水平钢化法的冷却装置同样是风栅，其喷气方式有喷嘴式、喷孔式和狭缝式。上部风栅由钢架、风栅提升装置、风栅、压缩空气管等部件组成；下部风栅的结构、数量与上部风栅相同，但风栅的喷嘴装在风栅的上端，并且在各支风栅之间不装导向板，留有一定的间隙，以便使生产过程中偶尔破碎的玻璃，可经此间隙落入下面的碎玻璃运输机。

(2) 工艺流程　水平钢化法是目前世界上使用最普遍的一种玻璃钢化方法，它是通过水平辊道传送玻璃，将玻璃传送到加热炉和冷却装置进行加热和吹风钢化。

① 微机设定　按所需要钢化玻璃的种类和厚度设定输入加热时间、顶部温度、底部温度、卸片温度、增压时间等工艺参数。

② 装片　按装片规格合理装片,并按产品要求贴、印钢化标记。

③ 加热　玻璃从装片台进入加热室在往复辊动的陶瓷辊道上进行加热,直至达到合适钢化的温度。

④ 淬冷　玻璃加热后进入风栅,在往复运动的纤维辊道上进行吹风淬冷钢化过程。

⑤ 卸片　玻璃钢化后,冷却到设定的卸片温度(一般在40℃左右),即可以从卸片台卸下。

(3) 操作要求　采用水平钢化法加工玻璃,必须遵守以下基本操作要求。

① 玻璃必须迅速地加热到所要求的钢化温度,并且保证玻璃在加热过程中玻璃的每一个区域上、下表面及中部都不能产生温差(或极小,足以满足钢化需要)。

② 玻璃必须以最佳的冷却速度,尽可能均匀地冷却下来,其速度取决于玻璃的厚度以及玻璃的一些其他力学性能,并保证玻璃的上、下表面同时等压冷却。

③ 钢化过程中,传送玻璃必须做到不产生变形和一些其他痕迹。

④ 玻璃加热后必须尽快冷却。

(4) 工艺特点

① 生产效率高、产品质量好、经济效益高。

② 加工范围广,可钢化不同厚度、各种尺寸的各种玻璃,包括白色玻璃、茶色玻璃、压花玻璃、着色玻璃以及LOW-E玻璃等。

③ 操作方便,装卸片容易。加热、淬冷和机械传送全部自动化,只需一人和一部中央控制机,即能对整个系统进行控制。

④ 玻璃平整度比传统的垂直吊挂法生产的钢化玻璃平整度有了很大的改善,一是夹钳部位的变形消失,二是玻璃在石英辊道上运动时,就像被放在模具上一样,限制了软化玻璃的变形。

3.3.3　物理钢化工艺参数设定

钢化玻璃的质量能否符合标准,除了玻璃原板的原因以外,工艺参数的设定是否合理是决定的因素。所有的参数都是围绕着"均匀加热、迅速冷却"而设计的,但它们不是孤立的,是一个有机的整体,必须综合考虑,才能得到一个完美的工艺。

3.3.3.1　加热

加热均匀是钢化玻璃的一个至关重要的因素,与加热有关参数主要有:上部温度、下部温度、加热功率、加热时间、温度调整、平衡装置、强制对流(热循环风)装置等。

（1）上、下部温度的设定　由于玻璃厚度的不同，加热温度的设定也不相同。其原则是玻璃越薄温度越高，玻璃越厚温度越低。其具体数据见表 3-4。

表 3-4　不同厚度玻璃的加热温度

厚度/mm	上部温度/℃	下部温度/℃	厚度/mm	上部温度/℃	下部温度/℃
3.2～4	720～730	715～725	12	690～695	685～690
5～6	710～720	705～715	15～19	660～665	655～660
8～10	705～710	700～705			

加热温度确定后，加热时间的确定就非常关键，这是两个密切相关的参数。不同厚度的玻璃，加热时间也不尽相同。玻璃厚度与加热时间的关系见表 3-5。

表 3-5　玻璃厚度与加热时间的关系

玻璃厚度/mm	每毫米厚度加热时间/s	玻璃厚度/mm	每毫米厚度加热时间/s
3.2～4	35～40	12	50～55
5～6	40～45	15～19	55～65
8～10	45～50		

由于各个厂家用的玻璃原板不同、软化点不同、颜色不同、其厚度的误差也各不相同，设定的温度和功率也各不相同，加热时间会有所变化，需要在实践中总结。但有一条是值得参考的：即当玻璃出炉后，在急冷时间阶段破碎，那就说明加热时间不够；如果玻璃表面出现波筋和麻点那就说明加热时间过长。在实际生产的过程中，要根据具体情况作出相应的调整。

（2）加热功率的运用　加热功率指的是钢化炉加热的能力，一般都设为100%，这是在设计的时候就已经确定了的。由于上、下部加热方法不同，上部主要是靠辐射，而下部则是靠传导和辐射来进行加热，当玻璃进炉后的初始阶段，玻璃的下表面由于先受热而卷曲，随着上部温度逐渐辐射到玻璃的上表面，玻璃也就会逐渐展平。如果在这几十秒内，玻璃卷曲现象严重，出炉后玻璃的下表面的中间会有一条白色的痕迹或者光畸变。为了解决这个问题，除了要把下部温度设定得比上部低以外，还要把下部的功率降低，让陶瓷辊的表面温度降低，使玻璃在这个阶段卷曲程度减少。

（3）热平衡装置　它是一个利用压缩空气，在炉内形成对流的装置，并可以根据需要手动调节压力，起到加快辐射，均衡温度的作用。

3.3.3.2　冷却

与冷却相关的参数：急冷风压、急冷时间、冷却风压、冷却时间、滞后吹风时间、风机等待频率、风机提前时间、出炉速度以及其他与冷却有关的机械方面的保证：上下风栅吹风距离、风管导流板的高低、进风口的流量调节螺栓。

（1）急冷风压　急冷风压是指玻璃钢化时需要的风压，其原则是玻璃越薄风压越大，玻璃越厚风压越小。NORTH GLASS 钢化炉的风压大小是通过电脑设置，改变进风口的开启度，其数值是百分比。有风机变频器的单位是通过电脑改变风机的频率达到需要的风压，其数值也是百分比。各种厚度的玻璃急冷时所需要的理论风压见表 3-6。

表 3-6　各种厚度的玻璃急冷时所需要的理论风压

玻璃厚度/mm	3	4	5	6	8	10	12	15	19
理论风压/Pa	16000	8000	4000	2000	1000	500	300	200	200

由于各国和各地的海拔高度和空气密度不同，环境温度不同以及风路的走向不同，实际需要的风压与表 3-6 上的数值有所不同，需作调整，以满足颗粒度的要求。

（2）急冷时间　急冷时间是指玻璃钢化时所需要的时间，各种厚度的玻璃急冷时间见表 3-7。

表 3-7　各种厚度的玻璃急冷时间

玻璃厚度/mm	3	4	5	6	8	10	12	15	19
时间/s	3～8	10～30	40～50	50～60	80～100	100～120	150～180	250～300	300～350

（3）冷却风压和冷却时间　冷却风压和冷却时间是指玻璃急冷后，冷却时需要的风压和时间，它的作用仅仅使玻璃冷却到需要的温度。其设定的原则是薄玻璃冷却风压要小于急冷风压，厚玻璃冷却风压要大于急冷风压。不同厚度的玻璃理论风压、冷却时间见表 3-8、表 3-9。

表 3-8　不同厚度的玻璃理论风压

玻璃厚度/mm	3	4	5	6	8	10	12	15	19
理论风压/Pa	1000	1000	1000	1000	1500	1500	2000	2000	2000

表 3-9　不同厚度的玻璃冷却时间

玻璃厚度/mm	3	4	5	6	8	10	12	15	19
时间/s	20	30	50	60	80	120	180	250	300

由于只是为了让玻璃冷却，冷却风压和冷却时间的设置，要求并不严格，但要注意如果玻璃的自爆比较多的话，就应该把急冷风压降低。如果风压已经较低但自爆还是比较多，除了原料的中硫化镍含量过高外，那就要检查急冷时间是否

太短了。目前的钢化炉一般都有专门的冷却段,冷却时间和冷却风压可以不必设定。

(4) 滞后吹风时间　滞后吹风时间,是为做弯玻璃而单独设定的一个参数,玻璃出炉后不能马上吹风,必须等到玻璃成型后才能吹风,它与玻璃的形状和颗粒有很大的关系。滞后时间长,玻璃软态时在风栅里的往复时间长,弧度会好,但玻璃的破损会多,颗粒会差,这就需要将这两个参数有机地结合,找到最佳点。

(5) 风机等待频率和风机提前时间　风机等待频率和风机提前时间,是为有风机变频器的生产线而单独设置的,玻璃在炉内加热的时候并不需要风机作高速运转,可以将频率设低,等到玻璃出炉前再把速度提到需要的程度。其设置的原则是:玻璃较薄,等待频率要高一些;玻璃较厚,等待频率应该低一些。一般等待频率比工作频率低 $10\sim15Hz$ 较好。风机提前时间也就是从等待频率提升到工作频率所需要的时间,$10Hz$ 约需 $15\sim20s$。如果等待频率设定得低,那么风机提前时间就要长一些;如果等待频率设得高,风机提前时间可以短一些,设置得当可以节约电耗。

(6) 上、下风栅距离　上、下风栅距离和玻璃的颗粒度以及平整度有极大的关系。在风压不变的情况下,风栅距离越近,颗粒越好,一般平玻璃有弯曲的情况基本上是靠调节上风栅的距离来解决的。不同厚度的玻璃风栅距离见表3-10。

表 3-10　不同厚度的玻璃风栅距离　　　　单位:mm

玻璃厚度	3	4	5	6	8	10	12	15	19
风栅距离	12	15	20	25	30	40	50	60	70

3.3.4　特殊玻璃的物理钢化技术

随着平板玻璃技术的日益提高,平板玻璃新品种相继问世,如超薄玻璃、超厚玻璃、LOW-E玻璃、压花玻璃、吸热玻璃等。这些玻璃新品种因其自身的特性,其钢化工艺与普通平板玻璃有所区别。

3.3.4.1　超薄玻璃钢化技术

所谓薄玻璃,主要指厚度小于3mm的平板玻璃或其他形状的玻璃。钢化薄玻璃的应用市场广阔,以前因加工困难、成本高,主要用于电子工业制版玻璃。目前,随着技术进步,成本得以逐步降低,在建筑、汽车、电器照明等领域也得到越来越广泛的应用。冷却介质和玻璃表面之间的热交换强度对钢化玻璃过程有着决定性的影响。

薄玻璃的钢化方法主要有化学钢化和物理钢化。化学钢化的优点是强度高、热稳定性好，产品不受厚度和几何形状的限制，变形很小，无自爆现象，钢化后可再次进行切割加工；缺点是生产周期长、成本高、碎片与普通玻璃相仿、安全性差。物理钢化方法中的液体介质钢化法、微粒钢化法和气体介质钢化法即风冷钢化都可以钢化薄玻璃。

液体介质钢化法一般是将薄玻璃加热到 650℃ 左右后，放入充满液体的急冷槽内进行钢化。冷却介质可以采用硝酸钾、亚硝酸钾、硝酸钠、亚硝酸钠等的混合盐水、矿物油或者在矿物油中加入甲苯或四氯化碳等添加剂，也可以使用一些特制的淬冷油及聚硅氧烷油等。在液冷钢化时应注意的两个问题：一是产生的过高的压应力层；另一个避免玻璃炸裂。除了采用浸入冷却液体，也可以采用液体喷雾法，但一般多用浸入法。英国的 Triplex 公司，最早用液体介质法钢化出了厚 0.75~1.5mm 的玻璃，结束了物理钢化不能钢化薄玻璃的历史。

对于 3mm 以下的薄玻璃而言，目前进口的风冷钢化设备只有少数可生产厚度 3mm 以下的钢化玻璃，国产设备所钢化的玻璃最小厚度一般在 4mm 左右。国际上曾见俄罗斯有过试验 1.8mm 风冷钢化玻璃的报道。要钢化薄玻璃，需要非常高的给热系数。另外，由于薄玻璃对加热均匀性要求较高，风冷淬火时薄玻璃极易炸裂。

（1）冷却设备设计　冷却介质和玻璃表面之间的热交换率对玻璃钢化过程起着决定性作用。汽车玻璃和建筑玻璃应用中，对 3~4mm 厚或更薄玻璃进行风钢化设计时必须考虑给热系数、气流速度、喷嘴间距。因为给热系数与钢化应力有很大关系。风栅设计如图 3-6 所示。

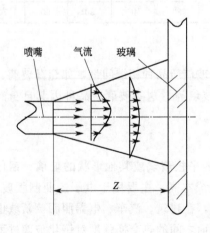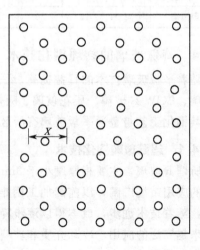

图 3-6　风栅设计示意

在适当的空气压力（4kPa）下，为了钢化厚度为 4mm 的玻璃，喷嘴距离 X =35mm 和 Z/D 之比为 6 的风栅更好。如果设计时选用喷嘴的直径为 8mm，给热系数 α 是 $4.43\times10^5\,W/(m^2\cdot℃)$，达到钢化程度 $\Delta=2.4\sim2.6nm/cm$ 和在规定标准面积上（25cm²）的碎片数量不少于 100 粒是足够的。

（2）风量的调节 玻璃越薄，所需的冷却能则越高，要求空气喷吹到玻璃表面的速度越快，这样才能快速降低玻璃表面及内部的热量，形成一定的温度差，在玻璃表面形成一定的表面应力。上述空气是风机提供。因而风机的风量及风压的选择对超薄玻璃钢化的生产至关重要。计算和实验结果表明，玻璃厚度每降低 1mm，要求的喷嘴流速增加 1.33 倍，风机风量增加 1.33 的平方倍数；当玻璃的厚度降低一半，流速增加 2 倍，风量增加 4 倍。

要钢化薄玻璃，需要非常高的给热系数，喷嘴把适当的空气吹到玻璃的表面可获得很高的热传递系数，这种方法得到广泛的应用。

3.3.4.2 厚玻璃的钢化方法

厚玻璃一般是指 10～19mm 厚的玻璃。玻璃进炉前，把温度降到需要加热温度的低限值，因为钢化厚玻璃需要低温长时间，以避免玻璃因温度增加过快而破裂。进炉速度与加热往复速度应减慢，以确保变频器不因电流过大而过载，减少往复次数达到降低爆炉概率的目的。

由薄玻璃转换为厚玻璃时，不要让厚玻璃立即进炉，要把加热开关关掉 2～4min，把温度降下来，再打开加热开关，以免玻璃进炉后高温加热而影响产品质量。厚玻璃吹风时，尽量选择轴式风机，不要用高功率风机，避免玻璃因风压的高低而影响玻璃的质量。玻璃边缘、洞孔及缺口处等，应采用钻石磨边以达到良好的磨边效果（厚玻璃必须比薄玻璃有更好的磨边质量要求）。

温度设定：12mm 厚玻璃 675～685℃；15mm 厚玻璃 665～675℃；19mm 厚玻璃 655～665℃。

加热时间设定：12mm 厚玻璃的加热容量为每毫米 38～43s；15mm、19mm 厚玻璃的加热容量为每毫米 43～50s。有洞孔或缺口的玻璃，加热时间必须比一般玻璃增加 2.5%～6%。

3.3.4.3 有洞孔及缺口平板玻璃的钢化

玻璃钻孔或缺口的位置及尺寸应符合相关规定，请参阅本书"钢化玻璃质量与检测"一节。如洞孔位置靠近玻璃边缘处的角落，而其距离短于玻璃有洞孔或缺角的尺寸规定时，则角落处的玻璃容易在加热时破裂而形成不良品，并且破裂的玻璃会掉落炉内。若掉落的数量过多，容易造成炉内温度的均匀性变差，严重时，甚至会造成下部电热线发生短路现象。此时若在玻璃最狭窄处切以缺口则可减低玻璃在加热时破裂的危险。

钢化有洞孔的玻璃时,加热时间必须比相同材质的平板玻璃增加 2.5%～3%;钢化既有洞孔又有缺口的玻璃时,加热时间则须增加 5%～6%。这只是个概数值,因为决定加热时间增加幅度的最主要因素,是洞孔及缺口的加工质量。

3.3.4.4 有尖锐角平板玻璃的钢化

玻璃有尖角并且角度小于 30° 时,其加热时间大约需要增加 2.5%;而且生产时若玻璃摆放的方式是尖锐角朝前,那么钢化后玻璃容易产生尖锐角上弯或下弯的现象,此时只要改变玻璃的摆放方式将尖锐角朝后,即可消除此一现象。

3.3.4.5 低辐射玻璃的钢化

低辐射玻璃是在表面涂镀一层或几层具有低辐射功能膜的玻璃。由于膜层具有低辐射的特性,因此与普通浮法玻璃钢化处理的加工方式会有所不同。

(1) 低辐射玻璃与普通玻璃的特性差异

① 玻璃表面状态 普通浮法玻璃的两个表面无特别的差异,在线低辐射玻璃一面镀有膜层,膜层微小损伤,也能明显察觉,影响美观和玻璃的热反射效果。

② 吸热状态 普通玻璃的两侧表面吸热性能相同,均有良好的红外吸收性能,在线低辐射玻璃镀膜的一面对红外线辐射反射率高达 85%,另一面与普通玻璃相同,两面的吸热效果有很大差异。

③ 玻璃加热的高温效果 普通透明浮法玻璃钢化时,要求玻璃最低温度要达到 T_g 以上 40～50℃,温度高仅造成钢化后的玻璃存在更大的变形,对玻璃本身的性能无重大影响;鉴于在线低辐射玻璃的膜面特性,加热不能超过 630℃,否则膜层将受到损伤,影响该玻璃的基本特性。

(2) 低辐射玻璃钢化时问题分析

① 玻璃上下表面受热不均 当玻璃进入加热炉后,在炉内前后往复摆动。玻璃的上下两个表面同时开始受热,热量的传递有传导、对流、辐射三种方式。在钢化炉的加热过程中,玻璃上表面始终以辐射为主,下表面因陶瓷辊道与玻璃直接接触,传热是传导热为主。钢化玻璃的关键是,使得玻璃上下两个表面均匀受热、均匀冷却,冷却时通过上下两个风栅,对玻璃进行吹风,通过调整风机闸板的位置控制送风量,使玻璃不产生弯曲。普通玻璃上下两面容易受热均匀,而低辐射玻璃的一个表面上镀有一层特殊的膜,这层膜具有高的红外线反射率。如果将膜面朝上放置,当低辐射玻璃进入炉内加热时,这层膜会将上表面辐射的热大部分反射回去,因此造成受热困难,而下表面是传导热影响不大,这使得玻璃

上下表面受热不均，温度相差过大，上下两层的膨胀量不同，玻璃会向温度较低的上表面翘曲这样玻璃在陶瓷辊道上运行时，玻璃会呈锅状运动，造成玻璃受热更加不均。

同时玻璃下表面还会产生辊道印。严重的情况下，由温差引起的热应力超出玻璃自身抗拉强度时，玻璃在钢化炉内就会炸裂；但如果将镀膜的表面反过来放置在炉内的辊道上，玻璃板在自身重力的作用下，将会减少弯曲变形，但在钢化过程中，加热炉中的陶瓷辊道、风栅中的石棉绳辊道，受到玻璃屑、粉尘等杂物的污染后，由于客观条件的限制，不易清洁。这些辊道在钢化过程中，不断地做正向和反向转换转动，有减速、有加速，玻璃与辊道之间存在相对位移摩擦。虽然这些污染物以及摩擦不足以严重擦伤玻璃表面，但可能损伤高温状态下的膜层，造成膜层脱膜、划伤、压伤等，进而影响低辐射玻璃的性能。综上所述，低辐射玻璃钢化时，膜面应朝上放置，以避免膜层与辊道直接接触而遭伤害。

② 加热过程　在线低辐射玻璃膜层对红外线辐射的高反射性，降低了膜面玻璃表面吸热速率，为保证玻璃板内部温度达到钢化温度，需延长加热时间。

（3）在线低辐射玻璃的钢化

① 强化上部对流加热　解决玻璃上、下表面温度不对称这一问题的关键，是启用炉内喷嘴系统喷入空气，在炉内造成热量的强制对流，形成辐射-强制对流的加热方式，补偿热传导，使得炉内温度分布更加均匀，从而改善低辐射玻璃在炉内加热过程中的温度不均衡，改善低辐射玻璃钢化的质量。采取强制对流方式钢化低辐射玻璃的热传递情况如图 3-7 所示。

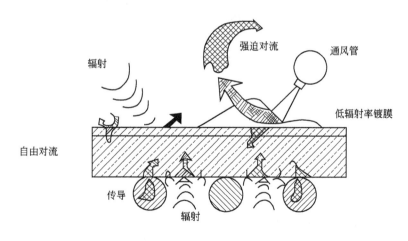

图 3-7　加热过程中的热传递示意

② 提高上部区域设定温度　提高上部区域设定温度，增高上部空间的温度，强化对流传热的作用，将更多的热量传递到玻璃的上表面，并对上部区域加热器的上载与下载的控制响应系统进行适当调节，增强上部区域温度调整反应速度。

③ 降低下部传热速率　适当降低下部区域的设定温度，同时对下部区域加热器的上载与下载的控制响应系统进行适当调节，减慢下部区域温度提高的速度，减缓下表面的传热速率，以达到上下表面的吸热达到平衡。

④ 延长加热时间　由于降低下部传热速率而上部加热不良，因此适当延长一些加热时间，保证玻璃板能达到钢化所需的出炉温度。详细工艺参数见表 3-11。

表 3-11　低辐射玻璃钢化工艺参数

工 艺 名 称	工 艺 参 数	工 艺 名 称	工 艺 参 数
加热时间	51s	风嘴高度	35mm
炉顶温度	680℃	传递速度	45cm/s
炉底温度	690℃	卸片温度	45℃
冷却风压	1.9kPa		

注：以上数据为 6mm 厚、尺寸 4610mm×1460mm 的在线低辐射玻璃钢化工艺参数。

3.3.4.6　压花玻璃的钢化

① 压花玻璃原板可分可强化及不可强化两种，生产前需先确认压花玻璃的质量情况。

② 生产时，尽量将玻璃花面朝上摆放，以避免花表面受到损伤，不过若生产情况不允许将花面朝上摆放时，应该特别注意花表面的情况，并适时地增加花表面的清洁、保养频率。

③ 加热时间，必须根据压花玻璃最厚点而定。

④ 当压花玻璃材质不是同一类型时，加热时间须增加 2.5%～5%。

⑤ 强化风压，根据玻璃最厚点而定，由于压花玻璃的厚度并不一致所以通常无法得到均匀的破碎颗粒分布。如需增加破碎颗粒时，则需要再增加强化风压的大小。

⑥ 压花玻璃由于表面的平整度较差（凹凸不平），所以生产后容易在玻璃上产生白点或是不规则的白色线条。

3.3.4.7　雕刻、喷砂玻璃的钢化

① 雕刻、喷砂玻璃的厚度差以不超过玻璃厚度的 10% 为原则，加热时间以玻璃最厚点而定。

② 雕刻、喷砂玻璃的厚度不一，故加热时间须比同质的一般玻璃增加 2.5%～7%。

③ 强化厚玻璃时，须特别注意雕刻或喷砂厚度与增加加热时间的调整比率。

④ 强化风压，根据玻璃最厚点而定。如需增加破碎颗粒则需要再增加强化风压的大小，不过当雕刻、喷砂玻璃的厚度相差过大时，此时必须适当地降低强化风压，以提升强化的成功率。

⑤ 雕刻、喷砂玻璃生产时，尽量将玻璃不平滑面朝上摆放，以避免加工表面受到损伤。

3.3.4.8　吸热玻璃的钢化

吸热玻璃对热的吸收率，比一般玻璃对热的吸收率高，所以吸热玻璃温度的上升将比一般玻璃快，因此生产吸热玻璃时可以将温度降低 3～7℃或是将加热时间减少 3%～5%。

3.3.4.9　颜色玻璃的钢化

颜色玻璃由于含有较多的金属成分，所以温度的上升将比一般玻璃快，不过不同成分的有色玻璃，分别具有不同的热吸收率，因此加热时间将因玻璃种类的不同而减少 3%～7% 不等。

3.3.4.10　镀膜玻璃的钢化

① 将镀膜面朝上摆放，以保护膜面。

② 温度设定可以降低 3～7℃，加热时间与同厚度的一般玻璃相同或是增加 3%～5%。

③ 温度设定与加热时间的调整，上部电热温度设定可视需要提高 5～20℃。切勿使玻璃的温度过高，以避免镀膜面遭受破坏。

另外，镀膜玻璃的参数调整主要取决于镀膜面的热反射率，热反射率愈高的玻璃受热愈困难，相对的生产难度也愈高，所以生产热反射率愈高的玻璃需要使用较高的上部电热温度设定亦有很大的帮助。

3.3.4.11　彩绘玻璃（印刷玻璃）

① 使用浮法玻璃时，彩绘（印刷面）最好不要在锡面，如此彩绘玻璃（印刷玻璃）在强化加工后，才会得到较佳的色彩表现。

② 必须等待釉料干燥后，才可以进行钢化加工，并且加工时釉料面必须朝上不可反置。

③ 釉料若采自然干燥，最少需要一天（24h）；若彩干燥炉（90～120℃）干燥，则须视油墨厚度及干燥情形而定。若彩绘面（印刷面）的油墨未干而进行强

化加工容易使油墨产生气泡、颗粒或是造成色彩灰暗没有光泽。

④ 上部电热温度设定可视需要提高 5～20℃（视釉料厚度及釉料烧结温度而定），强化厚玻璃时上部电热温度不可增加太多，炉内的辅助加热压力必须减少 50% 或予以关闭。

⑤ 若玻璃强化后向上弯曲，可调整强化区风排距离来改善。

⑥ 釉料的烧结温度是决定加热时间及炉温设定的最大因素，所以钢化加工前需先确认釉料的特性，以作为参数设定的参考。

3.3.5 物理钢化设备

3.3.5.1 垂直钢化玻璃生产线

垂直钢化玻璃生产工艺如图 3-8 所示。

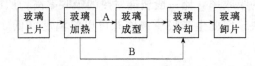

(a) 垂直法水平布置风钢化玻璃

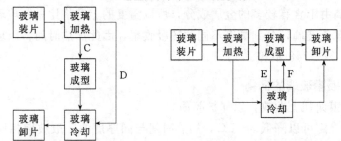

(b) 垂直法垂直布置风钢化玻璃　　(c) 垂直法垂直布置微粒钢化玻璃

图 3-8　垂直钢化玻璃生产工艺示意
A—弯钢化玻璃；B—平钢化玻璃；C—弯钢化玻璃；
D—平钢化玻璃；E—弯钢化玻璃；F—平钢化玻璃

玻璃沿上边部被垂直吊起，然后进行加热、成型、淬冷等工艺过程以生产钢化玻璃，此种生产线有两种布置方式。在生产小片玻璃时，可以使用特殊的承载模具代替夹子。所有的生产线都可以用集成控制系统加以控制，集成控制系统主要包括操作计算机以及进行工艺参数的输入和控制所必需的软件。

（1）垂直法水平布置钢化玻璃生产线　生产设备包括加热炉、模压机、风栅。这些设备布置在同一水平楼面上，其布置如图 3-8(a) 以及图 3-9 所示。此种生产线可以生产平钢化玻璃，也可以生产弯钢化玻璃。

（2）加热炉　垂直法水平布置钢化玻璃生产线的加热炉，有电热式加热炉和燃气式加热炉两种。玻璃用挂玻璃小车吊挂着从加热炉的一端进入，从另一端送

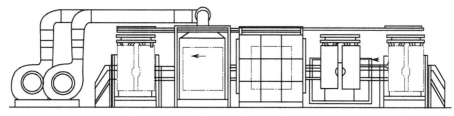

图 3-9　垂直法水平布置钢化玻璃生产线

出，两侧及顶部三面开门的狭缝式炉子。狭缝尽量小，一般不超过 40mm。

① 电热式加热炉　电热式加热炉由炉体、加热元件、炉门、碎玻璃槽、辊道及控制设备等构成（内侧结构见图 3-10）。为达到生产使用要求，根据产量可以是一个加热室或将数个加热室连成一体，加热室的数量可以多至 5 个。

炉体最里层是用黏土耐火砖砌成的炉壁，耐火砖靠炉膛的一侧是齿型，电热元件放在耐火砖的齿型槽内，炉膛的宽度为 500～650mm。中间层是硅酸铝纤维毡或耐高温矿棉毡，外层是钢板外壳，钢板外是型钢立柱。

炉体有固定式、活动式两种。固定式炉体，其外边的型钢骨架是钢立柱，柱的下部埋于地面下，炉体不能打开，也不能移动。活动式炉体的半边装在一个小车上，加热炉检修时用牵引机将其拉开，最大拉

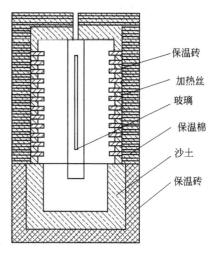

图 3-10　电加热炉示意

开距离为 600mm，以便进行维修操作，另一边与固定式炉体相同。炉膛的具体宽度，固定式为 650mm，活动式为 500mm。

加热元件，使用镍铬丝或铁铬丝。镍铬电热丝绕成螺旋管，丝径为 2.5～3mm，螺旋管直径为 24mm，螺距根据各加热区所需加热元件的面积由设计确定。加分 24 个加热区，各区电热丝的两端与电源接线板连接。两侧炉门及顶门采用平移式炉门，用汽缸或油缸带动执行其平行开启与闭合。

活动式加热炉由于将活动炉体移开及复位的操作麻烦，炉体不易密封，热损失较多等原因，采用者逐渐减少，目前垂直钢化电加热炉多采用固定式炉体。采用固定式炉体时，炉膛底部设有一地坑，坑内可以设一组固定式辊道，其上放盛碎玻璃的钢板槽。生产时，玻璃炸裂的碎片掉入槽中，在炉门外的地面下有一带盖的地坑，它与炉膛的地坑相连，但炉门下的坑通道平时用保温砖堵塞，其外用石棉泥抹严，检修加热炉时拆掉保温砖，就可将盛碎玻璃的钢板槽拉出，人可进

入炉膛内进行检修。

目前大都采用电子计算机程序控制加热炉的温度、炉门启闭、挂玻璃小车运输等。加热炉的技术参数见表3-12。

表 3-12 加热炉的技术参数

项　目	参　数	项　目	参　数
加工玻璃最大尺寸/(mm×mm)	2200×1800	工作温度/℃	650～680
玻璃的厚度/mm	3～12	加热区分区	24 区
额定加热功率/kW	250	电源电压/V	380/220

② 燃气式加热炉 燃气式加热炉所采用的可燃气体多为天然气及丁烷。炉体由炉壁、保温层、钢外壳、型钢立柱组成。炉壁由黏土质耐火砖砌筑，其中按设计排列喷嘴砖，炉膛宽度为900mm，炉壁是炉体的最里层，中间是保温层为硅酸铝纤维毡或耐火高温矿棉毡；外层是钢板外壳，其外用型钢立柱做骨架。炉顶排气缝宽30mm。

采用无焰喷嘴，每个喷嘴的管路上有单独的阀门用于调节供气量，天然气与空气预先混合用管道接至各个喷嘴。总管设有总的气体压力调节阀，根据炉温要求，个个无焰喷嘴的压力调节好后，由总调节阀自动调节全路的供气压力，以保证总压的稳定，从而使炉温稳定。

炉体只设侧面炉门，炉顶无门，燃烧废气自炉顶溢出，由排气罩、排气管排至室外，炉门为平移式，用汽缸带动其开启与闭合。

燃气式加热炉技术参数范围见表3-13。

表 3-13 燃气式加热炉技术参数

项　目	技术性能	项　目	技术性能
加工玻璃尺寸/(mm×mm)	(1800×1050)～ (1800×3000)	工作温度/℃	650～680
		丁烷总管压力/kPa	7.80
玻璃的厚度/mm	3～12	喷嘴压力/kPa	1.5～2.0

可燃气体是钢化玻璃生产的另外一种热源，与电热比较，比较廉价。可燃气体能满足稳定、均匀、快速地将玻璃加热至淬冷所需温度的工艺要求。但燃烧时不可避免地产生噪声及废气对环境造成影响。此种形式的加热炉有1～6室，两室间有分隔墙，根据设计生产能力确定室数。

（3）模压机 模压机是弯钢化玻璃生产设备之一，其特点是阴模、阳模对压，模面用较软的材料或粘贴软的、热导率小的材料，防止玻璃表面擦伤及减少玻璃的热量传至压模引起玻璃温度降低过快。

模压机由模具、挤压装置、道轨、调节装置、底座、液压系统及控制系统组成。模具有实心模具和空心模具两种。实心模具用于一步法钢化工艺，空心模具可以用于一步法和二步法钢化工艺（一步法是钢化风栅和压弯模具用对接的方式结成一体，玻璃的弯曲和淬冷在同一工位完成。二步法是在钢化加热炉和钢化风栅之间，设有一个由前、后模组成的压弯装置。当玻璃在加热炉内加热到接近软化温度时迅速移入压弯装置中，被压弯装置弯曲成所需的曲面，然后经淬冷获得曲面钢化玻璃产品）。实心模具用于一步法时，冷却设备（板孔式风栅）和模压机在一起，如图 3-11 所示。

模压机装置装在一步法和二步法中的机架轨道上，由液压驱动装置自动控制玻璃模压装置在玻璃成形前后移动和控制玻璃模压的时间。一步法中风栅和模压机合二为一体，减少了玻璃成形后的运输时间，可以提高玻璃的钢化度。压模的时间一般控制在 1.5～2s 之间，模压的距离根据玻璃形状可以自动调节。

模具的结构形式有箱式、管式、板式等。

箱式模具是用钢板焊成具有凸形、凹形曲面的箱体，曲面的

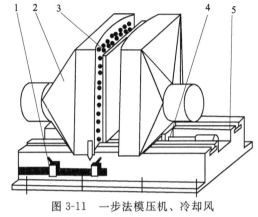

图 3-11　一步法模压机、冷却风栅一体示意
1—行程开关；2—风栅；3—模具；
4—油缸；5—机座

形状及曲率与弯钢化玻璃成品的形状及曲率相匹配，模面的曲率需考虑玻璃压弯后在输送、淬冷过程中回弹的补偿量。其表面贴覆几层玻璃布或超细棉纸等软性材料。用作模压风栅时，箱体与冷却风管用软管连接，模面钻有吹风孔。

管式模具是用钢管焊成架子，用阳模完全按钢化玻璃成品的外形及曲率制成，成型主要靠阳模四周的弯钢管将热玻璃压在阴模上。这种模具可以用于一步法或二步法钢化玻璃生产线上。风栅可以与模具在同一个模压机上，但是风栅必须采用带风嘴或风口的风栅一同使用。

板式模具的阳模用铝板弯成。

（4）风栅　冷却风栅根据箱体分为箱体式、分风箱式；根据喷嘴形式分为喷嘴喷射式、狭缝式、板孔式风栅等（图 3-12）。风栅按照安装的形式还分为外形固定式或可调节式。玻璃加热至软化温度附近后，被送到风栅中，由两边带喷嘴的箱形、条形或管形的风栅相对上、下均匀或有规律地进行圆周运动。风栅中排列许多小喷嘴与对面的喷嘴对应，冷却风从这些小喷嘴对着玻璃吹风淬冷或冷却。

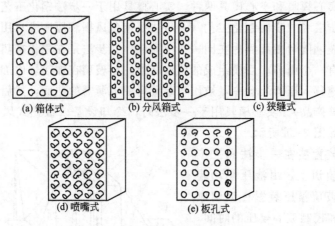

(a) 箱体式　　　(b) 分风箱式　　　(c) 狭缝式

(d) 喷嘴式　　　(e) 板孔式

图 3-12　各种风栅示意

① 箱体式风栅［图 3-12(a)］　由风箱、喷嘴、圆运动或摆动机构、传动系统、机架等组成。风箱为钢板焊接而成的箱体，用软管与冷却风管连接，一对风箱在车架或吊架上相对而立，相对的风箱面上排列许多喷嘴或小孔，可调式喷嘴需要在二步法的风箱或一步法模具上焊有短管，橡胶喷嘴插在此短管上，喷嘴长度一般为 83～103mm，两个相对风箱上的喷嘴距离为 90～120mm，孔径为 4～5mm。喷嘴的排列有矩形或梅花形，前者间距 40mm×40mm 或 30mm×30mm，后者间距 44mm×26mm 或 25mm×12.5mm。一步法板孔式风栅的喷嘴直接在风箱上钻孔，孔位与相对的风箱对应。一般情况下，一种玻璃配一套一步法板孔式风栅，可调节式风栅可以多个品种使用一个风栅。

② 分风箱式风栅［图 3-12(b)］　是在箱体式风栅的基础上将两个整体风箱分成若干多个小风箱，小风箱从汇流总管接出。各个小风箱按产品形状对应的排列和调节，可生产平或弯钢化玻璃产品。分风箱式风栅也有喷嘴式和板孔式两种。

③ 狭缝式风栅［图 3-12(c)］　由带有缝隙式风管组成。一般只做平钢化玻璃。

④ 喷嘴式风栅［图 3-12(d)］　由带喷嘴的钢管组成，根据玻璃产品的形状进行组合，与产品的形状对应排列，可生产平或弯钢化玻璃。

⑤ 板孔式风栅［图 3-12(e)］　由钢板焊接而成，在具有一定曲率的栅面上钻许多小孔，孔的周围贴覆几层石棉纸或玻璃布等软性材料，用以防止玻璃表面擦伤及减少玻璃的热量传至压模而使玻璃温度下降过快。箱体装在模压机轨道上，并用软管与风箱连接。生产全钢化玻璃时，吹风孔是规则排列，为矩形排列时，吹风孔的间距是 25mm×25mm 或 30mm×30mm，孔径为 4～5mm。板孔式

风栅在一步法中使用，一般不做圆运动及往复式摆动，也有一些生产企业用圆周运动或往复摆动的一步法风栅。

⑥ 区域钢化风栅　区域钢化风栅分为 3 种形式。第一种是改变主视区喷嘴排列 [图 3-13(a)]。主视区喷嘴间距与周边区喷嘴的比例一般为 1:2。第二种是改变主视区喷嘴孔径 [图 3-13(b)]。主视区喷嘴孔径与周边区喷嘴孔径的比例一般为 1:(1.5~2.5)。在上述两种情况下，当喷嘴的排列为梅花形时，距离为 44mm×26mm，主视区与周边区的孔径分别为 $\phi3mm$ 及 $\phi5mm$。在实际生产中，为了使玻璃表面的应力分布逐渐变化，两区之间设置过渡区，喷嘴的孔径为 $\phi4mm$。第三种是风栅内部分区供风，分别控制风压，在各自的管道上设置阀门，以控制主视区及周边区的不同冷却风压力，可保证两区的碎片要求。

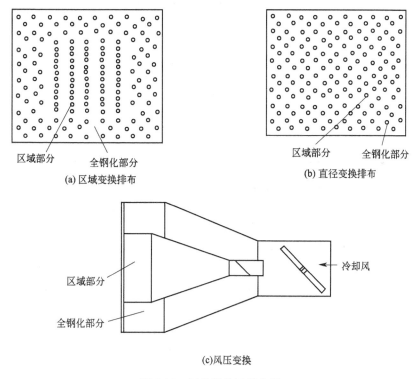

(a) 区域变换排布　　　　(b) 直径变换排布

(c) 风压变换

图 3-13　区域钢化风栅布置

(5) 玻璃运输设备　水平布置的垂直法钢化生产线的输送设备由挂玻璃小车、玻璃运输机、轨道三部分组成。生产弯钢化玻璃时有挂玻璃、加热、成形、淬冷、卸片五个工位。生产平钢化玻璃及用一步法生产弯钢化玻璃则有四个工位。玻璃片在挂玻璃工位用吊挂夹钳挂在挂玻璃小车上，此车的行走轮吊挂在轨道上，由玻璃输送机将挂玻璃小车自一个工位传递至下一个工位。

玻璃运输机，采用曲柄运输机或有变速驱动的可调速运输机。曲柄运输机曲柄运动的起始点是上一工位的定位点，其运动的停止点是下一工位的定位点，即其工作一次，就完成将挂玻璃小车从工位传递至下一工位的操作。

曲柄端部在挂玻璃小车内的入钩及脱钩动作，均采用汽缸自动推动进行。汽缸推动曲柄旋转 8°55′即完成脱入钩工作。曲柄的回转由电动机带动，当它回转 180°就完成将挂玻璃小车在两工位间传递的操作，然后曲柄复位，等待下次工作。以输送玻璃长度为 1800mm 的曲柄输送机为例，其技术特性见表 3-14。当生产线有 5 个工位使用四台曲柄运输机，四个工位使用三台。

表 3-14　曲柄输送机的技术特性

项　　目	技术参数	项　　目	技术参数
曲柄回转角度	180°	汽缸直径	50mm
曲柄传递中心距离	3680mm	汽缸工作形成	20mm
曲柄单行程时间	4s	压缩空气压力	0.4~0.6MPa
电动机型号	T90S-6	压缩空气用量	0.04m³/h（四台曲柄输送机用量）
电动机功率	0.75kW		
蜗轮减速机型号	WHF10040Ⅱ		

3.3.5.2　垂直布置垂直法钢化玻璃生产线

玻璃的加热、成型、淬冷等工艺过程的设备，即加热炉、模压机、风栅布置在同一垂直面上的生产线，加热炉安装在最下层，模压机安装在加热炉上方的楼面上，工艺布置如图 3-14 所示。

此种生产线常用来生产弯钢化玻璃，当生产平钢化玻璃时，热玻璃从模压机的模压空位中通过，达到风栅，模压机不工作。生产区域钢化玻璃时，风栅采用区域钢化风栅。

（1）在地面垂直布置钢化玻璃生产线　所谓在地面垂直布置钢化玻璃生产线，就是加热炉装在车间地面上，模压机装在加热炉上方的钢制楼面上，风栅装在模压机上方的楼面上，三台设备的中心线在同一垂直面上。如加热炉为多室加热炉，模压机、风栅的中心线与加热炉末室的中心线在同一垂直面上。

①电热式两室加热炉　炉体外壳由金属板焊接而成，其外为金属框架。炉身最外层为保温层，中间是三层耐火砖，内层为加热元件耐热支架。加热元件采用镍铬丝绕成螺旋形。炉门传动采用汽缸活塞操纵滑动门。加热炉的技术数据见

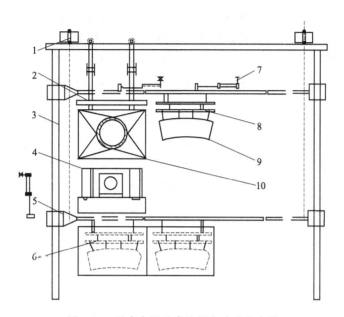

图 3-14　垂直布置垂直法钢化玻璃生产线

1—传动装置；2—轨道；3—机架；4—模压机；5—横梁；

6—加热电路；7—输送装置；8—挂玻璃小车；9—玻璃；10—风栅

表 3-15。

表 3-15　加热炉的技术数据

项　　目	技术数据	项　　目	技术数据
炉膛尺寸	每室 2700mm×1575mm×500mm	加热功率	480kW
玻璃最大规格	2300mm×1250mm	加热区分区	第一段炉分 4 区
玻璃厚度	3～10mm		第二段炉分 9 区

　　② 模压机　采用液压传动模压机，阳模和阴模都配有液压驱动液压缸，能够迅速完成玻璃成形的过程。

　　③ 风栅　用带有小喷嘴的管式风栅，其组合形状与弯钢化玻璃成品的曲率匹配。

　　④ 挂玻璃小车　小车的四组轮子吊挂在轨道上，玻璃吊挂在小车吊杆的夹钳上。

　　⑤ 输送设备　配有两种输送设备：水平输送设备由电动驱动装置驱动挂玻璃小车做水平运动；垂直输送设备采用两台链式输送机，一台设在加热炉、模压和风栅的区域内，为提升挂玻璃小车专用；另一台设在装卸玻璃及进入加热炉入口端，为运输玻璃或玻璃装卸及入炉专用。

　　⑥ 控制台　加热炉自控系统采用 PID 控制，一个加热区设一控制回路，共 13 个回路；模压机自控系统设有气动和液压自动操纵系统，使汽缸和液压缸自

动供油或气并迅速换向；风栅及送风自控系统有专门的仪器控制阀门开启与关闭风栅及风机传动电机的连续或间歇工作；输送设备自控系装有能操纵挂玻璃小车运动的所有参数控制装置。挂玻璃小车的定位能精确控制 1mm。

（2）加热炉装在地下的垂直布置钢化玻璃生产线　加热炉装在地下的垂直布置钢化玻璃生产线布置的特点是，风栅装在车间地面上，加热炉装在地下室模压机装在加热炉上方钢制平台上。风栅在模压机的上方。这三设备成垂直布置预处理后的玻璃在挂玻璃小车上吊挂，小车在轨道上由曲柄运输机输送到加热炉内加热。当玻璃加热到软化温度附近再由横梁提升装置从加热炉内提升到模压机内进行玻璃成形，玻璃成形后由横梁提升到风栅中迅速冷却。玻璃冷却后再由输送机送到卸片位置进行卸片检查和包装。采用的设备如下。

① 燃气式三室加热炉，参数见表 3-16。

表 3-16　燃气加热炉的技术数据

项　　目	技术数据	项　　目		技术数据
加热炉外形尺寸	长×高＝8400mm×2800mm		1 室	520℃
炉膛宽度	900mm	炉膛温度	2 室	670℃
燃气种类	丁烷		3 室	750℃
喷嘴类型	无焰型	玻璃加热周期		约 2min
测温点	每室每边 5 个点			

② 模压机　同加热炉在车间地面的垂直布置钢化玻璃生产线。

③ 风栅　采用箱式风栅，有橡胶喷嘴，此类生产线可生产区域弯钢化玻璃，风栅的弯曲面与成品要求的曲率相匹配。风栅内采取分隔式，周边区与主视区冷却风的风压不同，供风风管分别设有阀门单独控制。周边区的风压为 9.3～9.8kPa，主视区风压为 4kPa。喷嘴为矩形排列，间距为 40mm×40mm，喷嘴内径为 2mm，风栅做上下往复运动，运动距离为 50mm。风栅可向下张开 60°。

3.3.5.3　水平法钢化玻璃生产线

水平法钢化玻璃生产线是指玻璃在水平辊道上进行加热、成型、淬冷等一系列工艺过程，最终完成玻璃平面、单曲面、双曲面、折面、S 形面等钢化的生产线。水平钢化玻璃生产工艺流程如图 3-15 所示。

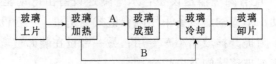

图 3-15　水平钢化玻璃生产工艺

A—弯钢化玻璃；B—平钢化玻璃

　　水平钢化玻璃生产线由装载台、加热炉、弯曲设备、冷却设备、送风系统、卸载台、控制系统等设备组成。有水平往复式钢化玻璃生产线和水平连续式钢化玻璃生产线两种。

　　水平往复式钢化玻璃生产线，是指玻璃在加热和冷却部分做水平往复运动，这样可以节省设备投资和节省设备占有空间。水平连续式钢化玻璃生产线，是指玻璃从装载台到卸载台连续一个方向运行的生产线，连续性生产线相对而言，产量大，占地多、投资大。

　　(1) 装载/卸载台　装载台在钢化玻璃生产线初端。该部分可以与预处理的洗涤干燥机相连。它的另一端与加热炉的入炉端相连。装载台主要由橡胶辊辊面、传动链轮、玻璃台、自动旋转轮、电机及减速机、机架等构成。

　　卸载台在钢化玻璃生产线末端，主要由石棉绳缠绕辊、传动链轮、接玻璃台、自动旋转轮、电机及减速机、机架等构成。

　　装载台和卸载台分别安装了光电开关和计数器用于测量和控制玻璃行走距离。装载/卸载台输送控制用可编程控制器通过光电开关和计数器计量玻璃的长度，并使这一长度为玻璃在加热区的加热运行时间、运行速度、输出时间做准备。当测量到玻璃初始点，加热炉炉门可以自动计算开启，当测量到玻璃末端时，待数秒后，炉门自动关闭。玻璃全部进入到炉内后，装片台自动停止运动。卸载台正好相反，当玻璃运行到辊道上光电开关时，设备自动停止运动。装载/卸载台设有手动控制便于装片和卸片的停止按钮。

　　(2) 加热炉　加热炉是钢化玻璃生产线的关键设备。其主要由加热丝、吊挂/支撑装置、隔热加热系统、急速冷却系统、保温层、炉壳、炉内辊道、炉外传动系统等构成。

　　① 加热丝的布置　加热丝的布置分直通式、块状分布式两种。在炉体内的安装有平面安装和圆顶式安装。炉丝在炉门前布置与炉内不同，主要是隔绝炉门开启时冷空气的进入，避免炉温降低。炉丝主要是镍铬丝，形状分为圆形和矩形两种。

　　② 吊挂/支撑装置　吊挂装置在炉内上方，主要用于吊挂上炉体加热元件。支撑装置在炉内下方主要用于支撑下炉体加热元件，同时保护炉丝在玻璃自爆后，不受到碎玻璃的伤害。吊挂/支撑的距离与玻璃加热辐射率有关。吊挂/支撑装置还可以对炉内进行隔绝，保持炉内清洁，加热材料不受损害等。

　　③ 隔热加热系统　按照玻璃加热原理，玻璃在低温阶段吸收红外辐射较低、能耗较大，高温阶段玻璃接受辐射加热较快，所以选择适合的辐射材料是玻璃加热均匀及节能的极好方法。在 20 世纪 80 年代国外公司开始使用隔热加热材料，其目的是提高玻璃的热吸收率和加热均匀性。国外也有采用炉丝直接加热玻璃，使玻璃局部加热过快，玻璃翘曲高于隔热加热炉。玻璃冷却时的应力均匀性低于

均匀加热装置。为了减少这种现象，可以采用圆顶炉丝排布，以便炉丝对玻璃辐射的距离是相等的，减少钢化应力不均匀性问题。

④ 急速冷却系统　急速冷却系统用于玻璃出现特殊情况，需要将加热炉迅速降温的情况。通过设在炉内的空气管和上进风口使冷空气快速进入炉内冷却。炉内的空气管设置另一个目的是调节玻璃在炉内的上下加热平衡。

⑤ 炉内辊道　一般用熔融石英或陶瓷辊制成。玻璃利用与辊子的摩擦力带动，在炉内进行往复运动。辊子的加工质量直接影响到玻璃的平整度和玻璃表面的洁净度。国外控制辊子的平整度小于 0.1mm，国内达到 0.15mm。直线度国外达到 0.1mm，国内达到 0.15mm。

⑥ 传动系统　加热炉辊子的传动系统，主要由链条、链轮或摩擦轮、钢带或摩擦轮、点电动机和减速机等组成。胶带在直流或交流电动机及减速机带动下转动，并带动玻璃往复运动。传动装置设有紧急直流快速运转系统，目的是在突然停电时，将炉内的玻璃迅速送到炉外，避免玻璃摊落在炉内，保持炉内清洁。

传动系统还有炉体紧急处理提升装置。该部分可以是手动的，通过平衡装置及链条装置将上炉体推上；也可以是自动的，通过电动机、减速机及设立在炉体的四周的丝杠螺母自动提升上炉体。

(3) 冷却设备　目前，水平钢化工艺采用多种喷气形式，有喷嘴式、喷孔式和狭缝式等。水平钢化工艺的冷却装置应具备以下条件：确保工艺过程要求，对玻璃均匀吹风、均匀冷却有效地疏散热风，便于清除碎玻璃；降低噪声，改善生产环境；减低能耗。冷却装置质量优劣，可由最终的产品质量来检验。例如：钢化产品的平整度、相同成分、相同厚度玻璃的落球试验高度、碎片的大小及形状等。产品的平整度、落球试验高度、碎片大小等，可由微机或人工输入程序来自调整，对玻璃钢化起到有效控制作用，能保证各种厚度玻璃的钢化质量。

水平钢化风栅一般由上、下若干个分风箱，提升装置，导向装置，平衡系统，碎玻璃输送系统，供风系统和机架等组成。

① 上部风栅　由型钢支架、风栅提升装置、风栅、压缩空气管等组成。风栅由多支分风栅构成，每支分风栅又由两片梯形钢板和一条条形板孔式喷嘴板组成，梯形钢板用薄钢板经模压成形与条形状板孔式喷嘴组装成一梯型的扁管。其大端与分风箱风管连接，并配有风量调节蝶阀。条形状板孔式喷嘴由耐热钢制成，装在扁管的下端，其上有两排喷嘴孔，孔径较大，孔内还套接有压缩空气喷嘴。各支分风栅是横向安装，与玻璃运动方向垂直。在两支分风栅之间装有导流板，空气、压缩空气自风栅喷出冷却玻璃后，废气经导流板排走，这样可排除废气的干扰，使吹风冷却更为有效。国外某公司的钢化炉风栅就是采用压缩空气与冷却风共同冷却 4mm 薄玻璃。

② 下部风栅　由辊道输送机、风栅、碎玻璃运输机等组成。冷却装置内采

用缠绕纤维绳的辊道是一项先进的技术,能确保玻璃的钢化质量。耐热钢管缠绕纤维绳后,改变了玻璃与辊道的接触状态。当不缠绕纤维绳时,玻璃与辊道面的接触呈线状接触。当缠绕纤维绳后,玻璃与辊道的接触呈点接触,接触面积变小,有利于降低玻璃划伤的概率。另外,纤维绳螺旋间隔的空隙给玻璃的下部冷却增加了空气流动的空间,使得冷却气流均匀,增加了玻璃的冷却效果。如果不缠绕纤维绳,冷却空气就会被限制在相邻的输送辊道之间,特别是当冷却薄玻璃时,会产生明显的局部隆起现象,由此而引起玻璃不均匀冷却,导致玻璃表面应力分布不均匀并产生彩虹。

　　下部风栅的风栅,其构造、数量与上部风栅基本一样,但风栅的喷嘴装于分风栅扁管的上端,在各支风栅之间有一定间隙。生产期间玻璃偶尔破碎时,碎玻璃经此间隙落入下面的碎玻璃运输机。

　　国外某公司新钢化炉的冷却装置设计有 4 个特点:配置有特殊结构的喷嘴、用冷风及压缩空气可同时冷却薄玻璃、用变频器调节风机的转速控制风流速及风压、设备结构简化。

　　③ 碎玻璃运输机　一般为板式或履带式输送机。运输机装在下部风橱的下方,自冷却装置靠加热炉一端通至卸载台下方,在运输板的上方及靠近两边钢架结构处设有挡板,碎玻璃掉入输送板后,开启碎玻璃运输送机即可将碎玻璃送至卸片台下方,直接掉入碎玻璃小车内或由人工进行清理。

　　④ 消音室　消音室的外壳由小型钢及钢板制成四壁及顶盖,构成一密封室,除两端有一狭缝供玻璃通过外,将冷却装置内各组件罩在其中;侧面设有门及观察窗,顶部装有许多减噪板,这些减噪板由许多排气通道构成,废气从这些通道排出可降低噪声。消音室还限制风栅流出的气体产生的噪声向外传播,从而降低车间内噪声的强度和环境的污染。

　　⑤ 气幕　设在加热炉与冷却装置之间,由风管组成。两个风管的对应面各钻一排小喷嘴,进风口接空气分配器,并有调节阀门,以控制其供风量,空气从密排的小喷嘴处喷出,形成一道气幕。风栅吹冷风冷却玻璃时,气幕以相同的风压吹风,形成的气幕封在冷却装置的进口端,从而避免风栅内的冷风进入加热炉内。气幕的一个作用是使玻璃通过气幕快速预冷却,钢化度有一定的提高,比没有气幕的钢化设备所生产的玻璃的钢化度高 10MPa 左右,加热时间可以减少大约 10s。

　　⑥ 提升装置　由驱动装置、滑轮组及钢丝绳组成,用微机自动控制运行,可按钢化玻璃的厚度调节喷嘴至玻璃表面的高度。此高度指上部风栅尖端到辊道玻璃纤维绳或耐热软材料带最高点的距离,提升高度可在 300～600mm 之间调节。下部的风栅通过链轮、链条等联动机构与上部随动张开或合拢。

　　⑦ 平衡系统　利用上、下风栅质量大致相等,将上、下风栅通过链条连在

一起,当推动一端时,在很少的动力作用下整个上下机构一起相对运动,这样既保证了设备调节的一致性,又使用了最少的能源。

⑧ 供风装置 应与风栅的结构及冷却能力的大小相匹配,主要由风机、混合风箱、分风栅、碟阀、压力变送器、风口调节板、管道等部分组成。混合风箱,将风机送来的风在风箱内充分混合后再送至各分风栅内,确保风栅的输出风量在各点尽量均匀一致,玻璃的冷却均匀一致。

风机风量的调节一般采用两种方式,一是通过蝶阀或风口调节板的转动或移动进行进、出风量调节;二是通过变频装置控制风机运转的转速调节风量。

3.3.5.4 微粒钢化玻璃生产线

微粒钢化玻璃生产线由电加热炉、模压机、流化床冷却设备、挂玻璃小车、传动装置和自动控制系统、供气系统等部分组成,如图 3-16 所示。

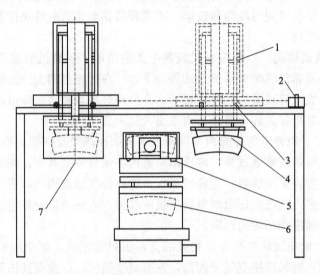

图 3-16 微粒钢化玻璃生产线布置

1—挂玻璃小车;2—传动装置;3—机架;4—玻璃;5—模压机;
6—流化床冷却装置;7—加热炉

(1) 电加热炉 电加热炉与其他电加热炉系统布置相同,分为主加热区 9 区,辅助加热区 2 区,底区 1 区。加热区电炉丝功率根据玻璃的加热面积确定,总功率为 120~265kW。

(2) 模压机 模压机主要由模具、成形运行装置、机架、反馈控制系统等组成。模具与垂直法垂直布置的模具相同,可以是空心模具和实心模具。成形运行装置主要由丝杠、轨道、伺服电动机、轴承等组成,成形位置的定位由行程开关、计数装置、伺服控制系统精确控制。成形位置的重复精度为±0.1mm。

（3）流化床冷却设备　流化床冷却设备主要由供气箱、布气层、流化颗粒承载箱体、冷却循环系统等组成。供气箱由钢板焊成，能承受 686.5 kPa 以下的压力。布气层可以是多孔板或多层板，布气板的作用是气体经过布气板后均匀输出，颗粒通过布气后的气体托浮可以像水一样均匀的流动。流化床颗粒承载箱体装入冷却玻璃的颗粒介质，并使颗粒在其内自由流动，玻璃进入流化床内通过床内的颗粒接触将玻璃的热量迅速带走使得玻璃快速冷却。冷却循环系统是使冷却介质保持一定的温度。

（4）挂玻璃小车　挂玻璃小车由吊架、垂直运行轨道、运动系统、运动机架等部分组成。挂玻璃小车与一般垂直钢化玻璃生产方式有所不同，小车既要完成水平方向移动，又要完成玻璃成形和冷却的垂直运动。

垂直直线运动部分可选用气动系统，主要由汽缸、换向系统、滚轮、行程开关、轨道、机架等组成。也可以选用链条传动系统，主要由行程开关、轨道、机架等组成，系统做垂直直线运动。还可使用钢丝绳缠绕装置来实现垂直直线运动。

（5）传动装置　传动装置主要指玻璃水平运行过程的装置，可以由齿轮、齿条及配套的电动机、减速机、位置开关等零部件实现长距离精确定位运行控制，也有用链条、电动机、减速机、开关等组成，还可以使用钢丝绳、电动机、减速机、开关等组成该系统。

（6）自动控制系统　运行控制系统必须配有伺服开环或闭环控制系统才能达到设备运行位置精确控制，温度控制系统与其他设备相同。

3.3.5.5　气垫法钢化玻璃生产线

气垫法钢化生产线由装载台、气垫钢化电加热炉、供气系统、排气系统、冷却床、输送系统、控制系统等主要部分组成。可以生产平钢化玻璃，汽车后窗、侧窗、小三角窗、火车前窗、大曲率弧形弯钢化玻璃等。

（1）装载台　装载台基本与其他水平辊道钢化生产线的装载台相同的，不同的是玻璃输送辊道需要与炉内的加热、炉外的冷却输送装置相一致，辊道面倾斜一定角度。辊面底端设置挡轮，防止玻璃脱落。采用钢辊或缠有石棉绳的辊道。

（2）气垫钢化电加热炉　气垫加热炉由机架、输送轮及传动装置、气垫床及上部加热装置组成。气垫床装置在加热炉第二段和冷却设备上。加热炉内的前段是电加热的形式，输送靠金属辊外加耐高温的玻璃布包裹，后段才是气垫加热床面。目的是增加玻璃高温时的吸热速率，同时减少玻璃在金属辊、陶瓷辊或熔融石英辊上异物的划伤，还可以保证玻璃的高温平整度。各床面保持在同一个面上，否则玻璃在运行当中会被高低不平的床面挡住不能运行。

气垫床与水平面成一定倾角，高温气体自气垫床喷出，托起玻璃，玻璃离开气垫床面一定高度被边部摩擦轮带动往复运动或前进到其他工位。平气垫床可由喷嘴组成，也可由陶瓷床面组成。弯气垫床用陶瓷面制成。气垫加热床由喷嘴组成时，喷嘴按照列阵排列组成一个床面。床面支撑在机架上，机架的高度可以调节，通过调节机架的高度改变床面的倾角。床面上的喷嘴集中分布在一个风箱上，由统一气源进行燃气供应，并保证气垫床的压力均匀一致。做弯玻璃时，使用的陶瓷床面是在床面上加工合适的小孔，陶瓷床面与风箱连在一起，由同一个气源进行燃气供应，并保证气垫床的压力均匀一致。加热炉的上部是电加热装置和少量的加热气下加热的均匀性。

（3）供气系统　供气系统采用高热值气体燃料，如天然气、裂化石油气、液化气，为主要热源，有整套混合比燃烧及压力调节装置，高温气体用管道输送到气垫床及上部加热器中，从密布的小型喷嘴喷出。供气系统包括鼓风系统，压缩空气供应系统，气体混合系统、流量控制系统等。气垫床下床面供应的加热气体压力高于上部才能托起玻璃，所以上下压力要分别调节。玻璃托起的高度及压力，由玻璃的厚度来决定。

（4）排气系统　气垫加热产生的废气经过管道排出加热炉外，管道上设有阀门可以自动调节。

（5）冷却床　该部分是气垫钢化玻璃的关键设备之一，由淬冷段和冷却段组成，小设备可以将两段合成一段，分时间进行调节。冷却床面与加热床面结构基本相同。玻璃在淬冷段的冷却风压大、风量高，而在冷却段使用低压、小风量。冷却的喷嘴排列除以阵列式排布外，应注意排列与玻璃的运行方向成一定的角度，这样玻璃的冷却均匀性最好。冷却时热气流应能及时排出，所以，在冷却混合箱中设置了排气孔。冷却喷嘴也应安装在同一个箱体上，由统一的供气系统提供冷却气源。喷嘴的高度、孔径、排布的位置、间距要严格控制，否则会出现玻璃运行卡阻、冷却不均匀等问题。

（6）输送系统　玻璃输送机除装载台、卸载台和加热炉前段使用辊面摩擦带动玻璃运行外，其余部分则采用圆形钢板（圆盘）在玻璃侧边摩擦带动玻璃运行圆盘安装在一个个立轴上端，下端由蜗轮蜗杆通过电动机、减速机、离合器等装置的传动变换运行方向和速度，也有用其他形式的传动如链条等。

（7）控制系统　气垫钢化玻璃生产线的控制系统，需要对燃气量、温度、压力、输送速度进行全程控制，使玻璃在整个钢化过程协调一致。压力、流量部分需要测量供气系统的燃值、床面的温度来确定空气混合比例和压力计流量等；冷却床面测量玻璃的托浮高度、玻璃的表面应力，调整床面的冷却气体压力和流量。在加热炉内测量点温差控制在±5℃以内。玻璃输送速度控制为后段高于或等于前一段。

设备的主要技术参数见表 3-17。

表 3-17　气垫钢化设备的主要技术参数

项　目		参　数
弯钢化玻璃		
玻璃规格		790mm×1770mm
玻璃厚度		3~6mm,最薄 2.3mm
玻璃产品外形		单面弯曲
		带热线、釉面或无釉面一边为直边
玻璃输送速度		4600mm/min
弯玻璃曲率半径		约 1000mm
产品曲线部分吻合度		≤1.5mm
产品质量		符合美国 ANSI. Z26.1 规定
最大碎片质量		4.25g/片
生产能力	汽车侧窗	350~1000 块/h
	平均	500~700 块/h
玻璃输送间隔距离		最小 200mm
平均成品率		90%~98%
平钢化玻璃		
玻璃规格	最大规格	1520mm×2440mm
	最小长度	630mm
玻璃厚度		3~8mm,最薄 2.3mm
玻璃产品外形		有一边为直边
玻璃输送速度		4600mm/min
生产能力	3mm	235m²/h
	5mm	290m²/h
	6mm	250m²/h
平均成品率		90%~95%

3.3.6　物理钢化玻璃生产设备的发展

3.3.6.1　垂直钢化玻璃生产设备

　　垂直钢化玻璃生产设备至今仍保留,是因为其有不可替代的功能。第一,区域钢化玻璃的生产,是以不同区域的钢化度为特点而进行玻璃钢化的。尽管水平钢化玻璃生产设备可以实现,但因对位和玻璃的自重等问题,使得玻璃钢化区域难以控制,重复性难以保证;同时由于水平钢化设备复杂,在设备的调整方面不如垂直钢化玻璃设备容易进行设备更换和调整等。第二,玻璃是有急弯和直角的玻璃。虽然水平钢化设备已经实现了 L 形、S 形、U 形玻璃的加工,但是由于玻璃成型部分缘于玻璃自重，玻璃一旦停止运动，在软化温度附近的玻璃会因自重发生较大变化。所以要保证玻璃的形状一致性，玻璃必须自始至终运动，因而涉及的设备较多，操作不方便，不像垂直钢化玻璃生产设备那样只需要一个成型设备和一个冷却设备，设备调整可以通过水平撤出调整或人进入设备内调整。

玻璃的应力形成，与玻璃的最终温度和介质的冷却能有关。冷却介质的冷却能是气体介质最低，其次是液体，最好的是固体。因为气体（空气）介质采集较为经济，所以使用较为普遍。液体作为冷却介质也有研究，但是，引起的屏蔽作用没有突破，所以停留在研究阶段。固体的冷却升温问题没有得到解决，所以，国内在试验阶段即被搁置。但是从最好的冷却方式来看，只要突破这些技术瓶颈，液体钢化、固体钢化还是可行的。

20 世纪 90 年代，中国建筑材料科学研究院对介于液体与气体介质之间的水雾钢化进行了研究。300mm×300mm×5mm 的玻璃碎片及冲击性能达到 GB 9656 的要求，在大面积玻璃的研究中遇到了水雾的清除问题而被搁置。从玻璃摆放的方式来看，玻璃垂直冷却比水平冷却减少了水雾的堆积而不影响后续的冷却，因此，垂直钢化方式更适合水雾钢化玻璃生产技术的研究。20 世纪 80～90 年代，中国建筑材料科学研究院还对介于固体和气体介质之间的微粒钢化进行了研究，可以钢化 3.0mm 玻璃，比起空气钢化玻璃光学性能高，均匀性高。两项研究均是垂直钢化法的发展趋势。固体接触钢化也是垂直钢化法的另一个发展趋势，有待继续研究。

3.3.6.2　水平钢化玻璃生产设备

当前国际上水平钢化玻璃生产技术最有代表性的是芬兰的 Tamglass 公司、美国的 Glasstech 公司和意大利的 Ianua 公司。Tamglass 在世界上最早采用该技术的公司之一，其应用范围也从 LOW-E 玻璃的平钢化过程发展到 LOW-E 玻璃的弯钢化全过程。水平钢化设备的改进层出不穷，特别是在加热炉、成形和冷却设备方面的改进尤为突出。

（1）加热设备　加热设备是几个关键设备改进较少也是较为重要的设备之一。近年来，随着低辐射玻璃的使用，加热设备开始改变。

欧美地区对 LOW-E 玻璃的使用要求，大大地促进了钢化技术的发展。20 世纪 80 年代 Tamglass 根据欧美的钢化玻璃特点已经将低辐射玻璃钢化列入研究范围之中。起初的钢化加热设备设置了热平衡系统和热传导辅助系统，主要是针对彩色玻璃造成的双面加热不平衡的问题，进行加热炉的内部调整。这个设计基本满足低辐射率较高的玻璃钢化。欧洲研究成功辐射率低于 0.04 的镀膜玻璃，给钢化设备提出更高的要求，主要是在加热方面，由于低辐射玻璃对 2.5μm 的辐射波接收较少，加热的不平衡很严重，玻璃在钢化初始炸裂的现象较为严重。

Tamglass 在 20 世纪 90 年代增加了一个室用于玻璃高温热对流加热,增加玻璃高温平衡状态。这一部分借鉴了该公司热弯成形设备的玻璃加热原理,并成功使用到钢化低辐射玻璃设备上。Tamglass 公司钢化设备的主要技术特征是两级加热系统,钢化的关键在于初期,先将玻璃板放入第一级全对流炉内,炉内温度保持在 350～450℃,该温度对辐射传热的影响较小,高速流动的气体通过对流使玻璃板预热。然后将玻璃板送入第二级辐射对流炉内进一步加热,炉内温度在 680～710℃:这类钢化炉适合钢化大型玻璃,由于设备安装固有的因素,大型玻璃在加热过程中,对流换热通常使得玻璃边部比中央获得更多热量,通过分别控制电热元件,使辐射集中在中央部位,从而可得到均匀的温度分布。

意大利燕华(Ianua)公司的辐射-对流混合加热式水平钢化炉,是在单级加热炉内使用辐射-对流混合加热系统,即为了补偿电辐射加热的不均匀性,在全辐射炉内配置一套密封的对流加热装置。电热元件被安装在矩形管道内,通过管壁向玻璃辐射热量,管壁一面开有小孔,气体流经电热元件温度上升后,喷向玻璃表面。这种混合加热方式可使玻璃上下表面得到均匀加热。

美国 Glasstech 公司继承了该公司传统的设计风格,利用原有加热技术,直接使用燃气(天然气)进行玻璃加热阶段的加热,热气自身的热值使玻璃的热浪费降低。由于采用全对流方式,故特别适合钢化 LOW-E 玻璃。天然气在炉外燃烧后,与部分炉内气体混合,直接喷向玻璃表面。该技术能在较低温度(670～690℃)下就使玻璃加热均匀,它提高了加热速率,因此减少了玻璃在传动辊上停留的时间,尤其是能缩短从玻璃软化温度到淬火温度所需要的时间,这样,就减少了玻璃变形的机会,改善了玻璃的质量。对于镀膜层来说,在高温下停留时间的减少,也就减少了膜层之间相互扩散的可能性。最近,该公司又设计出一种新工艺,在钢化镀膜玻璃时,玻璃上表面采用对流加热,玻璃下表面则采用在传动辊下安装电热元件的辐射方式加热。

加热炉目前也有采用气垫加热方式,借鉴了气垫钢化玻璃后段加热方式。气垫加热方式实际上也是燃气加热方式,利用加热燃气做成加热床,玻璃浮在其上,边运行边加热。

(2)成形装置　玻璃成型时间占用了玻璃冷却的时间,使玻璃的钢化度有所降低。为了解决这一问题,Tamglass 公司采用炉内加热成形的方式提高弯玻璃钢化度。这种方式对设备的加热传动材料、传动方式、玻璃的承载方式要求非常高。控制不合适的话,会造成玻璃表面的划伤或表面辊印,导致玻璃光学性能下降。

(3)冷却设备

① 风栅喷嘴设计　在前面已经介绍风栅喷嘴的形式分为固定式、可调节式、可更换式等。根据材料又分为钢材喷嘴、铝材喷嘴和橡胶喷嘴等。风嘴的排布前

面讲到梅花形和矩形两种。

　　新的风栅排布的第一种，是在这两种排列的基础上采用孔的直径变换排列（图 3-17）。

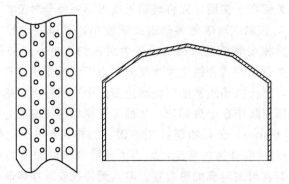

图 3-17　孔直径变换排列的风栅

　　第二种为放射状排列形式，主要解决薄玻璃中间散热不充分的问题。

　　第三种是借助气垫钢化风栅排气的构思，在大型风栅中采用导流结构，使冷空气在冷却玻璃后能及时离开热玻璃表面，已经变热的风能够通过回流导向结构迅速排出（图 3-18），这样避免热空气对后续冷空气的干扰作用。

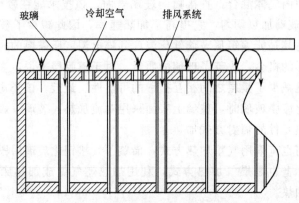

图 3-18　回流导向结构风栅示意

　　② 风栅运动形式　垂直钢化设备内的风栅运动形式分为两种：一是圆周运动，一是垂直或水平直线运动。玻璃在冷却设备中静止不动，风栅运动。传统的水平钢化设备恰好相反，玻璃做直线往复运动或直线运动，设备静止不动。新的风栅增加了设备水平直线运动与玻璃运动方向垂直。增加玻璃钢化初期冷却均匀性，应力分布好于传统的结构，但是应与垂直钢化的圆周运动效果一致。还可以在风栅中增加摆动栅叶，使风栅出风量顺着栅叶流动、变化，效果与风栅摆动相同。

③ 与成形配套的设计　传统的风栅可以做平钢化玻璃和浅弯钢化玻璃。新型的钢化风栅使大型圆弧热弯与冷却设备一体化，主要结构形式是风栅根据玻璃形状在成形过程中自动调节，玻璃的母线形状与运动方向一致或与垂直。另一种新的设备是玻璃连续成型钢化设备，主要应用于汽车侧窗玻璃生产，玻璃在运行过程中逐渐成型和冷却，也可以使玻璃先成型好再带模框连续冷却。

3.3.7　钢化炉操作规程

下面以 SM-1B36 型钢化炉为例，阐述钢化炉的操作规程。

3.3.7.1　开机

① 打开电气控制柜上的各路电源开关。

② 接通电气控制柜上的直流电源开关。

③ 接通 PLC 开关。

④ 启动 2 台风机，调整频率到 20Hz。

⑤ 接通操作台上的电源开关，计算机进入系统启动页面。

⑥ 双击系统启动页面中的北玻标识，进入系统菜单页面。

⑦ 打开加热段主传动开关，按操作台上的"主传动启动"按钮，加热段石英辊开始做往复运动。观察加热段传动电机、链条、圆皮带及陶瓷辊道的转动情况。观察前后炉门是否关闭。发现异常情况及时处理。

⑧ 从系统菜单页面选择进入主工作页面，此时计算机调用的是上次关机前使用的参数，可以根据需要从系统参数表内选择工艺程序并进行修改。

⑨ 在设备冷态运行正常的情况下，可以开始升温。旋转加热开关至打开位，计算机开始按照设定的温度进行加温。

3.3.7.2　生产前准备

① 检查加热段传动是否正常，温度是否达到设定值。

② 检查 2 台风机，打开变频器开关，观察风机控制是否正常。

③ 当生产平玻璃时，打开 1# 柜面板上除变弧电机外的其他控制旋钮。

④ 上、下片台胶辊转动的情况下将上面的灰尘等杂物扫干净，确保炉腔的清洁。

⑤ 开始正常生产前，先用 5mm 或 6mm 玻璃参数做空炉试验，在空炉试验过程中，要从上片段、加热段、风机、下片段逐项检查设备运转情况，确定设备运转正常后方可正式生产。空炉试验还将钢化段传送辊上的灰尘等杂物吹去，保证加工玻璃的清洁。

3.3.7.3　工艺程序选择

① 工艺程序选择：在系统参数表单击右侧的玻璃厚度前面小圆圈，弹出一

个对话框，单击确认，即可以选择所需要的工艺程序。

② 工艺程序存储：在系统参数表单击右侧的 存储参数 ，单击确认，即可存储正在使用的参数。一般情况下，平钢化玻璃参数存储为 Pxx ，弯钢化玻璃参数存储为 Wxx ，以便以后使用。

③ 在主工作页面对加热时间、急冷时间、冷却时间、急冷风压、上下部温度进行修改，其他参数要进入系统参数表进行修改，上下风栅吹风比例在风管处手工调节。

3.3.7.4　加热参数设置

(1) 炉温设置　玻璃钢化首先要保证玻璃加热到正确的钢化温度点，并要保证其加热的均匀性。玻璃在加热过程中要保证上、下面的均匀加热，上、下炉膛温度就要配置合理。根据使用经验，薄玻璃一般上、下部温度设置相同，厚玻璃一般下部温度设置比上部温度低 $10℃$ 。在生产过程中如果要增加炉温，其上、下部要同时改变，除非是通过调整炉温来矫正玻璃的弯曲度。

(2) 加热时间设置　在正确的炉膛温度下，玻璃的温度由加热时间决定。加热时间越长，越有助于玻璃温度的提高与均化，以及玻璃应力的消除。通常加热时间为 $35\sim45s/mm$ ，一般控制在 $40s$ 左右。一般钢化设备的加热时间是从玻璃到达加热炉后开始计算的，在使用时总的加热时间应比其他加热炉减少约 $30s$ 。

考虑装载率及玻璃吸热特性等因素，通常要对玻璃的加热时间进行修正，如果单片玻璃面积大于 $2m^2$ ，则加热时间增加约 2.5% ；若玻璃面积大于 $4m^2$ ，则加热时间增加约 5% 。

加热时间的使用原则是：精磨边玻璃的加热时间比粗磨边玻璃短 2.5% ；边部钻孔玻璃的加热时间比无孔玻璃长 2.5% ；大片玻璃的加热时间比小片玻璃长 $2.5\%\sim10\%$ ；本体着色玻璃的加热时间比无色玻璃约短 5% ；LOW-E 镀膜玻璃的加热时间，在没有对流加热条件的情况下比普通玻璃长约 $30\%\sim50\%$ 。

(3) 回温时间　用于调整进炉间隔，使石英辊温度均匀，有利于保证玻璃的生产稳定性。可根据所加工玻璃的品种规格及装载率等进行设置。

(4) 热对流风机　开启热对流风机，可以提高纯辐射情况下玻璃的加热速度，有利于加热炉内的温度均化与调整玻璃进炉后的加热翘曲现象。另外，为了防止厚板玻璃由于加热速度过快引起加热自爆，对于热对流风机的频率设置暂进行如下规定：加工 $5\sim12mm$ 玻璃时，风机频率设定为 $30Hz$ ；加工 $15\sim19mm$ 玻璃时，风机频率设定为 $20Hz$ ；加工各种 LOW-E 玻璃时，风机频率设定为 $50Hz$ 。

(5) 急冷吹风时间及冷却吹风时间　玻璃在均匀加热到钢化温度后出炉，紧接着要进行急冷吹风，此时玻璃的冷却速度即决定了这种厚度玻璃的钢化程度。

一般情况下，玻璃冷却到 450℃ 即可确认为玻璃钢化过程已经完成，然后开始进行冷却吹风，冷却吹风的目的是把玻璃降到可以用手取片温度（80℃ 以下）。钢化吹风时间取决于玻璃的厚度，实际设定的值总是大大长于理论值。整个吹风时间不宜太长，以免增加玻璃冷却的不均匀性。

（6）冷却摆动速度　玻璃在钢化过程中要均匀冷却，但由于风嘴的排布原因，不可能做到吹风均匀，所以需要玻璃在钢化时摆动。玻璃摆动速度不宜太快，薄玻璃由于钢化时间很短，不宜摆动太慢，以免冷却不均。

（7）钢化风速/冷却风速　由于风机进风口及总的风嘴出风面积是固定的，所以决定风压与流量的因素就是风机的转速，它直接决定了玻璃的钢化程度，钢化玻璃的表面应力主要是由钢化风速决定的。

（8）上下风压配比（差分阀）　均匀加热后的玻璃进行钢化冷却时，要保证玻璃的均匀冷却，才能使玻璃上下表面应力均匀，玻璃冷却后不产生弯曲，所以上下风的风压配比就显得很重要，要调整按钮以达到合理的风压配比。

（9）二氧化硫（硫黄粉）使用　在生产钢化玻璃过程中一般需要通入 SO_2。SO_2 气体通过气体的分配管，从钢化加热炉的侧面底部引入加热炉内，喷向玻璃的下表面和陶瓷辊道的表面，起到润滑和保护玻璃下表面的作用，使其避免出现辊痕和划伤。

使用 SO_2 气体需注意以下几点。

①只有在正常操作期间才允许使用 SO_2 气体，SO_2 气体在开始加热玻璃时通入 10～15min。

②只有在必要时才使用 SO_2 气体，在清炉后开始生产时，使用 SO_2 气体的概率最大，SO_2 气体要尽可能的少用，如果过量使用，会造成玻璃变成蓝色，而气体会在陶瓷辊道表面聚集成褐色斑点，从而有可能使玻璃产生点状痕迹。

③使用 SO_2 气体时其正常流量是 1～4cm³/min，不得超过 7cm³/min；压力是 50kPa。

④在玻璃没有辊痕或停炉时，应及时关闭 SO_2 气体阀门。

⑤当钢化炉的炉温没有达到钢化温度时，严禁 SO_2 气体进入钢化炉。

3.3.7.5　上片操作

①加工玻璃时，上、下片人员都要戴干净的手套，以免在玻璃表面留下手印。用紫光灯辨别玻璃锡面后，将玻璃空气面朝上放置。玻璃进炉以前，必须对其表面、磨边、内在质量进行仔细检查，确认无问题后再进炉钢化，否则轻者造成玻璃表面质量缺陷，重者导致爆炉。

②上片时要对玻璃原片进行仔细检查，检查如下的项目。

a. 表面：确认玻璃上下表面洁净、无异物黏附。

b. 磨边：质量良好，无崩边、崩角现象。

c. 对厚 10mm 以上玻璃，检查确认无结石、气泡、裂纹等。

d. 玻璃表面有无划伤、压伤。

上片时摆放玻璃间隙 50mm 左右，在装炉量不足时，相邻两炉玻璃所余的空间要错开。

③ 对于后续夹层的玻璃，上片时要固定上片位置，确保夹层的两片玻璃钢化位置一致，固定上片位置。

3.3.7.6 钢化工艺操作

① 入玻璃前，用手发出模拟信号，检查设备联动情况，主要检查部位包括上片台、炉门、冷却段、下片台、风压及监控器荧屏上的数值和信号等。

② 第 1 炉要进行少量玻璃试生产（不超过 1 排），玻璃进炉后，打开前炉门观察玻璃在炉内变形和运动情况，并根据玻璃变形情况进一步调整加热平衡压力。

③ 风栅吹风开始，要观察玻璃出炉情况（如数量、变形等），如果玻璃在风栅炸裂，且玻璃碎在冷却段辊道中间，应及时清除。

④ 正式生产的第一炉玻璃下片后，一定要检查玻璃的弯曲、波形变形，同时请质检员测量玻璃应力值，根据检测结果及时调整工艺参数并及时进行记录。连续生产 3 炉以后，再请质检员进行测量。如达到标准，可以继续生产，若调整参数后还达不到标准，及时请工艺工程师进行处理。

⑤ 在正常生产过程中更改玻璃品种，更改后的第一炉请质检员检查玻璃加工质量，如达不到要求要及时调整参数并及时进行记录；更换品种 3 炉后再请质检员进行测量，其余同上。

⑥ 正式生产的第三炉要随炉加工规定的质检样片，以确定加工玻璃的颗粒数（钢化）或破碎纹路（半钢化）是否满足标准。不满足要调整相应的工艺参数。

⑦ 钢化炉加工产品最大规格为：平钢化 3600mm×2440mm；正常生产时，玻璃的摆放位置应尽量使炉膛各区均匀，如第一炉放在左侧，接下来一炉应靠右侧，为避免玻璃在炉膛或钢化段走斜碰到侧壁造成事故，距侧部距离应不小于 50mm。

⑧ 如合同规定玻璃 W 边或 H 边进炉的方向，严格按照合同执行，如未注明要求，则按最大装载率生产。

⑨ 钢化下片段人员要经常对钢化玻璃的表面质量、弓形、波形等进行检查，同时结合对钢化玻璃颗粒数和应力值的检查，钢化主操作工根据检查结果出现的问题，正确分析后选择合理处理方法。

3.3.7.7　正常生产时注意事项

① 当班主要操作人员应经常检查玻璃在炉内的加热情况，特别是在更换玻璃规格时，应随时观察并及时调整加热平衡。

② 当加热倒计时最后 5s 时，要注意后炉门是否能及时打开，如有异常要及时检查处理。在加热计时最后 10s 时，要注意检查风压（在监控器上）的读数。

③ 玻璃进入冷却段时，要观察玻璃出炉和冷却情况，发现玻璃炸裂有碎片卡在辊道中间，要及时处理。

④ 传送到取片台上的玻璃，必须在下一炉出栅前及时取下，注意观察吹风及传动情况是否正常。

⑤ 发现玻璃出现有规律性的纵向划伤，则应检查陶瓷辊道的运转是否正常和冷却段是否有碎玻璃卡在辊道上和中间。

3.3.7.8　钢化炉故障及处理方法

常见钢化炉故障及处理方法见表 3-18。

表 3-18　钢化炉故障现象以及处理方法

故障现象	故障分析	解决方法
玻璃放到装片台后点动不动作	装片点动按钮或相关线路故障	检查相关按钮和线路
按下玻璃准备好按钮时，玻璃不能入炉	在 PLC 投入运行时，入、出片检测开关处不能有玻璃，否则自检不能完成，所以不能入炉	移开入检测开关处的玻璃，点动到位即可入炉
	前炉门打不开	检查前炉门的气路和电路。炉门是否有卡死现象
当玻璃入炉后，玻璃向装片端运行时冲出炉门	玻璃装片检测错误，原因是由弯曲的玻璃入炉时检测错误造成	按炉内故障钮将玻璃排出炉外，严禁将过于弯曲的玻璃装炉，必要时可在玻璃尾部经过检测开关时，用手挡一下检测开关
	检查旋转编码器软接头松动或编码器损坏	上紧编码器软接头螺钉，或通知维修工更换编码器
在生产过程中空气压力低	空压机故障或气管折裂或压力过低	在出炉前手动推开风阀汽缸，出炉时手动扳开炉门，并停止下一炉生产，找维修人员检查
出炉时发出"后炉门故障"、"风阀故障"报警	后炉门或风阀卡住或气压太低	手动扳开后炉门
	后炉门或风阀行程开关松动或损坏	用手拨动后炉门检测开关，并停止下一炉生产，找维修人员检查
风栅吹风后，卸片时卸片台不转	出片离合器电刷接触不好	将电刷接触上离合器滑环，按动风栅传动钮将玻璃排到卸片台上，并立即停止生产，找维修人员检查
卸片时玻璃走行至卸片台末端检测开关时，不能自行停止	卸片检测开关对得不正或发生故障	人工点动搬下玻璃并找维修人员检查
玻璃出炉时风阀打不开	气动阀电路接触不良、电磁气阀故障、气压过低	手动按动电磁气阀上的按键打开风门，停止下一炉生产，找维修人员检查

续表

故障现象	故障分析	解决方法
玻璃出炉时在风栅的摆动位置不对	玻璃摆放尺寸过大	禁止摆放玻璃过长
	屏幕上"位置调整"数值不对	调整"位置调整"数值
	风栅传动机械故障,如卡劲等	找机械维修人员维修
风栅开度与设定值不符或不动	风栅开度编码器联接件松动	找维修人员重新装好、紧固并校准
风压表不显示或显示值过小	测压管堵塞或风压表故障	通开风压检测管和找维修人员
风阀开度不能按设定变化或不动	风量调节执行器故障或机械卡住	将执行器电源开关关掉,拉出执行器手摇柄,手摇到位
在生产中突然停电,不能自动排片	控制系统故障或控制柜内直流控制 PLC 运行开关未按下	将控制柜内直流控制 PLC 运行开关拨到运行挡。按下风栅出关箱上的后炉门按钮;按下直流按钮,打开炉门将玻璃排出
在加热过程中个别加热区温度过高或温度跟不上	加热系统故障如电加热丝断;热偶检测故障或可控元件击穿或不导通	停止生产,找维修人员,检查相关电路和元件
计算机电源上电后,屏幕不显示或不能到达操作画面	计算机故障	通知维修人员,检查计算机电源等
风机轴承温度过高	风机缺油或机械故障	停止风机运转,补足机油,或找维修人员

注:1. 其他未提及的故障,请找维修人员,必要时找设备售后服务部联系。
    2. 炉内有玻璃时,必须及时将炉内玻璃排出或采取相应措施后,方可查找原因和维修。

除表 3-18 所列故障外,在生产运行中还会遇到两种情况:一是突然停电,炉内有玻璃;二是炉内玻璃因故障而没有全部出炉(即玻璃超长),处理方法如下。

(1)手柄操作使玻璃移出加热炉　正常生产时,故障或断电导致传动系统停止工作,如果加热炉体内有玻璃,必须使用摇柄传动加热传动,使玻璃移出加热炉(如果加热炉内没有玻璃,无需采取这种操作方式)。手柄使用规程如下:

① 立即用储气罐的余气手动打开后炉门;

② 用手柄摇动加热传动和冷却段传动,注意要按指定的方向摇动手柄,使玻璃进入冷却段,然后人工将其移出。

(2)加热炉的紧急冷却

① 用常规方法将加热炉停止工作;

② 切断加热电源;

③ 冷却程序一开始,即可分阶段遥控提升上部加热炉体。

3.3.7.9　钢化玻璃包装

① 对普通玻璃,装箱时必须将纸垫满;对特种玻璃(如超白玻璃,15mm

以上的玻璃），不但要将纸垫满，还要在玻璃表面垫上不干胶块。

② 对镀膜玻璃装箱时必须采用塑料薄膜垫妥。

③ 不干胶块放置要求　各个角部必须放置；每平方米数不得少于 5 个；边部每相距 1.5m 左右 1 个；不干胶尺寸：20mm×20mm。

④ 包装时，玻璃应按照从大到小的原则进行，玻璃两端必须用纤维板固定。装箱负责人须认真填写《玻璃产品装箱检查记录》。

3.3.7.10　洗炉操作

① 在发生爆炉、或玻璃麻点严重等情况下需要停机洗炉。

② 首先停止加热。

③ 等炉温降到 400℃ 以下后再逐步将炉膛升高至顶部，防止加热炉面漆变色及加热炉变形。

④ 等炉温降到 50℃ 以下时，通知维修人员检查炉膛和炉丝、热电偶等，发现异常要彻底处理。

⑤ 清洗石英辊时，要先用沾过干净温水并拧干的毛巾将石英辊上的 SO_2 斑点擦去，再用 500# 砂纸将石英辊上的杂物砂掉，最后用沾酒精的干净毛巾清洗，并用手掌检查石英辊表面的光洁程度，发现有不光滑的地方要再用砂纸打磨，直到表面光洁为止。

⑥ 石英辊清洗完毕要立即将炉膛降至最低处，避免灰尘进入炉膛内。

⑦ 洗炉后的升温过程要有操作人员现场值班，及时检查机器运转情况，观察炉膛升温的速度和均匀性，如有异常立即通知维修人员。

⑧ 炉温升到设定温度并保持 0.5h 后方可将玻璃送入炉膛，虽然炉膛温度已到设定值但石英辊温度还不够，如过早送入玻璃会造成玻璃在钢化段破碎。

3.3.7.11　洗炉与停炉后再生产时的处理

① 每次洗炉后在正式生产前，要用 8mm 以上的干净、边部粗磨的玻璃进行不间断压炉。

② 停炉保温超过 12h，需不间断压炉。

③ 经不间断压炉后，确认玻璃表面质量无缺陷，可进行正式生产；玻璃表面质量达不到要求时，通知机电人员进行处理。

④ 当陶瓷辊道清洗后的第一次生产时应开启 SO_2 10min，流量为 30mm³/s；

3.3.7.12　关机操作

① 关掉风机变频器。

② 务必使炉门关闭，若未关闭，检查其电磁阀，然后用手将其关闭。

③ 如果生产停止时间很短，无需采取其他措施，如果停用时间较长，应把加热炉下部温度降低 60℃。

④ 除保留加热段传动开关打开外，关闭其他传动开关。

⑤ 如果加热炉停用时间很长，如节假日等，应关闭计算机加热开关；

⑥ 只有当温度降低到200℃以下时，才能停止加热炉主传动，否则只能让其正常空运转。

⑦ 将每班生产的情况与机器运转情况如实详细地在交接记录本上进行记录，以便工艺和设备技术人员及时总结改进。

3.3.8　物理钢化生产过程中的节能措施

3.3.8.1　加热过程中的节能措施

运用物理方法生产钢化玻璃，必须将平板玻璃加热到600℃以上，然后迅速冷却，这两项工序要耗费大量的热能与电能。

现有的玻璃钢化工艺多采用电热丝加热，传热方式以对流为主。若将红外加热技术应用于钢化玻璃生产中，传热方式则变成以辐射为主，经理论计算，钢化温度为650～700℃中温区内，辐射传热是对流传热的7～9倍，因此在加热过程中采用红外加热器可以实现节能。

红外辐射加热器是基于许多材料易于吸收红外线的特点，将一般的热能转变为红外辐射能，直接辐射到被加热物体上引起物体分子的共振，从而达到以较低的能量与较快的速度把物体加热到要求的温度。能透过大气的红外线一般分为三个波段：近红外线1～2.5μm，中红外线波段3～5μm，远红外线波段8～13μm。普通红外线加热器由于辐射的波长的范围太宽，节能效果仍然不显著。为提高热效率，必须使红外线辐射加热器的辐射波长与被加热材料的吸收波长范围一致。

（1）有效吸收波长　每种材料对波长都有其特殊的吸收特性，也就是它对某段波长的热能的吸收较其他波段高。从一些资料报道，在一般加工工艺中，玻璃的有效吸收波长范围是2.4～6μm，在钢化玻璃加热过程中玻璃的有效吸收波长范围是2.7～3μm。这基本上属中红外波段并稍微靠近近红外区域，这波段温度相当于704～843℃，如果达不到此温度，就不能很好地钢化玻璃，超过此温度就会浪费热能。

（2）适宜的红外辐射　钨丝真空管加热器，可辐射近红外线，波长不对应，因此不适合于钢化玻璃工艺。碳化硅加热器，属于长波长的远红外辐射，不仅波长不对应，其热效率也较低，不适用。石英玻璃和陶瓷红外线加热器，能辐射中红外线，所以比较适用。石英玻璃品种不同，加热器的结构也不同，辐射的红外线波长也不同。根据钢化玻璃吸收红外线的特性，应选择适应的石英玻璃和适宜结构的红外加热器，即可调节石英玻璃加热器的红外辐射波长，以适应钢化玻璃的红外吸收特性，从而达到提高热效率的目的。

（3）加热器的形状　红外辐射加热的另一个特点是，辐射传热不需要介质，在真空中可传输。在大气传输中空气的主要成分是氧气和氮气,所以损耗在介质和介质流动过程中的能量就少。据热工计算,在 $700 \sim 1000 ℃$ 下辐射传热的利用率,是对流传热的 $5.7 \sim 7.4$ 倍。另外,红外辐射加热还具有加热均匀的特点。为了更好地发挥这个特点,加热器的形状十分重要。对于钢化平板玻璃来说,从宏观看,管形加热器的加热均匀性不如板形加热器。实践证明,平板型加热器比较适宜,它利于提高钢化玻璃质量,提高产品成品率和用于钢化难度更大的彩釉玻璃。所以,钢化平板玻璃用平板加热器效果最好。此外,红外线具有反射性,在加热器中安装反射、聚焦部件,使红外能定向辐射,集中加热,也是红外节能常用方法。

3.3.8.2 急冷过程中的节约措施

为了获得钢化所需的适宜空气量和压力,往往采用利用排气管中的蝶阀调节、多叶片进口阀调节以及鼓风机的变速电机进行变速调节等方法调节。

根据经验,钢化薄于 4mm 的玻璃,要大大提高鼓风机的功率。如厚 6mm 玻璃的最佳功率为 $3.5kW/m^2$,厚 5mm 玻璃为 $10 \sim 20kW/m^2$,厚 4mm 玻璃为 $40 \sim 80kW/m^2$,厚 3.8mm 玻璃为 $50 \sim 100kW/m^2$,厚 3.2mm 玻璃为 $140 \sim 280kW/m^2$,厚 3mm 玻璃为 $200 \sim 400kW/m^2$。

可以看出,厚 3.8mm 以下玻璃所要求的鼓风机功率就不经济了,所以对薄于 4mm 的玻璃,常常使用鼓风机加空压机的办法,以减小设备的总负荷。空压机连续工作,在每次急冷后,再把空气充入储气罐。例如国外某公司的钢化炉,在钢化厚 3mm 玻璃时,使用 $40 \sim 50kW/m^2$ 的鼓风机,加功率 $15kW/m^2$ 的空所压缩机,使设备的总功率减小了 $100 \sim 300kW/m^2$。

3.4 物理钢化玻璃缺陷及处理

物理钢化玻璃的过程是一个热加工过程,热工设备一般都有很大的热惯性,在快速、连续、批量生产中,玻璃温度的准确控制是很困难的。钢化工艺可能存在单个问题,或者多个问题相结合而导致玻璃缺陷,影响钢化玻璃的质量和成品率。有些工艺问题可能会在钢化过程中出现,如玻璃破裂;有些则会在钢化过程结束后作为成品的质量问题被检查出来,如变形、钢化度不够等。

物理钢化玻璃主要的质量缺陷有玻璃炸裂、玻璃变形、玻璃自爆、玻璃表面缺陷、玻璃表面应力值或破碎块数不合格等。

3.4.1 炸裂缺陷及解决方法

在玻璃钢化工艺过程中,玻璃炸裂的现象可能会出现在加热阶段、淬火阶段、冷却阶段或完成钢化后的很长一段时间。

（1）玻璃在加热炉内炸裂

原因一：原片玻璃退火不良，残余应力过大或不匀（断面有生茬），有结石、裂纹等缺陷。措施：严格检验挑选原片。

原因二：切割、磨边粗糙，造成微裂纹扩展。措施：改进切割、磨边工艺，避免缺陷。

原因三：钻孔、开槽较多或钢化再加热。措施：精细加工，加热时勤开炉门检查，发现炸裂及时排出。

原因四：加热厚玻璃时，炉温过高，内外层温差大，内层张力过大。措施：适当降低炉温，延长加热时间。

原因五：玻璃钻孔边部未处理好或玻璃钻孔直径小于玻璃厚度。措施：处理好钻孔的边缘，加大钻孔直径。

原因六：玻璃钻孔离玻璃边太近。措施：加大钻孔到玻璃边的距离。

（2）玻璃在冷却风栅内炸裂

原因一：玻璃未达到可塑温度，入风栅 10～30s 即炸裂，炸后玻璃块度大，类似普通玻璃。措施：提高加热温度或延长加热时间，使玻璃加热至可塑状态。

原因二：玻璃只是表面达到可塑温度，内层未烧透，冷却后期才炸裂，玻璃块度小，类似钢化玻璃。措施：调整加热温度或时间，使玻璃热透。

原因三：玻璃加热、淬冷不匀或不对称，造成应力不均匀或偏移。措施：调节炉温或冷却强度，使之均匀而对称。

原因四：厚玻璃冷却时，风压过大，张应力过大，炸后颗粒过细。措施：适当降低冷却风压或调高凤栅高度。

原因五：玻璃在风栅内碰撞。措施：加大摆放距离。

（3）钢化后玻璃炸裂

原因一：对未充分加热的玻璃进行钢化，导致玻璃表面产生裂痕。措施：必须仔细检查成品的质量。

原因二：玻璃中硫化镍夹杂物自爆导致炸裂。措施：通过热浸处理可以消除玻璃中含有的硫化镍夹杂物。

原因三：玻璃磨边处理不充分或者玻璃表面存在刻痕或者划痕。措施：必须检查原材料的质量。

原因四：钢化玻璃在安装使用过程中方法不正确。措施：正确安装和使用。

3.4.2 变形缺陷及解决方法

在物理钢化工艺过程中，如果玻璃的两个表面能够均匀加热和冷却，那么钢化后的玻璃就会保持较好的平整度。如果设备老化、炉温设定不正确、冷却吹风不均衡，都有可能造成钢化玻璃变形。

3.4.2.1　设备原因产生的变形

因钢化设备缺陷造成钢化玻璃变形的原因主要有：加热辊道变形、辊道磨损严重、风栅辊道变形等。

（1）加热辊道变形　通常，水平辊道钢化炉的辊道是由熔融石英或陶瓷材料制成的，具有很好的耐热冲击性和热稳定性，但由于有时其内部结构的不均匀性可能导致在加热时特别是高温下产生热变形。辊道的热变形必然造成辊道的弯曲，致使在其表面运动的玻璃产生变形。

（2）辊道磨损严重　辊道经长时间使用和反复清理导致磨损，特别是辊道上出现粘接比较牢固的杂质时，通常都使用磨削的方法进行清理，以致辊道磨损不均。一方面在同一辊道上粗细不均或出现偏心，另一方面不同辊道先后更换却同时使用，由于粗细不均或磨损程度不同也会导致辊道运行表面的不平，精度下降。玻璃在这种不平的辊道上加热到软化温度并进行传动，肯定出现变形，并被保留到钢化后。

（3）风栅辊道变形　玻璃在加热炉加热后迅速被传递到风栅辊道上，此时玻璃仍处于软化状态，风栅辊道如果变形必然影响玻璃的平整度，而最容易使风栅辊道变形的原因，一是传动辊道弯曲，二是辊道表面的隔热材料缺损。

3.4.2.2　加热阶段产生的变形

一般情况下，如果钢化玻璃的变形出现不断变化，问题常出现在加热阶段。

加热阶段玻璃产生的变形不会演变成钢化玻璃的变形，但加热阶段玻璃变形说明玻璃在炉内的受热不均衡，将会影响钢化玻璃的平直度。对炉温调整的效果不会在工艺中立即表现出来，通常其作用效果会有一定的延迟。尽管需要一些时间来使温度调整发挥作用，但是从连续生产的情况看，必要的温度调整对钢化工艺过程是非常有益的。

3.4.2.3　冷却阶段产生的变形

一般情况下，如果玻璃表现出持续、相同的变形，那么问题常出现在冷却阶段。钢化玻璃是存在永久应力的玻璃，在玻璃内部应力不平衡时也会产生变形：当上表面的压应力大于下表面的压应力时为平衡应力玻璃向下弯曲，同样，当下表面的压应力大于上表面的压应力时为平衡应力玻璃向上弯曲，玻璃在冷却过程中因为上下两表面冷却速不均，冷却速率快的表面应力大于冷却速率慢的。

针对因冷却不均而引起的热变形的控制对策对于在冷却过程中产生的应力不均，可以通过调整风栅的风压来调节玻璃表面的冷却速率。若玻璃向下弯曲这可以通过加大风栅底部的风压提高玻璃下表面的冷却速率来调节；若玻璃朝上弯曲，需要通过增加风栅上部的风压加大玻璃上表面的冷却速率来调节。

3.4.2.4　钢化玻璃变形解决方法

（1）凹面变形　钢化后的玻璃有时会出现向上变形，形成凹面的情况，如果强压凹面玻璃至平直状，当外部压力释放时，玻璃又会恢复其原始的形状，如图3-19所示。

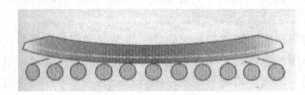

图 3-19　凹面变形

加热完成后进入钢化阶段的玻璃是平整的，如果玻璃上下表面的温度相同，当玻璃下表面冷却的速率比玻璃上表面快时，下表面优先固化，上表面则继续收缩，那么就会导致玻璃出现凹面变形。

如果钢化时冷却速率是相同的，当玻璃下表面的温度低于上表面温度时，下表面先固化，上表面继续收缩，那么也会导致玻璃出现凹面变形。

解决凹面变形的方法，根据情况调整炉温设置或改变钢化风压、调整吹风距离。有时错误的炉温设置配合错误的钢化风压设置及错误的吹风距离配比，也可能使钢化玻璃变得平整，但其钢化效果会受到影响。因此，要将这些参数全部合理设置。对于较厚的玻璃，可以观察破碎玻璃颗粒中间的应力界面来判断，并对上述因素进行合理的调整。

（2）凸面变形　钢化后的玻璃有时会出现向下变形，形成凸面的情况，如果强压凸面玻璃至平直状，当外部压力释放时，玻璃又会恢复其原始的形状，如图3-20所示。

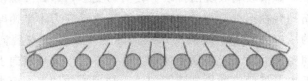

图 3-20　凸面变形

玻璃产生凸面变形的原因与凹面变形相反，调整措施也刚好相反。

（3）锅底变形　当大片玻璃完成钢化后出现"锅底"变形，在施加外部压力时，玻璃或者向上或者向下凸起，并且当外部压力释放时，玻璃会保持其新的形状，如图3-21所示。

　　如果玻璃四周的加热温度比玻璃中间位置的加热温度高，那么在钢化阶段，玻璃中间温度较低的部分会比玻璃四周固化速度快。当玻璃四周仍然持续收缩时，就会迫使玻璃的中间位置要么向上凸起，要么向下凸起。

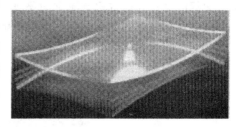

图 3-21　锅底变形

　　产生锅底变形的主要原因是玻璃在加热炉内的加热不均匀。可能的因素主要有区域温度设置不合理、热平衡气体的压力过小、错误的温度模板设置、加热时间不够或者两炉玻璃之间的空炉时间过短等。这种变形多出现在 6～8mm 的大片、近似正方形的玻璃钢化中，在较薄或较厚的玻璃上一般比较少见。

　　（4）马鞍变形　一般情况下，玻璃出现马鞍变形的情况比较少见，但是当玻璃中间位置受热温度比四周受热温度高，也可能出现马鞍形变形，如图 3-22 所示。

图 3-22　马鞍变形

　　产生马鞍变形的原因是玻璃中间位置温度高于玻璃四周温度。在钢化阶段，当玻璃的中间位置仍然持续收缩时，玻璃的四周会朝不同方向弯曲，从而形成马鞍变形。

　　马鞍变形与锅底变形的调整因素基本相同，主要是加热参数的调整，只是调整方向相反。

　　（5）波纹变形　钢化玻璃出现波纹变形的主要原因是加热温度过高，在玻璃加热阶段，玻璃会在摆动的转向点处短暂的停留，如果温度过高，玻璃会由于辊筒之间的间隔产生波形变形，如图 3-23 所示。

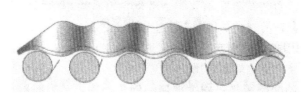

图 3-23　波纹变形

通过降低炉温设置或者减少加热时间，可以有效地解决波形变形。一般情况下，减少单炉玻璃的加热时间可以加速解决波形变形。

（6）边缘相框效应　在对 LOW-E 玻璃进行钢化时，可能会出现边缘相框效应，如图 3-24 所示。

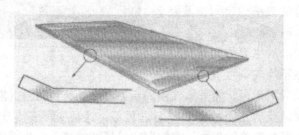

图 3-24　边缘相框效应变形

玻璃边缘的局部温度过高可能会加剧这种现象的发生。玻璃在加热过程中会产生边部过热，钢化时玻璃下表面不连续的接触支撑纤维绳等多种因素导致出现边部这边。

3.4.3　自爆缺陷及解决方法

钢化玻璃自爆指在无外力作用下发生的自动炸裂。这对钢化玻璃的使用有不良影响，甚至在成重大事故。根据澳大利亚对玻璃幕墙上 17760 块钢化玻璃 12 年来的观察和测试，共有 306 例自爆，自爆率为 1.72%。自爆是钢化玻璃固有的特性之一，在加工、贮存、运输、安装、使用等过程中均可发生。

3.4.3.1　自爆原因

钢化玻璃自爆的原因是多方面的，归纳起来主要缘自三个方面：内应力过大，应力不均和玻璃中的缺陷。

（1）玻璃质量缺陷　玻璃原片质量缺陷对钢化玻璃自爆具有决定性的影响，但不同的缺陷其影响程度和机理是不尽相同的。具体情况如下。

① 玻璃中有结石、杂质。玻璃中有杂质是钢化玻璃的薄弱点，也是应力集中处。特别是结石若处在钢化玻璃的张应力区是导致炸裂的重要因素。结石存在于玻璃中，与玻璃体有着不同的膨胀系数。玻璃钢化后结石周围裂纹区域的应力集中成倍地增加。当结石膨胀系数小于玻璃，结石周围的切向应力处于受拉状态。伴随结石而存在的裂纹扩展极易发生。

② 玻璃表面因加工过程或操作不当造成有划痕、炸口、深爆边等缺陷，易造成应力集中或导致钢化玻璃自爆。

③ 玻璃中含有硫化镍结晶物，玻璃经钢化处理后，表面层形成压应力。内部板芯层呈张应力，压应力和张应力共同构成一个平衡体。钢化玻璃中硫化镍晶

体发生相变时，其体积膨胀，处于玻璃板芯张应力层的硫化镍膨胀使钢化玻璃内部产生更大的张应力，当张应力超过玻璃自身所能承受的极限时，就会导致钢化玻璃自爆。

　　以上三方面原因中钢化玻璃内部的硫化镍膨胀是导致钢化玻璃自爆的主要原因。玻璃主料石英砂或砂岩带入镍，燃料及辅料带入硫，在 $1400 \sim 1500℃$ 高温熔窑燃烧熔化形成硫化镍。当温度超过 $1000℃$ 时，硫化镍以液滴形式随机分布于熔融玻璃液中。当温度降至 $797℃$ 时，这些小液滴结晶固化，硫化镍处于高温态的 α-NiS 晶相（六方晶体）。当温度继续降至 $379℃$ 时，发生晶相转变成为低温状态的 β-NiS（三方晶系），同时伴随着 2.38% 的体积膨胀。这个转变过程的快慢，既取决于硫化镍颗粒中不同组成物（包括 Ni_7S_6、NiS）的百分比含量，还取决于其周围温度的高低。如果硫化镍相变没有转换完全，即使在自然存放及正常使用的温度条件下，这一过程仍然继续，只是速度很低而已。

　　当玻璃钢化加热时，玻璃内部板芯温度约 $620℃$，所有的硫化镍都处于高温态的 α-NiS 相。随后，玻璃进入风栅急冷，玻璃中的硫化镍在 $379℃$ 发生相变。与浮法退火窑不同的是，钢化急冷时间很短，来不及转变成低温态 β-NiS 而以高温态硫化镍 α 相被"冻结"在玻璃中。快速急冷使玻璃得以钢化，形成外压内张的应力统一平衡体。在已经钢化了的玻璃中硫化镍相变低速持续地进行着，体积不断膨胀扩张，对其周围玻璃的作用力随之增大。钢化玻璃板芯本身就是张应力层，位于张应力层内的硫化镍发生相变时体积膨胀也形成张应力，这两种张应力叠加在一起，足以引发钢化玻璃的破裂即自爆。

　　典型的 NiS 引起的自爆碎片如图 3-25 所示。从图 3-25 可以看出，自爆碎片形态图玻璃碎片呈放射状分布，放射中心有两块形似蝴蝶翅膀的玻璃块，俗称"蝴蝶斑"。NiS 结石位于两块"蝴蝶斑"的界面上。

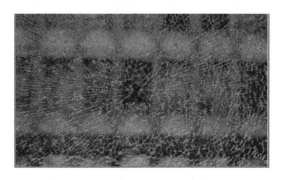

图 3-25　典型的 NiS 引起的自爆碎片形态

　　图 3-26 是从自爆后玻璃碎片中提取的 NiS 结石的扫描电镜照片，其表面起伏不平、非常粗糙。粗糙的表面是硫化镍结石的一个主要特征。

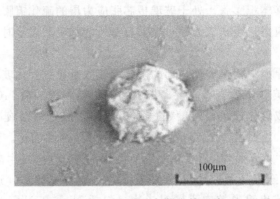

图 3-26　NiS 结石扫描电镜照片

　　根据断裂力学的研究方法，Swain 推导出式(3-23)，可计算引起自爆的 NiS 的临界直径 D_c：

$$D_c = \frac{(\pi k_{1c}^2)}{3.55\sigma_0^{1.5} P_0^{0.5}}$$　　　　　　　　(3-11)

　　临界直径 D_c 值取决于 NiS 周围的玻璃应力值 σ_0，应力强度因子 $k_{1c} = 0.76 m^{0.5}$ MPa，度量相变及热膨胀的因子 $P_0 = 615$MPa。

　　(2) 应力分布不均匀、偏移　玻璃在加热或冷却时沿玻璃厚度方向产生的温度梯度不均匀、不对称。使钢化玻璃有自爆的趋向，有的在激冷时就产生"风爆"。如果张应力区偏移到制品的某一边或者偏移到表面则钢化玻璃形成自爆。

　　(3) 钢化程度　钢化程度实质上可归结于玻璃内应力的大小。Jacob 给出了玻璃表面压应力值与 50mm×50mm 范围内碎片颗粒数之间的对应关系，如图 3-27。

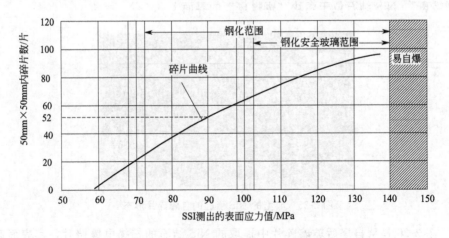

图 3-27　玻璃表面应力与碎片数的关系

　　玻璃表面应力与碎片数的关系，板芯张应力在数值上等于表面压应力值的一半。美国 ASTM C1048 标准规定：钢化玻璃的表面应力范围为大于 69MPa、热增强玻璃为 24～52MPa。我国幕墙玻璃标准则规定应力范围为：钢化玻璃 95MPa 以上、半钢化玻璃 24～69MPa。

　　玻璃钢化程度过强，玻璃中就会产生应力，当内部强度低于表面强度，断裂从内部开始，并且在负荷低于钢化玻璃允许负荷下即发生破坏，特别是张应力层有缺陷存在时，更容易产生应力集中而自爆。

3.4.3.2　防止和减少方法

　　防止和减少钢化玻璃自爆应从原片、钢化生产环境、生产工艺制度等方面考虑和注意，常见的防止和减少钢化玻璃自爆的措施主要包括：使用优质原片、降低应力值、应力分布均匀以及均质处理等方法。

　　(1) 降低应力值　钢化玻璃中应力的分布是钢化玻璃的两个表面为压应力，板芯层处于张应力，在玻璃厚度上应力分布类似抛物线。玻璃厚度的中央是抛物线的顶点，即张应力最大处；两侧接近玻璃两表面处是压应力；零应力面大约位于厚度的 1/3 处。通过分析钢化急冷的物理过程，可知钢化玻璃表面张力和内部的最大张应力在数值上有粗略的比例关系，即张应力是压应力的 1/3～1/2。国内厂家一般将钢化玻璃表面张力设定在 100MPa 左右，实际情况可能更高一些。钢化玻璃自身的张应力约为 32～46MPa，玻璃的抗张强度是 59～62MPa，只要硫化镍膨胀产生的张力在 30MPa，则足以引发自爆。若降低其表面应力，相应地会降低钢化玻璃本身自有的张应力，从而有助于减少自爆的发生。

　　美国标准 ASTM C1048 中规定钢化玻璃的表面应力范围为大于 69MPa；半钢化（热增强）玻璃为 24～52MPa。幕墙玻璃标准 GB 17841 则规定为半钢化应力范围 24MPa$<\delta\leqslant$69MPa。我国 GB 15763.2—2005《建筑用安全玻璃第 2 部分：钢化玻璃》要求其表面应力不应小于 90MPa。这比此前标准中规定的 95MPa 降低了 5MPa，有利于减少自爆。

　　(2) 保持应力均匀　钢化玻璃的应力不均，会明显增大自爆率，已经到了不容忽视的程度。应力不均引发的自爆有时表现得非常集中，特别是弯钢化玻璃的某具体批次的自爆率会达到令人震惊的严重程度，且可能连续发生自爆。其原因主要是局部应力不均和张力层在厚度方向的偏移，玻璃原片自身质量也有一定的影响。应力不均会大幅降低玻璃的强度，在一定程度上相当于提高了内部的张应力，从而自爆率提高了。如果能使钢化玻璃的应力均匀分布，则可有效降低自爆率。

　　(3) 采用优质浮法玻璃　玻璃中的硫化镍夹杂物是导致钢化玻璃自爆的本质原因，人们自然地想到是否有可能在浮法玻璃生产过程中减少或消除此杂质。从技术角度看，目前世界上最先进的玻璃缺陷自动检测仪也只能检测大于 0.2mm

的点缺陷，在浮法生产线上将有缺陷的玻璃全部挑出来几乎是不可能的。

实验表明，在浮法原料中添加硫酸锌或硝酸锌能有效地减少硫化镍结石的数量。硫酸锌或硝酸锌都是强氧化剂，能将玻璃中的硫化物氧化成硫酸盐，后者能被玻璃液吸收，从而减少或消除硫化镍结石。

3.4.4　表面缺陷

钢化玻璃是一种对平整度和表面质量要求很高的透明材料，在钢化工艺过程中经常出现麻点、白斑、划伤、微裂纹等缺陷。

（1）辊印与麻点

原因一：辊子上有黏附物。措施：轻微时通 SO_2，严重时停炉清辊。

原因二：玻璃加热时间过长。措施：缩短加热时间。

原因三：玻璃边部温度过高，边部缺陷集中。措施：缩小片间隙，交错装片，使各炉装载率相近。

原因四：玻璃中部压强过大，中部缺陷较多。措施：减小上下温差，尽量减小入炉后玻璃边部上翘。

（2）划伤

① 玻璃底部划伤一般具有周期性，测量划伤周期是否和石英辊或风栅石棉辊的周长相当然后判定划伤是在炉膛内还是在风栅内引起。根据划伤周期判断是炉膛内还是风栅内引起的划伤，检查炉膛和风栅内有无异物，有必要时洗炉。

② 炉膛保温材料掉粉、传送速度过高、石英辊表面有灰尘等。用表面干净的玻璃压炉、炉膛适当加入 SO_2、降低石英辊传送速度。

（3）彩虹　浮法玻璃成型时，着锡面渗入 SnO，钢化时被氧化成 SnO_2 体积膨胀，玻璃表面受压出现微细皱褶，使光线产生干涉色，从而形成彩虹。应合理选择优质原片，加热温度掌握下限，用细抛光粉进行抛光。

（4）透镜状斑痕　一般情况，透镜状斑痕（图 3-28）是由于玻璃在加热阶

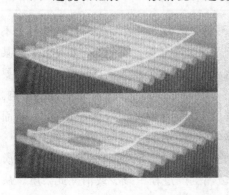

图 3-28　透镜状斑痕

段长期的弯曲所导致的,如果在玻璃中部出现一个透镜状斑痕,那么说明辊筒温度过高;如果玻璃表面出现两个透镜状斑痕,那么通常是由于顶部温度或者顶部对流压力过高引起的。但是对于较薄尺寸、较大面积的玻璃而言,透镜状斑痕缺陷可能是由于辊筒温度过高而引起的。

① 只有一个透镜状斑痕 如果玻璃表面只出现一个透镜状斑痕,这种缺陷通常是一种暂时性的缺陷,当钢化炉还没有达到正确的温度平衡时,这种缺陷只会在生产中断后的前几炉中出现。当过热的辊筒使玻璃下表面温度高于上表面温度时,玻璃下表面的热膨胀就会延伸,迫使玻璃的四周向上弯曲。由于重力的作用,只有玻璃的中间位置和辊筒接触,这样在两者的接触面上就会产生一个透镜状斑痕。

② 出现两个透镜状斑痕 当玻璃上表面的温度高于下表面温度时,玻璃上表面的膨胀量大于下表面,导致玻璃中间区域凸起、四周上翘,因此在玻璃中间和辊筒接触点产生透镜状斑痕。

(5) 带状白雾或灰斑 以白雾或灰斑形式出现的表面缺陷是由于辊筒表面的灰尘或者附着在玻璃下表面的微小杂质引起的。玻璃的弯曲会加剧这一现象的出现,如图 3-29 所示。

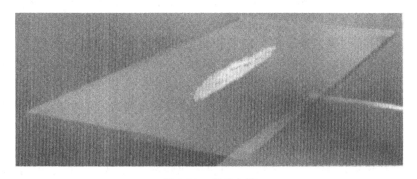

图 3-29 带状白雾

在加热阶段由于玻璃弯曲在表面造成的划伤也会引起白雾的产生。粗糙的辊筒表面更会加剧这一现象。由于辊筒温度过高和玻璃的变形,玻璃下表面的中间区域承受全部重量,在重力的作用下会导致玻璃中区和辊筒接触的位置产生磨损或划痕。

通过降低辊筒温度、使用二氧化硫等措施可以减轻或消除白雾现象;降低辊筒温度的措施是降低钢化炉下部温度设置或使炉内不间断的有玻璃。

3.4.5 应力斑缺陷

玻璃经过钢化处理后,由于钢化过程中加热和冷却的不均匀,在玻璃板面上会产生不同的应力分布。把钢化玻璃放在偏振光下，可以观察在玻璃板面上不同区域的颜色和明暗变化，这就是钢化玻璃的应力斑。在日光中就存在着一定成分的偏振光，偏振光的强度受天气和阳光的入射角影响。通过偏振光眼镜或以与玻璃的垂直方向成较大的角度去观察钢化玻璃，钢化玻璃的应力斑会更加明显。

（1）产生钢化玻璃应力斑的原因

① 炉温的整体均匀性差。炉温的整体均匀性好坏直接影响应力斑。因为如果炉内温度上热下凉，就会引起玻璃的弯曲；而如果炉内温度前高后低，可能会引起波筋或炸玻璃。这就是整体的炉温均匀性差，那么这种温度的不均匀必然会导致玻璃产生应力斑。

② 局部的均匀性。风眼的位置大小、角度、高度、深度、倒角等这一切都影响着应力斑，如堵上一个风眼，那这个位置的玻璃则会出现风斑；打孔的时候，大小不一样，也会出现应力斑；另外孔的内壁的光洁度也与吹风速度有着直接的关系，光洁与粗糙造成的结果差距是很大的，如果孔壁很粗糙，吹出来的风就会大大阻滞，影响是很大的；还包括孔的倒角不倒角，倒角多大都有影响。

③ 炉温的稳定性差。炉温出现忽高忽低，这就是稳定性。稳定性自然也会影响应力斑。温度高会出现波筋，温度低又会出现炸裂现象，所以温度的稳定性是至关重要的。

④ 吹风的整体均匀性。吹风的整体均匀性会影响平整度，也会影响到应力斑。如果吹风不均匀，与炉温不均匀道理相同。吹风不均匀，玻璃就会时而向上翘，时而儿向下翘，根本无法调，同时吹风的不均匀性必然也表现成应力斑。所以吹风的上下左右整体的均匀性是最基本，也是最重要的，它对玻璃的应力斑有很大影响。

（2）减少钢化玻璃的应力斑措施

① 保持炉温的整体均匀性。采用智能化矩阵式加热法，可以很好地控制温度。

② 保持局部的热均匀性。可以用一个很厚的耐热钢作为辐射板，来解决局部问题。

③ 保持炉温的稳定性。可以采用辐射板＋智能控制的方法。放置辐射板的目的就是让炉膛做到稳定，再加上控制就会更加稳定。

④ 保持吹风的整体均匀性和上下对称性。

3.4.6 碎片状态不合格缺陷

（1）产生原因

① 加热不均匀。钢化玻璃生产线的加热不均主要是由于加热系统故障造成

的。因为玻璃在加热炉中靠电炉丝加热，而电炉丝长时间使用会因氧化变细，可能造成接触不良或熔断，导致钢化炉炉体内局部加热功能丧失，从而导致玻璃板面温度不均匀。温度控制系统故障，每台钢化炉由多个温度控制区和与之相对应的温控器组成，如果温控器发生故障，会使炉体内局部温度失去控制，造成玻璃加热的不均匀。

② 冷却不均匀。冷却风栅局部堵塞或风栅有设计制造缺陷，造成吹风不均匀，导致玻璃板面冷却不均匀。

③ 加热冷却的工艺制度设定不合理。加热温度、时间和冷却风压及吹风时间应随玻璃厚度、颜色及环境温度的变化而适当调整。

④ 急于提高产量，装炉率高，使炉温下降过快，加热系统补热能力不足，造成玻璃板面温度低。

⑤ 原片玻璃质量不好。原片玻璃有气泡、结石等缺陷，会造成玻璃在钢化后缺陷附近应力不均匀，导致局部碎片偏大。

（2）解决方法

① 排除钢化炉内加热系统、温控器等故障，使玻璃均匀加热。

② 排除冷却风栅局部堵塞或风栅设计制造缺陷，使玻璃板面均匀冷却。

③ 合理设定加热冷却的工艺制度。

④ 按操作规程正确操作。

⑤ 选取优质玻璃原片。

3.4.7　抗冲击不合格缺陷

（1）产生原因

① 加热和冷却工艺制度不合理。设备的加热温度偏低，加热时间短或者冷却风压、风量不够，吹风时间短，使玻璃的钢化程度低，达不到应有的表面应力，玻璃的强度低。

② 在加热或冷却过程中，玻璃上下表面温度不同或冷却强度不一致，使上下表面形成的应力不一致，导致强度降低或玻璃板面弯曲。

③ 玻璃表面有划伤，特别是玻璃在钢化后表面被划伤，使玻璃的表面应力释放，强度降低。

④ 玻璃在钢化前，边部处理质量不好，玻璃的边部存在微裂纹，使玻璃在受到冲击后应力首先从边部释放，微裂纹扩展而破碎。

（2）解决方法

① 合理设置加热和冷却工艺制度。

② 在加热或冷却过程中，使玻璃上下表面温度控制一致。

③ 选取优质玻璃原片，前期处理过程中不要出现划伤。

3.5 物理钢化玻璃标准及检测

3.5.1 物理钢化玻璃标准

我国钢化玻璃标准首次发布于 1982 年，原名为 JC 293—82《平型钢化玻璃》，1986 年重新制定该标准，删除其中关于汽车、船舶用钢化玻璃的规定，定名为 GB/T 9963—1998《钢化玻璃》，并于 1998 年发布后实施。

我国现行的钢化玻璃标准是：GB 15763.2—2005《建筑用安全玻璃第 2 部分：钢化玻璃》。该标准代替了 GB/T 9963—1998《钢化玻璃》和 GB 17841—1999《幕墙用钢化玻璃和半钢化玻璃》中对幕墙用钢化玻璃的有关规定。新标准修改的主要内容是取消了原标准中的Ⅱ类钢化玻璃并重新分类，将霰弹袋的最大冲击高度 2300mm 改为 1200mm，经过这样的修改，这项试验就不仅仅是观察其碎片状态，而是用于判定玻璃安全性能的试验。另外，鉴于我国钢化水平的提高，将原 4mm 厚玻璃落球冲击破碎后称量最大碎片质量的方法改为用制品作试样，小锤冲击后检验碎片的方法；且去掉原标准中对抗弯强度和热稳定性的规定。

3.5.2 衡量钢化玻璃质量的指标

（1）尺寸及外观指标　尺寸及外观指标包括尺寸及其允许偏差、圆孔、厚度及其允许偏差和外观质量。

（2）安全性能指标　安全性能指标包括弯曲度、抗冲击性、碎片状态和霰弹袋冲击性能。

（3）钢化性能指标　钢化性能指标包括表面应力和耐热冲击性能。

3.5.3 尺寸、外观指标及检测

（1）尺寸要求及测量方法　对于长方形平面钢化玻璃来说，其尺寸包括边长和对角线两部分，边长允许偏差和对角线允许偏差分别见表 3-19、表 3-20。对于其他形状的钢化玻璃的尺寸及其允许偏差由供需双方商定；边部加工形状及质量由供需双方商定。

表 3-19　边长允许偏差　　　　　　　单位：mm

玻璃厚度	边长(L)允许偏差			
	L≤1000	1000<L≤2000	2000<L≤3000	L>3000
3,4,5,6	+1 -2	±3	±4	±5
8,10,12	+2 -3			
15	±4	±4		
19	±5	±5	±6	±7
>19	供需双方商定			

表 3-20　对角线长度偏差允许值　　　　单位：mm

玻璃厚度	对角线长度允许偏差		
	边长≤2000	2000<边长≤3000	边长>3000
3,4,5,6	±3.0	±4.0	±5.0
8,10,12	±4.0	±5.0	±6.0
15,19	±5.0	±6.0	±7.0
>19	供需双方商定		

（2）圆孔加工要求　圆孔加工只适用于公称厚度不小于 4mm 的钢化玻璃。圆孔的边部加工质量由供需双方商定。

① 孔径　孔径一般不小于玻璃的公称厚度，孔径的允许偏差应符合表 3-21 的规定小于玻璃的公称厚度的孔的孔径允许偏差由供需双方商定。

表 3-21　孔径及其允许偏差　　　　单位：mm

公称孔径（D）	允许偏差
4≤D≤50	±1.0
50<D≤100	±2.0
D>100	供需双方商定

② 孔的位置

a. 孔的边部距玻璃边部的距离 a 不应小于玻璃公称厚度的 2 倍，如图 3-30 所示。

图 3-30　孔的边部距玻璃　　　　　图 3-31　两孔孔边之间
边部的距离示意　　　　　　　的距离示意

b. 两孔孔边之间的距离 b 不应小于玻璃公称厚度的 2 倍，如图 3-31 所示。

c. 孔的边部距玻璃角部的距离 c 不应小于玻璃公称厚度 d 的 6 倍，如图 3-32 所示。如果孔的边部距玻璃角部的距离小于 35mm，那么这个孔不应处在相对于角部对称的位置上。具体位置由供需双方商定。

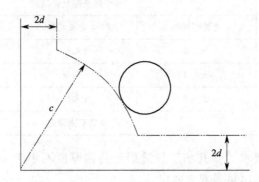

图 3-32　孔的边部距玻璃角部的距离示意

　　d. 圆心位置表示方法及其允许偏差　如图3-33所示建立坐标系，用圆心的位置坐标 (x, y) 表达圆孔圆心的位置。

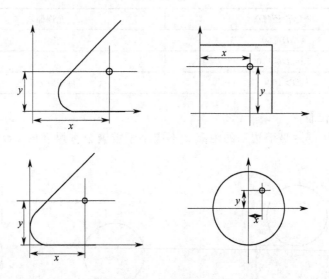

图 3-33　圆心位置表示方法

　　圆孔圆心位置 (x, y) 的允许偏差与玻璃的边长允许偏差相同（表 3-19）。

　　（3）厚度要求及测量方法　钢化玻璃的厚度的允许偏差应符合表 3-22 的规定，对于表 3-22 未作规定玻璃，其厚度允许偏差可采用表 3-22 中与其邻近的较薄厚度的玻璃的规定，或由供需双方商定。

　　使用外径千分尺或与此同等精度的器具，在距玻璃板边 15mm 内的四边中点测量，测量结果的算术平均值即为厚度值。并以毫米（mm）为单位保留小数点后两位。

表 3-22　厚度及其允许偏差　　　　　　　　　　　单位：mm

玻 璃 厚 度	厚度允许偏差	玻 璃 厚 度	厚度允许偏差
3,4,5,6	±0.2	15	±0.6
8,10	±0.3	19	±1.0
12	±0.4	>19	供需双方商定

（4）外观质量要求及检测方法

① 外观质量要求　钢化玻璃的外观质量应满足表 3-23 的规定要求。

表 3-23　外观质量要求

缺陷名称	说　　明	允许缺陷数
爆边	每片玻璃每米边长上允许有长度不超过 10mm,自玻璃边部向玻璃板表面延伸深度不超过 2mm,自板面向玻璃厚度延伸深度不超过厚度 1/3 的爆边个数。	1 个
划伤	宽度在 0.1mm 以下的轻微划伤,每平方米面积内允许存在条数。	长≤100mm 4 条
	宽度大于 0.1mm 的划伤,每平方米面积内允许存在条数。	宽 0.1～1mm 长≤100mm 4 条
夹钳印	夹钳印与玻璃边缘的距离≤20mm,边部变形量≤2mm(图 3-34)	
裂纹、缺角	不允许存在	

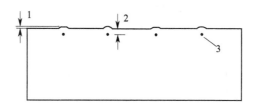

图 3-34　夹钳印示意

1—边部变形；2—夹钳印与玻璃边缘的距离；3—夹钳印

② 外观质量检测　用最小刻度为 1mm 的钢卷尺进行测量。即取样品放到切桌上,用钢直尺测定爆边、夹钳印最大部位与板边之间的距离,如图 3-35 所示。

3.5.4　安全性能指标及检测

（1）弯曲度要求及检测

① 弯曲度要求　对于平面钢化玻璃的弯曲度,弓形时应不超过 0.3%,波形时应不超过 0.2%。

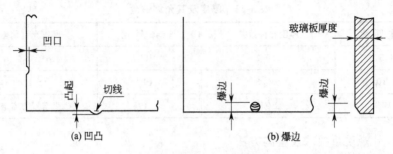

图 3-35 爆边、夹钳印

② 弯曲度检测方法 将试样在室温下放置 4h 以上,测量时把试样垂直立放,并在其长边下方的 1/4 处垫上 2 块垫块。用一直尺或金属线水平紧贴制品的两边或对角线方向,用塞尺测量直线边与玻璃之间的间隙,并以弧的高度与弦的长度之比的百分率来表示弓形时的弯曲度。进行局部波形测量时,用一直尺或金属线沿平行玻璃边缘 25mm 方向进行测量,测量长度 300mm。用塞尺测得波谷或波峰的高,并除以 300mm 后的百分率表示波形的弯曲度,如图 3-36 所示。

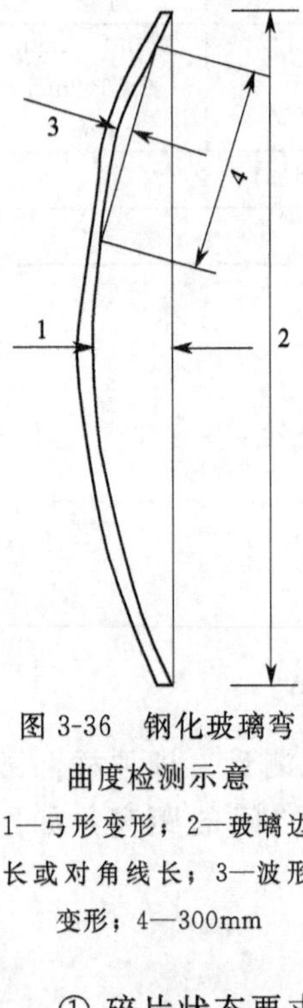

(2) 抗冲击性要求及检测

① 抗冲击性要求 取 6 块钢化玻璃进行试验,试样破坏数不超过 1 块为合格,多于或等于 3 块为不合格。

破坏数为 2 块时,再另取 6 块进行试验,试样必须全部不被破坏为合格。

② 抗冲击性检测 试样是与被检测制品同厚度,且与制品在同一工艺条件下制造的尺寸为 600mm＋50mm×610mm＋50mm 的平面钢化玻璃。使冲击面保持水平,在试验装置上进行测试。试验曲面钢化玻璃时,需要使用相应的辅助框架支承。

使用直径为 63.5mm(质量约 1040g)表面光滑的钢球放在距离试样表面 1000mm 的高度,使其自由落下。冲击点应在距试样中心 25mm 的范围内。对每块试样的冲击仅限 1 次,以观察其是否破坏。试验在常温下进行。

图 3-36 钢化玻璃弯曲度检测示意
1—弓形变形;2—玻璃边长或对角线长;3—波形变形;4—300mm

(3) 碎片状态要求及检测

① 碎片状态要求 取 4 块玻璃试样进行试验,每块试样在任何 50mm×50mm 区域内的最少碎片数必须满足表 3-24 的要求。且允许有少量长条形碎片,其长度不超过 75mm。

表 3-24　碎片状态要求

玻 璃 品 种	公称厚度/mm	最少碎片数/片
平面钢化玻璃	3	30
	4-12	40
	≥15	30
曲面钢化玻璃	≥4	30

② 碎片状态检测

a. 将钢化玻璃试样自由平放在试验台上，并用透明胶带纸或其他方式约束玻璃周边，以防止玻璃碎片溅开。

b. 在试样的最长边中心线上距离周边 20mm 左右的位置，用尖端曲率半径为 (0.2±0.05) mm 的小锤或冲头进行冲击，使试样破碎。

c. 保留碎片图案的措施应在冲击后 10s 后开始，并且在冲击后 3min 内结束。

d. 碎片计数时，应除去距离冲击点半径 80mm 以及距玻璃边缘或钻孔边缘 25mm 范围内的部分。从图案中选择碎片最大的部分，在这部分中用 50mm×50mm 的计数框计算框内的碎片数，每个碎片内不能有贯穿的裂纹存在，横跨计数框边缘的碎片按 1/2 个碎片计算。

(4) 霰弹袋冲击性能要求及检测

① 霰弹袋冲击性能要求　取 4 块平形钢化玻璃试样进行试验，必须符合下列两条中任意一条的规定。

a. 玻璃破碎时，每试样的最大 10 块碎片质量的总和不得超过相当于试样 65m² 面积的质量。

b. 散弹袋下落高度为 1200mm 时，试样不破坏。

② 霰弹袋冲击性能检测　试样是与被检测制品相同厚度、且与制品在同一工艺条件下制造的尺寸为 (1930+50)mm×(864+50) mm 的长方形平面钢化玻璃。在试验装置上进行测试，试验过程如下。

a. 用直径 3mm 的挠性钢丝绳把冲击体吊起，使冲击体横截面最大直径部分的外周距离试样表面小于 13mm，距离试样的中心在 50mm 以内。

b. 使冲击体最大直径的中心位置保持在 300mm 的下落高度，自由摆动落下，冲击试样中心点附近 1 次。若试样没有破坏，升高至 750mm，在同一试样的中心点附近再冲击 1 次。

c. 试样仍未破坏时，再升高至 1200mm 的高度，在同一块试样中心点附近冲击一次。

d. 下落高度为 300mm、750mm 或 1200mm 试样破坏时，在破坏后 5min 之内，从玻璃碎片中选出最大的 10 块，称其质量。并测量保留在框内最长的无贯穿裂纹的玻璃碎片的长度。

3.5.5　钢化性能指标及检测

（1）表面应力要求及检测

① 表面应力要求　钢化玻璃的表面应力不应小于 90MPa。以制品为试样，取 3 块试样进行试验，当全部符合规定为合格，2 块试样不符合则为不合格，当 2 块试样符合时，再追加 3 块试样，如果 3 块全部符合规定则为合格。

② 表面应力检测　钢化玻璃表面应力可利用玻璃表面应力仪进行测量。如 SM-100 应力仪，由一个视域为 $\phi200mm$ 的偏振光源灯箱、一个直径为 $\phi95mm$ 检偏器、一根不锈钢竖杆组成。检偏器上有角度刻度，每度相当于 3.14nm 光程差。检偏器与灯箱之间放置被测玻璃样品。检偏器与光源之间的距离是可调的，最大可达 500nm。测量时只需将被检测玻璃平放在仪器上，观察应力条纹，顺时针转动检偏器，直到板芯出现棕色，此时检偏器转角即为板芯应力量值。板芯应力一般总是张应力，其数值等于玻璃表面压应力的 1/2。

（2）耐热冲击性能要求及检测

① 耐热冲击性能要求　钢化玻璃应可以耐 200℃温差而不被破坏。取 4 块试样进行试验，当 4 块试样全部符合规定时认为该项性能合格。当有 2 块以上不符合时，则认为不合格。当有 1 块不符合时，重新追加 1 块试样，如果它符合规定，则认为该项性能合格。当有 2 块不符合时，则重新追加 4 块试样，全部符合规定时则为合格。

② 耐热冲击性能检测　将 300mm×300mm 的钢化玻璃试样置于（200±2）℃的烘箱中，保温 4h 以上，取出后立即将试样垂直浸入 0℃的冰水混合物中，应保证试样高度的 1/3 以上能浸入水中，5min 后观察玻璃是否破坏。

玻璃表面和边部的鱼鳞状剥离不应视作破坏。

第4章

玻璃化学钢化技术

4.1 化学钢化玻璃定义与分类

4.1.1 化学钢化玻璃定义

化学钢化玻璃是指通过离子交换，玻璃表层碱金属离子被熔盐中的其他碱金属离子置换，使机械强度提高的玻璃。

4.1.2 化学钢化玻璃分类

（1）按用途分类　可分为建筑用化学钢化玻璃，建筑物或室内做隔断使用的化学钢化玻璃，标记为 CSB；建筑以外用化学钢化玻璃，仪表、光学仪器、复印机、家电面板等用化学钢化玻璃，标记为 CSOB。

（2）按表面应力值分类　可分为Ⅰ类、Ⅱ类、Ⅲ类，见表 4-1。

表 4-1　化学钢化玻璃表面应力

分　类	表面应力 p/MPa
Ⅰ类	$300 < p \leqslant 400$
Ⅱ类	$400 < p \leqslant 600$
Ⅲ类	$p > 600$

（3）按压应力层厚度分类　可分为 A 类、B 类、C 类，见表 4-2。

表 4-2　化学钢化玻璃压应力层厚度

分　类	表面压应力层厚度 d/μm
A 类	$12 < d \leqslant 25$
B 类	$25 < d \leqslant 50$
C 类	$d > 50$

（4）按生产工艺分类　可分为表面脱碱、高膨胀玻璃表面涂覆低膨胀玻璃、

碱金属离子交换等方法，其中碱金属离子交换有可分为高温型离子交换和低温型离子交换两类。目前，碱金属离子交换法是化学钢化玻璃的主要生产工艺。

4.1.3　化学钢化玻璃的性能特点

① 化学钢化玻璃是经过离子交换过程达到的增强玻璃。离子交换过程可以有效地提高玻璃的机械强度，尤其适用于增强超薄、尺寸较小或形状复杂的玻璃制品。玻璃经离子交换处理后不会产生面向的光学变形。其中抗弯强度为 $200\sim350MPa$，3mm 化学钢化玻璃的抗冲击强度为 $3.5\sim4.0m$（227g 钢球），约为物理钢化的 3 倍。

② 虽然化学钢化玻璃表面压应力非常高，但与之相平衡的中间张应力很小，因此化学钢化玻璃不存在自爆现象。表面压应力层厚度一般为 $10\sim200\mu m$，压应力为 $300\sim500MPa$，比物理钢化压应力 100MPa 高 $3\sim5$ 倍。

③ 化学钢化玻璃必须保持一定的交换层深度，交换层深度会随着交换时间的延长而增加，但表面压应力会随着交换时间的延长达到最大值，而后逐渐降低。

④ 由单片普通退火玻璃经离子交换制成的化学钢化玻璃不是安全玻璃，其破碎后的碎片状态类似于普通退火玻璃破碎后的状态。当其用于涉及人身安全的场所时，需要进一步进行加工，如制成夹层玻璃等。

⑤ 化学钢化玻璃可以切割，但新切边会引起强度降低。因此需求在化学钢化前完成所需的前处理加工过程。

⑥ 离子交换过程改变了玻璃表面性质，因此，化学钢化玻璃的后续加工过程（如夹层或镀膜）工艺与加工非化学钢化玻璃相比会有所不同。

化学钢化玻璃应力分布如图 4-1 所示。

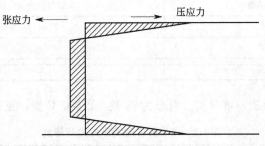

图 4-1　化学钢化玻璃应力分布

4.2　化学钢化原理

4.2.1　玻璃表面离子交换机理

玻璃表面离子交换机理主要体现在离子交换的微观结构、交换动力学、热力学三个方面。

（1）离子交换的微观结构　玻璃表面结构，以 Weyl 的"亚表面"假说最能反映玻璃的表面特性。Weyl 认为，玻璃的"亚表面"非常薄，且完全没有对称性，即其中的全部离子都处于不完全配位、具有缺陷结构的状态，其厚度约相当于胶体离子的大小。如图 4-2 所示为玻璃亚表面结构模型。

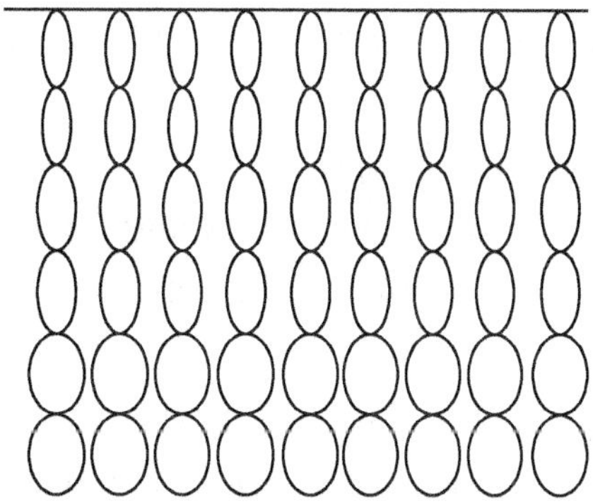

图 4-2 中圆圈代表普通的对称性原子，越靠近表面，熵的变化越大，圆就渐渐变形而成为对称性的椭圆。在亚表层里，由于原子的大小不同，存在着无数的原子间隙，因而：

① 玻璃表面易与 O_2、SO_2、H_2O 及 HCl 等反应；

② 表面强度低，易产生表面微裂纹；

③ 表面易进行离子交换；

图 4-2　玻璃亚表面结构模型

④ 表面的玻璃态 SiO_2。可以被水解，使 Si—O 断裂；

⑤ 表面容易析晶；

⑥ 表面层产生流变作用，使高温下产生的应变不致残留到低温状态。

Weyl 的假说，指明了玻璃表面以下的结构，而玻璃表面自玻璃成形开始，便与大气或一定的气体环境相接触，由于新鲜玻璃表面的不饱和 Si 键的存在，玻璃表面吸附了气体中的水汽，从而形成 3 种类型的羟基团。两种结构结合在一起，便是完整的玻璃表面。

（2）离子交换的动力学　离子的扩散现象由裴克·能斯特、爱因斯坦等作了详尽的研究，并提出了 FICK 扩散第一定律、第二定律和能斯特-爱因斯坦方程。

FICK 第一定律的表达式为：

$$J = -D \frac{\partial C}{\partial X} \tag{4-1}$$

式中　D——某一离子在玻璃中的扩散系数；

　　　J——单位时间内离子通过单位面积的物质的量；

　　$\frac{\partial C}{\partial X}$——沿扩散方向上离子浓度的变化。

该定律表明，通过垂直于扩散方向某平面的扩散物质通量，与浓度成正比。它所描述的是稳定扩散，扩散物质不随时间而变化。

FICK 第二定律的表达式为：

$$\frac{\partial C}{\partial t} = \frac{\partial}{\partial X}\left(D\,\frac{\partial C}{\partial X}\right) \tag{4-2}$$

该式是对不稳定扩散的描述，即扩散物质的浓度随时间而变化，扩散物质的通量随位置而变化。

根据 FICK 第二定律，并结合玻璃的单位表面向内扩散的边界条件，可得出两个重要的经验公式，见式(4-3) 和式(4-4)：

$$D = D_0\,e^{-\frac{Q}{RT}} \tag{4-3}$$

式中　D_0——常数；

　　　Q——离子扩散激和能；

　　　T——离子扩散温度。

$$X \approx \sqrt{DT} \tag{4-4}$$

　　　X——近似的扩散距离。

式(4-3) 表明，决定离子扩散系数的主要因素是激和能 Q 和温度 T，其中激活能是受到扩散物质、扩散介质以及杂质温度等的影响。式(4-4) 则表明了某离子扩散入玻璃的深度与离子交换时间的平方根成正比。

(3) 离子交换的热力学　从热力学看，离子交换是离子在固液相间处于定值的分布。

其热力学平衡常数为：

$$K = \frac{a(盐)b(盐)}{a(玻璃)b(盐)} \tag{4-5}$$

式中　a，b——A^+ 和 B^+ 的活度。

根据化学反应热力学的观点，降低反应生成物 Na^+ 的浓度，将有利于反应向 K^+ 进入玻璃体方向进行。玻璃的化学强化过程，从根本上是受控于离子的扩散，但要使化学强化技术在实际中得到应用，就必须通过技术措施，改善扩散的进度。这可以从三方面入手：一是选择恰当的有利于离子交换的玻璃成分；二是通过改变玻璃表面结构，有利于离子交换；三是通过改变离子交换过程中的熔盐反应产物，促使离子交换向设想的方向进行。

4.2.2　化学钢化原理

通过上述理论分析不难看出，玻璃是非晶态固体物质，一般硅酸盐玻璃是由 Si—O 键形成的网络和进入网络中的碱金属、碱土金属等离子构成。此网络是由含氧离子的多面体（三面体或四面体）构成的，其中心被 Si^{4+}、Al^{3+} 或 P^{5+} 所占据。其中碱金属离子较活泼，很易从玻璃内部析出。离子交换法就是基于碱金属离子自然扩散和相互扩散，以改变玻璃表面层的成分，从而形成表面压应力层。

　　将玻璃浸入熔融的盐液内，玻璃与盐液便发生离子交换，玻璃表面附近的某些碱金属离子通过扩散而进散而进入熔盐内，它们的空位由熔盐的碱金属离子占据，结果改变了玻璃表面层的化学成分，降低了它的热膨胀系数，从而形成10～200μm的表面压应力层。由于玻璃存在这种表面压应力层，当外力作用于此表面时，首先必须抵消这部分压应力，这样就提高了玻璃的机械强度；由于降低了玻璃的热膨胀系数，从而提高了其热稳定性，这些就是化学钢化玻璃得以提高机械强度和热稳定性的原因。

4.3　化学钢化工艺

4.3.1　高温离子交换工艺

　　在玻璃的软化点与转变点之间的温度区域内，通过玻璃与熔盐间的离子交换，在玻璃表面形成膨胀系数比玻璃基体小的薄层。当冷却时，因表面层与基体收缩不一致而玻璃表面形成压应力层。应力的大小可以通过式(4-6)计算。

$$\sigma_s = E(1-\nu)^{-1}(\alpha_1 - \alpha_2)\Delta T \qquad (4-6)$$

式中　σ_s——表面应力，MPa；

　　　E——玻璃弹性模量，GPa；

　　　ν——泊松比；

　α_1，α_2——内外层玻璃的膨胀系数，1/℃；

　　ΔT——温度差，℃。

　　高温离子交换法是以半径小的碱金属离子置换玻璃中半径大的碱金属离子。具体的方法是：将 $Na_2O\text{-}Al_2O_3\text{-}SiO_2$ 系玻璃置于含锂离子的高温熔盐中，使玻璃表面的 Na^+ 或与比它们半径小的 Li^+ 交换，然后冷却至室温。由于含 Li^+ 的表层与含 Na^+ 或 Li^+ 的内层膨胀系数不同，表面产生残余压应力而强化。同时，玻璃中若含有 Al_2O_3、TiO_2 等成分时，通过离子交换，在表面层形成线膨胀系数很小的 β-锂霞石（$LiO \cdot Al_2O_3 \cdot 2SiO_2$）或 β-锂辉石（$LiO \cdot Al_2O_3 \cdot 4SiO_2$）结晶表层，由于表层与玻璃基体膨胀系数不同，基体冷却收缩，表面层阻止其收缩，表面层受到压应力，从而使玻璃得到，强度可高达 700MPa。

　　例如，将含 57%～66%（质量分数，下同）SiO_2、13.5%～23% Al_2O_3、38%～11% Na_2O、10%～1% Li_2O 的玻璃，在 600～750℃下浸在 Li^+、Na^+、Ag^+ 的熔盐中，玻璃中的 Na^+ 被 Ag^+ 或 Li^+ 置换，产生双层交换层，即外侧是 β-锂霞石，内侧是偏硅酸锂结晶化玻璃层，能极大的增高强度。

　　除了特殊的产品，一般产品不用高温法生产，因为处理过程温度高，能耗大，另外所需材料是碱金属中最贵的，使得生产成本增加。

4.3.2 低温离子交换工艺

低温离子交换工艺是在不高于玻璃转变点的温度区域内，将玻璃浸入含有比玻璃中碱金属离子半径大的金属离子熔盐中，玻璃与熔盐间发生离子交换。大离子置换小离子（如 K^+ 置换玻璃中的 Na^+，K^+ 半径为 0.133nm，Na^+ 半径为 0.099nm），交换离子间的体积差，在玻璃表面层造成"挤塞"效应，形成表面压应力层，使玻璃强度得到提高。图 4-3 所示为 K^+、Na^+ 交换情况。虽然比高温型交换速度慢，但由于低温型离子交换制造成本较低，加工过程中玻璃不变形而具有实用价值。

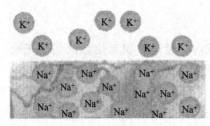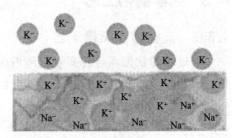

(a) 离子交换前   (b) 离子交换后

图 4-3 K^+、Na^+ 交换示意

具体的方法是将 $Na_2O\text{-}Al_2O_3\text{-}SiO_2$ 系玻璃放入熔融硝酸钾（KNO_3）槽内，在玻璃表层放生硝酸钾盐中的 K^+ 置换玻璃中的 Na^+ 过程，由于离子交换是在低于应变点的温度中进行，玻璃没有出现粘黏流动，因为 K^+、Na^+ 的半径大小不同（K^+ 半径为 0.133nm，Na^+ 半径为 0.099nm）离子半径大的 K^+ 占据离子半径小的 Na^+ 腾出的空位，因而产生表层"挤塞"现象，导致表面层产生较大的压应力，从而强化了玻璃。

化学钢化玻璃表面层的压应力大小可以通过式(4-7)计算。

$$\sigma_s = \frac{1}{3} \times \frac{E}{1-\nu} \times \frac{\Delta V}{V} \tag{4-7}$$

式中　σ_s——表面应力，MPa；

E——玻璃弹性模量，GPa；

ν——泊松比；

V——离子交换前玻璃的体积，m^3；

ΔV——离子交换产生的体积差，m^3。

依照理论计算，工业用 $Na_2O\text{-}CaO\text{-}SiO_2$ 玻璃，一般含有约 15%（摩尔分数）的 Na_2O，密度约为 $2.5g/cm^3$，这样计算出 $1cm^3$ 玻璃中含有约 7×10^{21} 个 Na^+。若这些 Na^+ 全部被 K^+ 置换，将会产生约 4.5% 的体积变化量，从而计

算出玻璃表面因离子交换所产生的压应力约为 900MPa，但这个计算值在生产实际中很难达到。Burggreaf 曾证明了离子交换得到的玻璃较用常规熔融步骤获得的同样成分的玻璃密度大得多，而体积变化小于预期值，因而，观测到的应力也低于计算值。另外，离子在交换过程中也存在应力弛豫现象。除此之外，具备商业价值的离子交换渗入层的厚度一般在 $20 \sim 30 \mu m$ 之间，如果有深度穿过渗入层的微裂纹存在，那么离子交换产生的压应力和与之平衡的张应力将同时作用于微裂纹，而且，微裂纹的尖端恰好处于张应压力区，同样影响到强度的提高。

（1）低温离子交换法工艺流程　如图 4-4 所示。

图 4-4　低温离子交换法工艺流程

（2）生产工艺配方和参数

① 熔盐材料

主要材料：KNO_3（化学纯级）85％～98％（质量比）。

辅助添加剂：Al_2O_3 粉、硅酸钾、硅藻土、其他 2％～15％（质量比）。

② 盐浴池熔盐温度　一般的温度设定为 380～500℃。

③ 交换时间　根据产品增强需要和处理温度而定，一般不会因为玻璃厚度增加而延长交换时间。

④ 设计炉温

低温预热炉：200～300℃。

高温预热炉：350～400℃。

离子熔盐槽：410～500℃。

高温冷却炉：350～450℃。

中温冷却炉：200～300℃。

低温冷却炉：150～200℃。

⑤ 盐浴池材料选择　熔盐的组成决定了其具有较强的腐蚀性。为了保持熔盐的活性长久和生产的安全，盐浴池材料的高温耐蚀性要好。一般地，多数熔盐都可以盛在不锈钢或高硅氧类玻璃盐浴池内。含氯离子的熔盐由于对不锈钢存在侵蚀作用，最好盛在高硅氧类玻璃盐浴池内。在实际生产中，为了防止意外事故发生，上述盐浴池必须放在一个更大的、周围充填细沙的耐热金属池内（温度可以控制在±1℃）。

4.3.3　影响化学钢化质量的因素

4.3.3.1　玻璃成分

玻璃的化学钢化是根据离子扩张机理，使玻璃表面形成压应力的一种处理工艺。压应力值与交换离子的体积变化有关。从离子交换的使用观点来看，能够在较短的时间内获得满足强度要求的离子交换厚度是最重要的，一般是用交换速度快，应力松弛小的玻璃组成。

(1) Al_2O_3 对化学钢化的影响　曾有许多学者进行过研究，研究得最多的为硅酸盐玻璃，其主要成分系统及各成分在离子交换中的作用如下：

① SiO_2-RO-R_2O；

② SiO_2-Al_2O_3-R_2O；

③ SiO_2-Al_2O_3-RO(MgO、CaO、SrO、ZnO、BaO、PbO)-R_2O；

④ SiO_2-Al_2O_3-B_2O_3-RO-R_2O；

⑤ SiO_2-Al_2O_3-RO-R_2O(ZrO_2、TiO_2、CeO_2)-R_2O。

在②至⑤系统的成分中，SiO_2 含量在 50％ 以下时，玻璃的化学稳定性差，含量在 65％ 以上时，生产玻璃时原料难以熔化。SiO_2 含量以在 60％～65％ 之间为适合。在硅酸盐玻璃中增加 Al_2O_3、ZrO_2、P_2O_5、ZnO 等氧化物的含量，有利于化学钢化增强效果。

Al_2O_3 在离子交换中起加速作用，其原因在于 Al_2O_3 取代 SiO_2 时，体积增大。用 Al_2O_3 取代 SiO_2，结构网络空隙扩大，看利于碱离子扩散；另外，体积增大，也有利于吸收大体积的 K^+，促进离子交换，Al_2O_3 的合适用量为 1％～17％。含量小于 1％ 时，玻璃的化学稳定性差，含量大于 17％ 时，生产玻璃时原料难熔。

若增加 RO 减少 SiO_2，对离子交换有不良影响。这是由于 R^+ 与非桥氧相互作用较与桥氧离子作用更为强烈；用少量 RO 取代 SiO_2，将导致扩散速度降低，直径愈小的 R^{2+} 对氧的极化愈强烈，其结合也较牢固，使 R^+—OR^{2+} 中的 R^+—O 键反而变弱，所以碱离子在含小半径 R^{2+} 的玻璃中，其扩散系数比在含大直径 R^+ 玻璃中有所增加。用 R^+ 取代 SiO_2 还会产生堵塞碱离子通道。所以玻璃中含小离子的二价金属氧化物对碱离子的扩散影响较小，ZnO、MgO 比 CaO、SrO、BaO、PbO 为好。ZnO 加入以后，玻璃增强效果好，而且可改善作业性能，并可防止玻璃失透。

B_2O_3 与 Al_2O_3 并用，强化层厚度增加，强度提高。硼硅酸盐玻璃进行离子交换后，强化层厚 20～40μm，抗弯强度达 500～600MPa，比处理前提高 10～20 倍。

ZrO_2 与 Al_2O_3 并用，强化效果比较好。但 ZrO_2 含量大于 10％ 以上时熔化困难，成形温度高，一般宜在 10％以下。含 TiO_2 成分的玻璃离子交换后，强度显著增加，如含 TiO_2 25.2％的玻璃，离子交换后抗弯强度可达 710MPa。

（2）碱金属氧化物对化学钢化的影响　碱金属氧化物含量对离子交换有很大的影响。Na_2O 含量在 10％以下时，交换效果不好。Na_2O 含量增加，交换层厚度相应增加，但 Na_2O 含量达到 15％以上时，化学稳定性下降。Na_2O 与 Li_2O 并用，离子交换的效果较好，但 Li_2O 在 2 % 以下时，增强的效果差。

在含有 Na_2O 和 K_2O 的玻璃中，存在两种大小离子互相匹配的位置，许多学者研究发现，在离子交换过程中，玻璃基体中碱离子的扩散，是经过离子之间的跃迁而完成的。在上述玻璃中，K^+（熔融盐液中的 K^+ 和玻璃中的 K^+）有以下 4 种跃迁方式。

① 从 K^+ 位置到邻近的 Na^+ 的空位。

② 从 K^+ 位置到邻近的 K^+ 的空位。

③ 从 Na^+ 位置到邻近的 Na^+ 的空位。

④ 从 Na^+ 位置到邻近的 K^+ 的空位。

从以上四种形式可以分析出，在①种情况下所产生的压应力是由于"挤塞"现象所产生的。这是因为 K^+ 比 Na^+ 半径大。在②种情况下离子之间的跳跃不产生应力。③种情况也没有应力发生。④种情况，有一个从"挤塞"状态的应力释放过程，与①种情况恰好相反。因为 Na^+ 在玻璃中迁移率较 K^+ 高很多。因此，在离子交换过程中，熔融盐液中的 K^+ 跳跃进入玻璃中 Na^+ 的空位，然后以①种情况跳跃到邻近 Na^+ 的空位。这种离子交换的数量越多，进入表面层的深度越深。所得成品的表面压应力值越大，压应力层的厚度也越大。

K^+ 由熔融盐液介质中扩散到玻璃内部 Na^+ 位置需要消耗能量，即 K^+ 挤入到 Na^+ 位置所需要的能量，也可以说是扩大 Na^+ 空穴半径来适应 K^+ 半径所需要的能量。此种能量，是有熔融盐液被加热后获得的热能转换而成。假定玻璃中 Na^+ 位置和 K^+ 位置间的静点作用是相等的，那在含有 Na^+ 和 K^+ 的玻璃中，K^+ 经多次扩散后活化能逐渐减少，最后，K^+ 在进入至玻璃表面层一定深度后停留在 Na^+ 的位置上，不再跳跃，这也就是离子交换过程的结束。

通过合适的工艺条件，几乎对含碱（Na_2O、Li_2O）玻璃，都可用 K^+ 交换，取得一定增强效果。其中以 $Na_2O\text{-}CaO\text{-}SiO_2$ 及 $Na_2O\text{-}Al_3O_2\text{-}SiO_2$ 玻璃为基体的化学钢化玻璃使用最为广泛。

4.3.3.2　熔盐分成

熔盐主要由 KNO_3 和其他为辅助添加剂组成，其中起置换作用的是 KNO_3。

第一，在生产过程中熔盐中积累的从玻璃内部扩散出的离子将逐渐增加，在熔盐（液相）与玻璃表面的需要置换的另一种离子将会减少，玻璃表面待置换的离子浓度降低后，交换的推动力随之减弱，交换效率减低，而在交换时间和交换温度不改变的情况下进行交换，玻璃表面的离子浓度会降低，会使玻璃的增强效果下降。因此，需要不断补充新盐，从而降低 Na^+ 在熔盐中的浓度。

第二，在熔盐中存在离子半径小于玻璃中含有的离子半径的其他类离子时，对玻璃强度的影响会更大。因为这是一种逆向交换，会存在用小半径的离子置换了玻璃表面大半径的离子的可能性，使玻璃表面出现"疏松"，从而对玻璃强度产生极大的危害。表 4-3 列出了熔盐中微量杂质对化学钢化玻璃抗弯强度的影响。

表 4-3　熔盐中微量杂质对化学钢化玻璃抗弯强度的影响

熔盐组成	处理条件		抗弯强度/MPa
	温度/℃	时间/h	
纯 KNO_3	450	2	236
		4	269
$KNO_3 + 0.137\% Na^+$	450	2	214
		4	261
$KNO_3 + 0.137\% Ca^{2+}$	450	2	118
		4	119
$KNO_3 + 0.137\% Mg^{2+}$	450	2	195
		4	253

由表 4-3 可以看出，熔盐中掺有少量的 Na^+ 对交换后的玻璃强度影响不大，而微量的 Ca^{2+} 和 Mg^{2+} 使交换后的玻璃强度显著下降。为了消除杂质离子的影响，在 KNO_3 中加入 2% 左右的 K_2CO_3，使杂质离子形成碳酸盐沉淀，能有效增强钢化强度。

第三，添加剂包括加速剂和保护剂两种。加速剂是加速离子交换，改善表面质量，如 KOH、K_2CO_3、KF、K_3PO_4、K_2SiO_3、$K_2Cr_2O_7$、K_2SO_4、KCl、KBF_4 等。加入加速剂后离子交换可缩短为 25min。熔盐加入加速剂后，对平板玻璃抗弯曲强度的影响见表 4-4。

表 4-4　加速剂对化学钢化效果的影响

性能	KNO_3 熔盐	$KNO_3 + KOH$(微量)熔盐
交换温度/℃	490	490
交换时间/min	180	25
应力层厚度/μm	40.6	50
抗弯曲强度/MPa	199.5	300.2

4.3.3.3　离子交换时间

在一定温度下，达到强度最大值存在一个最佳时间的问题，玻璃在开始进行离子交换时，表层离子浓度和扩散深度的增加随时间的增加而增加，这时因为玻璃表面与熔盐的界面上的液相（熔盐）和固相（玻璃）的浓度差比较大，传质推动力大，扩散容易进行，而随时间的推移，这种传质速度将随着大半径离子在玻璃表面的聚集而下降，但恒温下应力松弛的速度基本是恒定不变的，当扩散离子产生的应力值小于应力松弛而散耗的应力时，对玻璃增强将产生负面影响。

由表 4-5 可以看出，当温度升高到 430℃时，5～8h 区间化学钢化强度达到最佳值。

表 4-5　离子交换时间对 3mm 玻璃强度的影响

离子交换温度/℃	离子交换时间/h	抗冲击强度/kg·m	抗弯强度/MPa
430	0.17	1.35	118.29
430	0.5	1.70	158.10
430	2	1.90	172.58
430	4	2.38	198.35
430	6	2.90	266.56
430	12	2.98	225.30
430	18	2.78	223.24
430	23	2.88	259.27
430	35	3.30	263.75

4.3.3.4　离子交换温度

在不考虑其他因素的情况下，离子浓度在玻璃表层的分布和扩散深度应该是随温度的增加而增加的，玻璃表面应力也应随着表面被置换离子浓度和深度的增加而增加。但事实上却不同，由于玻璃是非晶态材料，在高温下存在应力松弛现象，应力松弛随着温度的升高而加快，使得离子交换的速度下降。因此，在离子钢化过程中获得的表面应力应综合考虑表面离子浓度、扩散深度和应力松弛三方面因素而设定离子交换温度。

在低于玻璃应变温度点处进行离子交换，热扩散的速度是很慢的，随着玻璃温度的增加，离子交换速度变快，但不是温度越高越好。

由表 4-6 可以看出，处理时间为 6h 的情况下，温度在 410～495℃区间内化学钢化强度达到最佳值。

表 4-6 温度对 3mm 化学钢化玻璃强度的影响

离子交换温度/℃	离子交换时间/h	抗冲击强度/kg·m	抗弯强度/MPa
玻璃原片		0.4	60.30
370	6	2.54	181.6
410	6	2.90	266.56
430	6	2.60	280.35
450	6	2.40	268.56
460	6	2.32	233.25
470	6	2.08	208.00
480	6	2.02	170.46
490	6	1.80	138.29

4.3.3.5 离子交换量

化学钢化玻璃的强度与离子交换的半径有很大关系，离子半径之差越大，玻璃表面压应力越大，离子交换层越厚，玻璃表面抗弯强度越高。选择合适的玻璃和熔盐成分，加大离子交换量，即可提高玻璃表面压应力。对于钠钙硅系的建筑玻璃，选用 KNO_3 熔盐，理论计算表明，当玻璃交换层中的 Na^+ 完全被 K^+ 所替代时，玻璃表面压应力层的应力可高达 3000MPa。但实际进行离子交换时，K^+ 的浓度仅为 $50\%\sim70\%$，所以玻璃表面的压应力仅为几百兆帕。

4.3.3.6 玻璃表面损伤

众所周知，玻璃表面的任何损伤都会使玻璃强度降低。对于化学钢化玻璃，表面损伤对强度的影响更为突出。因为在化学钢化玻璃中，应力的分布不是成抛物线状，表面压应力层的深度很小，当玻璃表面层损伤超过压应力层厚度时，实际上增强的效果已不复存在。即使损伤不超过压应力，也会使强度明显下降，因为化学增强玻璃的表面压力随着距表面玻璃深度变化而急剧变化，通常化学钢化玻璃的压应力层厚度只有几十微米，即使是轻微的损伤，玻璃的钢化强度衰减的都非常严重。

4.3.4 提高化学钢化效率的方法

提高化学钢化效率实际上就是加速离子交换，除在熔盐中添加加速剂方法外。目前工业上较为成熟和常用的方法还有两段处理法和电化学法两种。

(1) 两段处理法 一次性处理方法是将钠钙硅系统玻璃在 450℃熔融中 KNO_3 中，一次处理 38h，形成 $40\mu m$ 厚的压应力层，抗弯强度增强到 294MPa。

两段法处理法，即在不同组分的 K^+ 熔融盐液中作两次处理，获得上述相同增强效果的处理时间却大大减少。该方法是首先把玻璃侵入温度为 600℃的由

Na_2SO_4 53.81% 和 K_2O 46.19% 组成的混合盐中，处理 25min 后，放入温度为 450℃的纯 KNO_3 熔盐中处理 10.5h，经处理后，玻璃的抗弯强度增加到 313.6MPa，而处理时间却大大减少，总处理时间仅 11h。

（2）电化学法 电化学法是一种采用附加电压，在电场中进行离子交换，以加快离子扩散速度的方法。

电化学法的工艺过程大致为：在熔盐槽的一端装上阳极，另一端装上阴极，把钠钙硅系统玻璃侵入 KNO_3 熔盐中，玻璃侵入后在电场中形成一块隔板，把熔盐分为阳极和阴极两部分。电场基本垂直于玻璃表面，这样就加速了熔盐中阳极一边 K^+ 向玻璃表面扩散。同时也促进了同一电场中阴极的一边同等数量的 Na^+ 迁移出玻璃。

电化学法的缺点是一次只能处理玻璃的一个表面，要完成整块玻璃的钢化，需交替地变换阳极和阴极，才能处理玻璃的表面，使玻璃两面交替地进行离子交换。

4.4 化学钢化设备

玻璃化学钢化的工艺形式有浸入式化学钢化法、在线喷涂式化学钢化法和电辅助化学钢化法等，不同的工艺方法对应不同的化学钢化设备。对于平板玻璃而言，低温浸入化学钢化法应用企业最多，经过国内外多年的研究和发展，该工艺方法日趋成熟，采用该工艺的设备也逐步完善。通常情况下，低温浸入化学钢化法的生产设备称为化学钢化炉。

4.4.1 化学钢化炉结构和特点

化学钢化炉是一种全密闭式、高效率，低功耗，高产能的设备，可实现自动作业。适用于各种普通玻璃钢化处理，具有增强玻璃强硬度，不变形，抗冲击等特点；处理后的玻璃，可广泛用于各种高科技设备，精密仪器，玻璃显示屏等。化学钢化炉主要由控制系统、熔盐槽、预热炉、冷却炉、提升输送设备及玻璃吊架等组成。

（1）控制系统 一般配备中央计算机系统，由控制台、控制柜、现场检测元件和操作按钮等构成。显示器安装在操作台上，为用户提供工艺状况模拟。温度控制系统由计算机通过热电偶采样、智能运算输出到调功板，再由调功板触发固态继电器控制加热元件的功率大小来对熔盐进行加热、温度控制，并根据工艺要求控制离子交换时间。

（2）熔盐槽 熔盐槽一般用耐热不锈钢制成，其规格根据加工玻璃的最大尺寸而定。加热方式有电阻加热、气体燃烧加热等。电阻加热调节方便，热效率高，不产生污染，故此电阻加热被广泛采用。对熔盐进行加热时，在熔盐槽四周壁上安装热电偶，以便计算机控制熔盐温度。

（3）预热炉、冷却炉 加热温度范围为 0～400℃，预热炉和冷却炉只是功能上的不同，同一个炉子在预热、冷却的功能上不停切换。预热炉可根据加工玻璃的规格及玻璃排列的最大尺寸进行设计。化学钢化炉采用轨道方式将预热炉平移至熔盐槽上方，利用炉顶的油压升降系统将玻璃放入熔盐槽进行离子交换。一个预热炉与玻璃吊架一起进行离子交换工艺时，另一个预热炉进行另一批玻璃的预热，左右两台预热炉轮流工作，从而提高了生产效率。预热用的加热元件、热风循环风机和冷却用的风机全部安装在同一个炉腔内，节省了制造成本。

（4）提升输送设备及玻璃吊架 玻璃吊架为非标准设备，需根据生产规模及产品规格进行设计制造；提升输送设备选用液压起重运输设备。

自动化学钢化炉如图 4-5 所示。

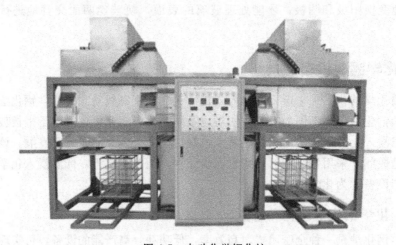

图 4-5 自动化学钢化炉

4.4.2 化学钢化炉性能参数

某型号化学钢化炉的性能如下。

（1）主要技术参数

① 最大生产规模：1800mm×2440mm（任意形状）。

② 加工玻璃厚度：0.5～19mm。

③ 预热室温度：300～400℃。

④ 离子交换温度：400～500℃（标准时间为 16h）。

⑤ 工作介质：熔盐（硝酸钾）及添加剂。

⑥ 加热功率：预热炉（150kW×2 个），离子熔盐槽（216kW）。

⑦ 化学槽尺寸：3360mm×1400mm×2430mm。

⑧ 熔盐一炉一次投放量：10～12t。

（2）设备日产量　以 1800mm×1200mm×5.0mm 计算，日产量 320 片以上，成品率 95％以上。

（3）化学钢化玻璃指标（300mm×300mm×2mm 样品）

① 弯曲度：小于 0.3％。

② 表面应力：400～900MPa。

③ 应力层厚度：12～80μm。

④ 耐冲击性：277g 钢球过 2000mm 高度。

⑤ 耐热冲击性：120℃温差。

4.5　化学钢化玻璃质量要求及检测

4.5.1　厚度偏差要求及测量方法

（1）厚度偏差要求　化学钢化玻璃的厚度偏差应符合表 4-7 的规定。

表 4-7　厚度及其允许偏差　　　　　　　单位：mm

厚　　度	允许偏差
2,3,4,5,6	±0.2
8,10	±0.3
12	±0.4

注：厚度小于 2mm 及大于 12mm 的化学钢化玻璃的厚度及厚度偏差由供需双方商定。

（2）检测方法　用精度为 0.01mm 的外径千分尺或具有相同精度的仪器，在距玻璃板边 15mm 内的四边中点测量。测量结果的算术平均值即为其厚度值，并修约到小数点后一位。

4.5.2　尺寸偏差要求及测量方法

（1）尺寸偏差要求　对于建筑用矩形化学钢化玻璃，其长度和宽度尺寸的允许偏差应符合表 4-8 的规定。对于其他形状及建筑以外用化学钢化玻璃，其尺寸偏差由供需双方商定。

表 4-8　尺寸允许偏差　　　　　　　单位：mm

玻璃厚度	边长（L）允许偏差			
	$L\leqslant1000$	$1000<L\leqslant2000$	$2000<L\leqslant3000$	$L>3000$
小于 8	+1 −2	±3.0	±3.0	±4.0
大于或等于 8	+2 −3			

（2）检测方法　用最小刻度 1mm 的钢卷尺测量。

4.5.3　对角线偏差要求及测量方法

（1）对角线偏差要求　对于矩形化学钢化玻璃制品，其对角线差值不应超过表 4-9 的规定。

表 4-9　矩形化学钢化玻璃对角线偏差允许值　　　单位：mm

玻 璃 厚 度	对角线长度允许偏差		
	边长≤2000	2000<边长≤3000	边长>3000
3,4,5,6	±3.0	±4.0	±5.0
8,10,12	±4.0	±5.0	±6.0

注：厚度不大于 2mm 及大于 12mm 的矩形化学钢化玻璃的对角线差由供需双方商定。

（2）检测方法　用最小刻度 1mm 的钢卷尺测量。

4.5.4　外观质量要求及检测方法

（1）外观质量要求　钢化玻璃的外观质量应满足表 4-10 的规定要求。

表 4-10　外观质量要求

缺 陷 名 称	说　　　明	允 许 缺 陷 数
爆边	每片玻璃每米边长上允许有长度不超过 10mm，自玻璃边部向玻璃板表面延伸深度不超过 2mm，自板面向玻璃厚度延伸深度不超过厚度 1/3 的爆边个数	1 处
划伤	宽度在 0.1mm 以下的轻微划伤，每平方米面积内允许存在条数	长度≤60mm 时,4 条
裂纹、缺角	不允许存在	
渍迹、污雾	化学钢化玻璃表面不应有明显渍迹和污雾	

（2）检测方法　参考本书 3.5.3(4)。

4.5.5　圆孔加工要求及检测

圆孔加工只适用于公称厚度不小于 4mm 的钢化玻璃。圆孔的边部加工质量由供需双方商定。

（1）孔径　孔径一般不小于玻璃的公称厚度，孔径的允许偏差应符合表 4-11 的规定小于玻璃的公称厚度的孔的孔径允许偏差由供需双方商定。

表 4-11　孔径及其允许偏差　　　单位：mm

公称孔径（D）	允许偏差
$D<4$	供需双方商定
$4≤D≤50$	±1.0
$50<D≤100$	±2.0
$D>100$	供需双方商定

（2）孔的位置　参考本书 3.5.3(2) 中"②孔的位置"。

（3）检测方法　用最小刻度为 0.1mm 的游标卡尺测量。

4.5.6　弯曲度要求及检测

（1）弯曲度要求　化学钢化玻璃弯曲度应满足表 4-12 的规定。

表 4-12　化学钢化玻璃弯曲度

玻璃厚度 d	弯曲度/％
$d \geqslant 2mm$	0.3

注：厚度小于 2mm 的化学钢化玻璃弯曲度由供需双方商定。

（2）检测方法　参考本书 3.5.4(1)。

4.5.7　弯曲强度（四点弯法）

（1）弯曲强度要求　以 95％的置信区间、5％的破损概率，化学钢化玻璃的弯曲强度不应低于 150MPa。该要求只适用于 2mm 以上建筑用化学钢化玻璃。

（2）检测方法

① 试验条件　环境温度：(23±5)℃；环境湿度：40％~70％。为避免热应力的产生，在试验的全过程中，环境温度的波动不应大于 1℃。

② 试样　取 12 块试样进行试验。每块试样长度为 (1100±5)mm，宽度为 (360±5)mm。制备试样时，切割刀口应在试样的同一表面。

试验前 24h 内不得对试样进行任何加工或处理。如果试样表面贴有保护膜，需在试验前 24h 去除。试验前，试样应在规定的条件下放置至少 4h。

③ 试验装置　采用材料试验机进行试验。试验机应能连续、均匀地对试样加载，且能够将由于加载产生的震动降低至最小。试验机应装有加载测量装置，并在其量程内的误差应小于±2％。支撑辊和加载辊的直径为 50mm，长度不少于 365mm。支撑辊和加载辊均能围绕各辊轴线转动。

④ 试验程序　分别测量 3 次宽度，取其算术平均值，精确至 1mm。

测量厚度时，为避免由于测量而产生的表面破坏，测量应分别在试样的两端进行（至少应在试样的位于加载辊以外的部分进行测量）。分别测量 4 点，并取算术平均值，精确至 0.01mm。也可在试验后测量破碎后的试样厚度——每块试样取 4 块碎片测量厚度，并取算术平均值，精确至 0.01mm。

试样有切割刀口的表面朝上。为便于查找断裂源和防止碎片飞散，可在试样上表面粘贴薄膜。按图 4-6 所示放置试样。橡胶条的厚度为 3mm，硬度为 (40±10)IRHD（邵氏硬度）。

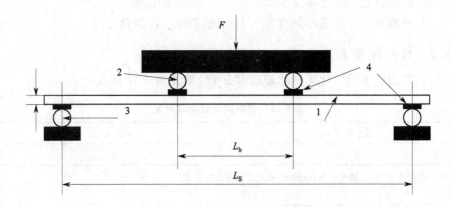

图 4-6　四点弯法弯曲强度试验

1—试样；2—加载辊；3—支撑辊；4—橡胶条；

L_b 为（200±1）mm；L_S 为（1000±2）mm

　　四点弯法弯曲强度试验如图 4-6 所示。试验机以试样弯曲应力（2±0.4）MPa/s 的递增速度对试样进行加载，直至试样破坏。记录每块试样破坏时的最大载荷、从开始加载至试样破坏的时间（精确至 1s）以及试样的断裂源是否在加载辊之间。

　　断裂源应当在加载辊之间，否则应以新试样替补上重新试验，以保证每组试样原来的数量。按式(4-8)计算试样的弯曲强度。

$$\sigma_{bG} = F_{max}\frac{3(L_S - L_b)}{2Bh^2} + \sigma_{bg} \tag{4-8}$$

式中　σ_{bG}——弯曲强度，MPa；

　　　F_{max}——试样断裂时的最大载荷，N；

　　　L_S——两支撑辊轴心之间的距离，mm；

　　　L_b——两加载辊轴心之间的距离，mm；

　　　B——试样的宽度，mm；

　　　h——试样的厚度，mm。

　　σ_{bg}是试样由于自重产生的弯曲强度，或通过式（4-9）计算得到，单位为 MPa；

$$\sigma_{bg} = \frac{3\rho g L_S^2}{4h} \tag{4-9}$$

式中　ρ——试样密度，对于普通钠钙硅玻璃 $\rho = 2.5 \times 10^3 \, kg/m^3$；

　　　g——单位换算系数，9.8N/kg。

4.5.8 耐热冲击性要求及检测

（1）耐热冲击性要求 化学钢化玻璃应耐120℃温差不破坏。

（2）检测方法 将300mm×300mm的钢化玻璃试样置于（120±2）℃的烘箱中，保温4h以上，取出后立即将试样垂直浸入0℃的冰水混合物中，应保证试样高度的1/3～2/3浸入水中，5min后观察玻璃是否破坏。

取3块试样进行试验，当3块试样全部符合规定时认为该项性能合格。当有两块及两块以上不符合时，则认为不合格。当有一块不符合时，则重新追加3块试样，全部符合规定时则为合格。

4.5.9 表面应力要求及检测

（1）表面应力要求 参见4.1.2。

（2）检测方法 检测化学钢化玻璃的表面应力首先要把试样处理到符合检测的要求，然后按照严格的试验程序进行检测，具体如下。

取同一工艺条件下生产出来的300mm×300mm试样。在分别距两边70mm的距离上，引两条平行该两条边的平行线，并与对角线相较于4点，连同对角线的交点，即为5个被测点，如图4-7所示。

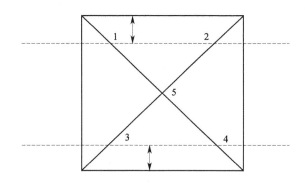

图 4-7 化学钢化法表面应力测量点示意

① 将试样在室温下放置4h以上。

② 使用表面应力仪测试试样非锡面的表面应力。

③ 每块试样的表面应力值为该试样5个测量点表面应力值的平均值，并修约至个位。

④ 取三块试样或制品进行试验，当全部符合规定为合格。两块或两块以上试样不符合则为不合格，当一块试样符合时，再追加三块试样，三块试样全部符合规定为合格。

4.5.10　压应力层厚度要求及检测

（1）压应力层厚度要求　参见4.1.2。

（2）检测方法　检测化学钢化玻璃的压应力层厚度首先进行试样制备，然后用实验装置按实验程序进行检测，具体如下。

① 试样制备　用厚度为3mm玻璃以与制品相同生产工艺制备尺寸至少为25mm×13mm的试样。从该试样的一端距边缘向内至少2mm的位置上，垂直将端部切除。然后在切取厚度不大于1.5mm的薄片，并对两切面进行镜面抛光，抛光面应保持两个面平行，如图4-8所示。

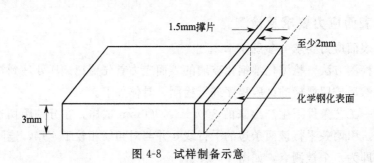

图 4-8　试样制备示意

② 检测装置　物镜最低放大倍数为100倍的偏光显微镜，+45°起偏器，测量精度为1μm及重复测量偏差小于5μm的测微标尺。

③ 检测程序　将试样任意切割面朝上置于偏光显微镜视野，观察干涉条纹，如图4-9所示，并测量该条纹中心至试样最近的化学钢化表面的位置，精确至1μm。

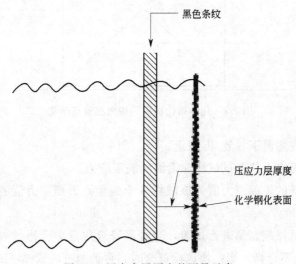

图 4-9　压应力层厚度的测量示意

4.5.11　抗冲击性要求及检测

（1）抗冲击性要求　化学钢化玻璃的抗冲击应符合表 4-13 的规定。

表 4-13　化学钢化玻璃的抗冲击性

玻璃厚度 d/mm	冲击高度/m	冲击后状态
$d<2$	1.0	试样不得破坏
$d\geqslant2$	2.0	

（2）检测方法　参见本书 3.5.4(2)。

第5章

玻璃特殊钢化技术

为了满足不同场合使用，随着现代钢化玻璃技术的发展，一些特殊性能的钢化玻璃技术逐步发展壮大，如适用于幕墙和外窗的半钢化玻璃、适用于汽车风挡的区域钢化玻璃、减轻自爆率的均质钢化玻璃以及复合功能性钢化玻璃（热弯钢化玻璃、中空钢化玻璃、夹层钢化玻璃）等。

5.1 半钢化玻璃

半钢化玻璃，也称热增强玻璃，是通过控制加热和冷却过程，在玻璃表面引入永久应力层，使玻璃的机械强度和耐热冲击性能提高，并具有特定的碎片状态的玻璃制品。

半钢化玻璃是在钢化玻璃基础上演变而来的一个钢化玻璃品种。由于钢化玻璃所固有的"自爆"特性，即使进行热浸处理，仍不能完全消除。在一些高大建筑中，随时可能自爆的玻璃引起很多不安全因素，更换破碎的玻璃成本也过高，因此，半钢化玻璃孕育而生。

5.1.1 半钢化玻璃与钢化玻璃的区别

半钢化玻璃是介于普通平板玻璃和钢化玻璃之间的一个品种，与钢化玻璃相同之处，两者均为强化处理玻璃，半钢化玻璃强度约是普通平板玻璃的1～2倍，钢化玻璃则为3～5倍。两者不同之处如下所述。

① 钢化玻璃是安全玻璃，破碎后呈颗粒状，不会对人身造成严重伤害，国家有关部门规定了建筑物的某些部位必须使用该类产品。单片半钢化玻璃（热增强玻璃）不属于安全玻璃，因其一旦破碎，会形成大的碎片和放射状裂纹，虽然多数碎片没有锋利的尖角，但仍然会伤人，不能用于天窗和有可能发生人体撞击的场合，但没有自爆风险，常用于玻璃幕墙。

② 钢化玻璃需通过国家强制（3C）认证，有严格的理化性能检测要求，有国家指定机构监督产品性能及生产过程；半钢化玻璃也有性能要求，但不属于强

制要求。

③ 两者都需用钢化炉进行热处理，但半钢化玻璃的冷却能小于钢化玻璃的。

5.1.2　淬冷和冷却曲线

半钢化工艺的关键问题在于如何在玻璃中构建足够低的应力值。图 5-1 所示为半钢化玻璃的淬冷和冷却风压曲线。冷却开始处于一个较低的压力 p_0。当玻璃板处于冷却段部分，根据玻璃厚度选择合适的淬冷风压，风压只在短时间内增加到 p_1，以控制玻璃的钢化应力在要求范围内。然后，为了减少玻璃表面和玻璃中间之间的温差，而使压力下降至 p_2，风压和加压持续时间都是根据工艺设置而自动控制的。当玻璃中间的温度降至低于转变范围，可以再次增加风压到 p_4，这样能够使玻璃快速冷却降温，而不会造成高的钢化应力。

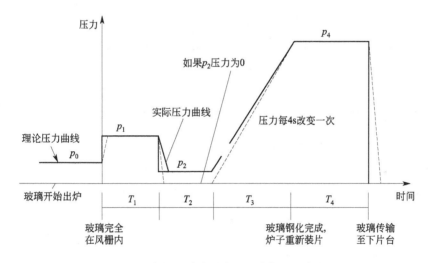

图 5-1　半钢化玻璃的淬冷和冷却风压曲线

5.1.3　钢化压力和冷却压力的时间控制

① 在玻璃进入冷却风栅前，钢化压力必须设为 p_0。

② 当玻璃完全进入冷却风栅时，如玻璃的后端位于冷却风栅的辊道上时，压力应设并一直保持为 p_1，持续时间 T_1。

③ 在时间 T_1 后，压力应设为 p_2，并保持时间 T_2。

④ 在时间 T_2 后，压力应逐渐增至 p_4，增压的时间为 T_3。

⑤ 在时间 T_3 后，压力应设为 p_4，并保持时间 T_4。

⑥ 在时间 T_4 结束时，玻璃将被送至下片台。

⑦ 在时间 T_5 后，可以开始进行下一炉玻璃的上片操作。

时间 T_5 的典型值为：$T_1 + T_1 < T_5 < T_1 + T_1 + T_3$。

厚度 12mm 以上的玻璃加热完成后，即使采用自然冷却，表面形成的应力也会超过半钢化玻璃的标注要求，因此，半钢化玻璃的厚度总是小于 12mm。半钢化玻璃工艺参数见表 5-1。

表 5-1　半钢化玻璃工艺参数

项目		厚度/mm						
		3	4	5	6	8	10	12
压力/Pa	p_0	300	200	150	50	10	0	20
	p_1	300	200	150	50	10	50	20
	p_2	300	200	150	50	10	0	0
	p_4	1200	1200	1200	1200	1200	1200	1200
时间/s	T_1	20	20	20	35	70	10	20
	T_2	20	20	25	35	70	220	250
	T_3	30	35	50	50	50	60	60
	T_4	60	60	75	100	150	185	250
	T_5						≥100	≥125

5.1.4　对于弯曲强度和表面应力的要求

GB/T 17841《半钢化玻璃》中规定，在 95% 的置信区间，5% 的破损概率弯曲强度应满足表 5-2 的要求，表面应力应达到表 5-3 中数值要求。

表 5-2　半钢化玻璃弯曲强度

原片玻璃种类	弯曲强度/MPa
浮法玻璃、镀膜玻璃	≥70
压花玻璃	≥55

表 5-3　半钢化玻璃表面应力值

原片玻璃种类	表面应力/MPa
浮法玻璃、镀膜玻璃	24≤表面应力值≤60
压花玻璃	—

5.1.5　对于碎片状态的要求

半钢化玻璃对于碎片状态要求：碎片至少有一边延伸到非检查区域。当有碎片的任何一边不能延伸到非检查区域（图 5-2）时，此类碎片归类为"小岛"碎片和"颗粒"碎片（图 5-3）。

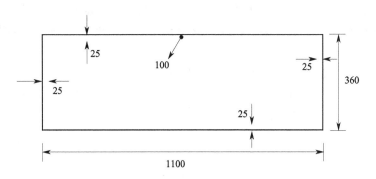

图 5-2 "非检查区域"示意（单位：mm）

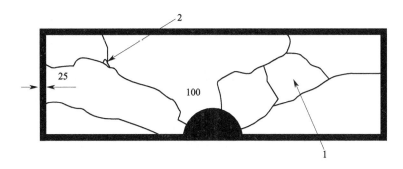

图 5-3 "小岛"碎片和"颗粒"碎片示意

1—"小岛"碎片，为面积≥1cm² 的碎片；

2—"颗粒"碎片，为面积<1cm² 的碎片

上述碎片应满足如下要求：

① 不应有两个及两个以上"小岛"碎片；

② 不应有面积大于 10cm² 的"小岛"碎片；

③ 所有"颗粒"碎片的面积之和不应超过 50cm²。

5.1.6　对于碎片状态放行条款

碎片至少有一边延伸到非检查区域。当有碎片的任何一边不能延伸到非检查区域时，此类碎片归类为"小岛"碎片和"颗粒"碎片。上述碎片应满足如下要求：

① 不应有 3 个及 3 个以上"小岛"碎片；

② 所有"小岛"碎片和"颗粒"碎片，总面积之和不应超过 500cm²。

5.1.7　碎片状态的试验

试样为与制品相同厚度且与制品在同一工艺条件下制造的 5 片为 1100mm×

360mm 的长方形没有圆孔和开槽的平行试样。实验步骤如下。

① 将试样平放在试验台上，并用透明胶带纸和其他方式约束玻璃周边，以防止玻璃碎片溅开。

② 在试样的最长边中心线上距离周边 20mm 的位置，用尖端曲率半径为 (0.2 ± 0.05)mm 的小锤或冲头进行冲击，使试样破碎，如图 5-4。注意对垂直吊挂的玻璃冲击点不应在有吊挂钳的一边。

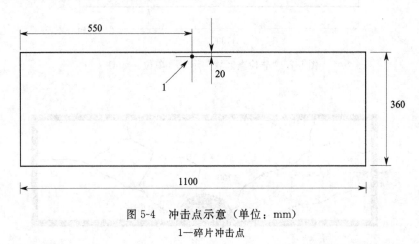

图 5-4　冲击点示意（单位：mm）
1—碎片冲击点

③ 破碎后 5min 内完成曝光和拍照，"小岛"碎片和"颗粒"碎片的计数和称重也应在破碎后 5min 内结束。

④ 检查时，应除去距离冲击点半径 100mm 以及距玻璃边缘 25mm 范围内的部分（以下简称"非检查区域"）。破碎后，如果有"小岛"碎片和"颗粒"碎片，则"小岛"碎片和"颗粒"碎片的计数和称重也应在破碎后 5min 内结束。

⑤ "小岛"碎片和"颗粒"碎片面积的测量采用称重法。计算公式如下：

$$S=\frac{m}{d+\rho} \tag{5-1}$$

式中　S——面积，cm^3；

　　　m——质量，g；

　　　d——玻璃厚度，mm；

　　　ρ——玻璃的密度，取 2.5g/cm^3。

5.2　区域钢化玻璃

全钢化玻璃的特点是强度高，热稳定性好，具有一定的安全性，但是用在汽车前挡玻璃的缺点是玻璃破碎后，裂成很小的网状碎片，挡住了司机视线，易导致二次事故的产生，因此在钢化玻璃的基础上发展了区域钢化玻璃。

5.2.1 定义与特点

（1）定义 区域钢化玻璃是指玻璃通过不同区域的不同加热或冷却，使得玻璃获得不同钢化效果，即某些区域为全钢化，某些区域为半钢化如图 5-5 所示。

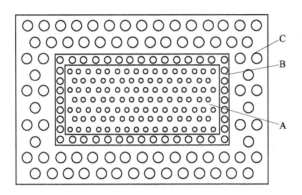

图 5-5 区域钢化玻璃示意

A—半钢化区；B—过渡区；C—全钢化区

（2）特点 区域钢化玻璃的特点是一旦玻璃破碎，两种钢化区域的碎片不同。利用这一钢化原理制作的汽车前风挡玻璃在破碎时，由于区域钢化部分的碎片较大，可以保持驾驶员有一定的视野，但是又不对驾驶员造成伤害。

5.2.2 生产工艺

将玻璃加热到接近软化温度，然后置于具有不同冷却强度的风栅中，对玻璃进行不均匀冷却，造成主视区和周边区有不同的应力。玻璃四周处于风栅强冷部位，在这个部位风栅的喷嘴直径较大，风压调整至全钢化要求的风压，造成在这个区的表面压应力大，钢化程度高和全钢化一样。玻璃的主视区处于风栅弱冷却区，喷嘴直径适中，同时调低风压，从而表面形成较小的压应力，钢化程度低，碎片大。

（1）风栅控制钢化区域 风栅设计时，首先钢化玻璃表面应力应满足式（5-2），即：

$$\sigma_c = \frac{\alpha E}{1-\nu} \times \frac{1}{3}(\Delta T)_{最大} = \frac{\alpha E}{1-\nu} \times \frac{hQ}{12K} \tag{5-2}$$

式中 E——玻璃弹性模量，GPa；

h——玻璃厚度，mm；

Q——玻璃热吸收量，kJ，$Q = \alpha \times \Delta T$；

ν——玻璃泊松比；

K——玻璃几何参数；

k——空气热导率，$W/(m \cdot ℃)$；

α——空气的给热系数，$W/(m^2/℃)$，$\alpha = 0.286 \dfrac{k}{X} Re^{0.625}$；

ΔT——玻璃的冷却温度，$℃$。

从式（5-2）可以看出，与玻璃有关的是玻璃的厚度，即在相同的冷却条件下，厚度越厚，表面应力则越大，反之则越小；冷却能与空气的热传导系数、流速等因素有关，还与玻璃初始冷却的温度有关。所以，在设计区域钢化玻璃冷却风栅时要从这几个方面考虑。

全钢化风栅设计是玻璃整体板面所接受的冷却介质相同，而区域钢化风栅设计的第一种方法是：玻璃加热是同一个环境，冷却是在不同的冷却环境下进行。如全钢化部分的风速在 60~80m/s 时，区域钢化部分的冷却风速度仅为 30~40m/s。根据上述公式，最终玻璃表面应力全钢化部分为 90~120MPa，而区域钢化部分为 40~60MPa。第二种方法是玻璃加热环境相同，在两种区域的风栅喷嘴排布不同时，相同的空气流速下冷却，因喷嘴间距不同，钢化的效果也不同。第三种方法是加热环境相同，风栅喷嘴排布也相同，但是喷嘴与玻璃的冷却距离不同，造成空气对玻璃冲击速度不同，冷却能变化，冷却效果不同。

（2）不均匀加热控制钢化区域

① 不同步加温法　玻璃表面应力的形成与玻璃冷却的温度有关。因此，将玻璃的加热区各段温度有意设置不同，造成玻璃加热后各区域温度不同，即便在相同的冷却空气流速下钢化的结果也不同。

② 遮挡加热法　在玻璃表面涂抹一层导热性能差一些的材料，在相同的加热环境下，玻璃加热的温度不同，钢化后玻璃的表面应力有差别。

5.2.3　碎片状态要求

（1）区域钢化玻璃的分区

① 周边区　离玻璃周边至少 70mm 宽的区域。

② 主视区　司机目视前方至少为高 200mm、长 500mm 的长方形。

③ 过渡区　主视区与周边区之间的区域，一般宽度不超过 50mm。

（2）冲击点位置　区域钢化玻璃冲击点位置如图 5-6 所示。

点 1：在主视区的中心。

点 2：位于过渡区最接近主视区。

点 3 及点 3′：在试样最短中心线上，距边 30mm。

点 4：在试样最长中心线上的曲率最大处。

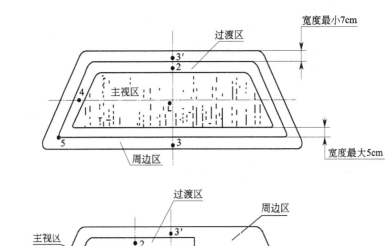

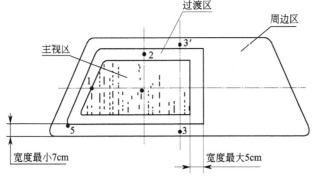

图 5-6　区域钢化玻璃试样冲击点位置示意

点 5：在试样的角上或周边曲率半径最小处，距边 30mm。

（3）碎片状态要求　区域钢化玻璃碎片状态见表 5-4。

表 5-4　区域钢化玻璃碎片状态

分　区	碎　片　状　态
周边区	①在任一 50mm×5mm 的正方形内，碎片数不少于 40 块不多于 350 块。在少于 40 块的情况下，如果含有该部分的 100mm×100mm 正方形内的碎片数不少于 160 块也是允许的 ②在上述规定中，横跨正方形边界的碎片应计半块 ③制品边缘 20mm 范围内的碎片不作检查，以冲击点为圆心半径 75mm 圆内的碎片数也不作检查 ④超过 3cm² 的碎片不多于 3 块，但在直径 100mm 的圆内不允许有 2 块以上大于 3cm² 的碎片 ⑤允许有长条形碎片，其长度不超过 75mm，且其端部不是刀刃状，延伸至玻璃边缘的长条形碎片与边缘形成的角度不得大于 45°

续表

分　区	碎片状态
主视区	①大于 2cm² 碎片的累计面积应不小于评价区 500mm×200mm 长方形面积的 15%；但如果风窗玻璃的高度小于 440mm 或风窗玻璃的实车安装角不大于 15，大于 2cm² 碎片的累计面积应不小于评价区①长方形面积的 10% ②不得有大于 16cm² 的碎片 ③在以冲击点为圆心半径 10cm 的圆内允许有 3 个大于 16cm²、小于 25cm² 碎片 ④碎片形状应基本规则且不带尖角。但在任一 500mm×200m 矩形中允许有不多于 10 块不规则碎片②，整个风窗玻璃不规则碎片数不多于 25 块。但按表注②定义的尖角长度大于 35mm 的碎片不允许存在 ⑤允许有长条形碎片存在，但其长度不得超过 100mm
过渡区	碎片状态必须处于两相邻区的碎片允许状态之间

　　① 当试样的高度尺寸小于 440mm 时，评价区取 500mm×150mm 长方形；当试样高度尺寸为 440mm 以上时，评价区取 500mm×200mm 长方形。

　　② 不规则碎片是指不能容纳直径 40mm 的圆内且至少有一个长度大于 15mm 的尖角，以及有一个或一个以上顶角小于 40°的尖角的碎片；尖角长度是指尖角顶部到尖角宽度等于玻璃厚度那部分的长度。

5.3　均质钢化玻璃

5.3.1　定义

　　均质钢化玻璃，又称热浸钢化玻璃，是指经过特定工艺条件处理过的钠钙硅钢化玻璃（简称 HST）。钢化玻璃作为一种安全玻璃，被广泛应用于建筑等领域，特别是高层建筑。但钢化玻璃存在着自爆问题，自爆破碎后的钢化玻璃呈大量钝角的碎片，从高空散落而下，在自由落体重的重力速度的作用下，即使颗粒较小，都会对人身体造成危险甚至是致命的伤害。通过对钢化玻璃进行均质处理，使存在自爆倾向的玻璃在出厂前提前爆碎，可以大大降低使用过程中钢化玻璃的自爆率。

5.3.2　生产工艺控制

　　（1）均质处理的原理　均质处理将钢化玻璃加热到（290±10）℃，并保温一定时间，促使硫化镍在钢化玻璃中快速完成晶相转变，让原本使用后才可能自爆的钢化玻璃人为地提前破碎在工厂的均质炉中，从而减少安装后使用中的钢化玻璃自爆。

　　从原理上看，均质处理既不复杂，也无难度，但实际上达到这一工艺指标并不容易。研究显示，玻璃中硫化镍的具体化学结构式有多种，如 Ni_7S_6、NiS、NiS_2 等，不但各种成分的比例不等，而且可能掺杂其他元素。其相变快慢速率依赖于温度的高低。研究表明，280℃时的相变速率是 250℃时的 100 倍，因此必须确保炉内的各块玻璃经历同样的温度制度。否则，一方面温度低的玻璃因保温时间不够，硫化镍不能完全相变，减弱了热浸的功效；另一方面，当玻璃温度太高时，甚至会引起硫化镍逆向相变，造成更大的隐患。这两种情况都会导致均质处理劳而无功甚至适得其反。因此，对于均质炉的加热时间、温度以及温度均匀性的控制将决定均质钢化玻璃的性质和功能。

（2）均质处理流程　均质处理过程包括升温、保温及降温 3 个阶段，如图 5-7 所示。

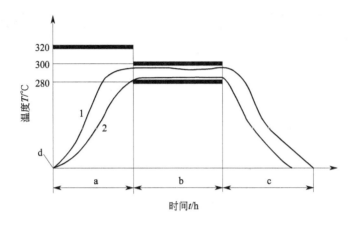

图 5-7　均质处理过程的温度曲线

1—第一片达到280℃的玻璃的温度曲线；2—最后一片达到280℃的玻璃的温度曲线；
a 升温阶段；b 保温阶段；c 冷却阶段；d 环境温度（升温起始温度）

① 升温阶段　升温阶段开始于所有玻璃所处的环境温度，终止于最后一片玻璃表面温度达到280℃的时刻。炉内温度有可能超过320℃，但玻璃表面的温度不能超过320℃，应尽量缩短玻璃表面温度超过300℃的时间。

② 保温阶段　保温阶段开始于所有玻璃表面温度达到280℃的时刻，保温时间至少为2h。在整个保温阶段中，应确保玻璃表面的温度保持在（290±10）℃的范围内。

③ 冷却阶段　当最后达到280℃的玻璃完成2h保温后，开始冷却阶段，在此阶段玻璃温度降至环境温度。当炉内温度降至70℃时，可认为冷却阶段终止。

应对降温速率进行控制，以最大限度地减少玻璃由于热应力而引起的破坏。均质炉结构如图5-8所示。

5.3.3　生产注意事项

（1）合理选择均质炉　均质炉必须采用强制对流加热的方式加热玻璃。对流加热靠热空气加热玻璃，加热元件布置在风道中，空气在风道中被加热，然后进入炉内。这种加热方式可避免元件直接辐射加热玻璃，引起玻璃局部过热。均质炉内气流循环如图 5-9 所示。

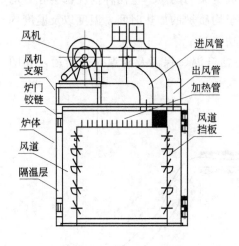

图 5-8　均化炉结构示意

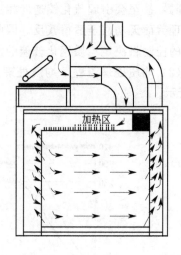

图 5-9　气流循环示意

　　对流加热的效果依赖于热空气在炉内的循环路线，因此均质炉内的气体流股必须经过精心设计，总的原则是尽可能地使炉内气流通畅、温度均匀。即使发生玻璃破碎，碎片也不能堵塞气流通路。在对曲面钢化玻璃进行均质处理过程，应采取措施防止由于玻璃的形状的不规则而导致的气流流通不通畅。

　　只有全部玻璃的温度达到至少 280℃并保温至少 2h，均质处理才能达到满意的效果。然而在日常生产中，控制炉温只能依据炉内的空气温度。因此必须对每台炉子进行标定试验，找出玻璃温度与炉内空气温度之间的关系。炉内的测温点必须足够多，以满足处理工艺的需要。

　　空气的进口与出口也不得由于玻璃的破碎而受到阻碍。

　　（2）正确选择玻璃支撑方式

　　① 可以采用竖直方式支撑玻璃（图 5-10），不得用外力固定或夹紧玻璃，应使玻璃处于自由支撑状态。

　　② 竖直支撑可以是绝对竖直，也可以以与绝对竖直夹角小于 15° 的角度支撑。

　　③ 玻璃与玻璃不得接触。

　　（3）准去设置玻璃间隔　玻璃之间应该用不阻碍气流流通的方式进行间隔，间隔体也不应阻碍气流流通。一般情况下建议玻璃之间最小间隔尺寸为 20mm，如图 5-11 所示。

　　当玻璃尺寸差异较大，或有孔及/或凹槽的玻璃放在同一支架上时，为了防止玻璃破碎，玻璃间隔应该加大。

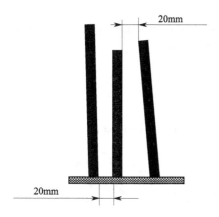

图 5-10　均质处理玻璃支撑方式示意

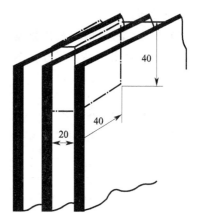

图 5-11　均质处理玻璃间隔示意

单位：mm

5.3.4　均质钢化玻璃特殊质量要求

均质钢化玻璃的质量除应满足钢化玻璃所有要求外，对于弯曲强度做了特殊规定。弯曲强度（四点弯法）以 95% 的置信区间，5% 的破损概率，均质钢化玻璃的弯曲强度应符合表 5-5 的规定。

表 5-5　均质钢化玻璃弯曲强度要求

均质钢化玻璃	弯曲强度/MPa
以浮法玻璃为原片的均质钢化玻璃 镀膜均质钢化玻璃	120
釉面均质钢化玻璃（釉面为加载面）	75
压花均质钢化玻璃	90

检测方法见本书 4.5.7。

5.4　弯钢化玻璃

5.4.1　定义及特点

弯钢化玻璃是将浮法玻璃原片加热至软化，然后靠自重或外加挤压力将玻璃弯曲成所需形状，再通过均匀快速的冷却而制成。弯钢化玻璃具有强度高、安全以及耐热冲击等性能。

（1）强度高　弯钢化玻璃的生产方式与钢化玻璃的生产方式一样，都是在加热后通过快速的冷却让玻璃产生一定的压应力来增强玻璃的现象。因此弯钢化玻璃具有与钢化玻璃一样的强度设计值，而其特殊的形状使其具有比钢化玻璃更好的抗风压性能。

（2）安全　破碎方式与钢化玻璃一样，钝角状的细小颗粒对人体无甚伤害。

（3）耐热冲击　具有很好的耐热冲击性能，在220～250℃温度突变范围内可保持完好。

5.4.2　生产工艺及设备

（1）生产工艺　弯钢化玻璃的生产工艺流程如图5-12所示。

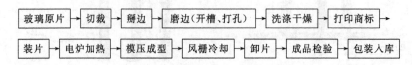

图5-12　弯钢化玻璃的生产工艺流程

水平弯钢化电炉机组开车操作过程如下。

① 确定炉子温度处于稳定的生产温度。

② 把主传动开关转至AUTO位置，把装片台传动、模具传动、冷环传动、热环传动（深弯用）转至ON位置。

③ 把传动运输机、冷却运输机开关转至AUTO位置。

④ 围绕炉子认真检查辊子运转情况、冷却水、淬冷压力、模具布、冷环不锈钢网是否处于正常，若有异常及时处理或通知有关技术人员解决。

⑤ 输入生产状态方式如下：输入C、B回车，区域钢化输入WHERE，检查冷环、热环、模具处于初始位置。

⑥ 空车运转一次弯化段、生产周期，启动风机，确定无问题可进行正常生产。

（2）生产设备　平弯钢化机组（简称平弯炉）与连续式平钢化机组相比有很多相似之处，钢化原理也大致相同，除了可加工平钢化玻璃外，还可以加工弯钢化玻璃。根据与玻璃流向的关系，建筑用的大型平弯钢化机组的弯曲面成形方式分成横弯和纵弯两种。

如图5-13所示的纵弯方式平弯钢化机组，是一种水平辊道式玻璃平弯钢化设备，由控制系统、上片台、加热炉、钢化、冷却段、下片台和风机辅助设备等部分组成。玻璃的输送、加热都在水平辊道上进行，玻璃加热至设定温度后，从加热炉快速输送到成形淬冷装置。淬冷、冷却直至适合人工卸片的温度后，输送辊道又展平，弯玻璃进入下片台，这样就生产出单面弯曲的钢化玻璃。

平弯钢化机组的钢化、冷却段只有一段，玻璃从成形、淬冷到冷却降温都在这里完成，因此也叫淬冷段。

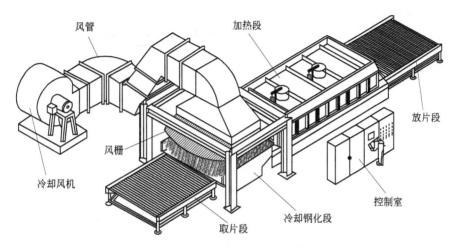

图 5-13　建筑用单曲面弯钢化玻璃设备示意

　　如图 5-14 所示，此装置的辊道用特殊的方法安装，可自动构成两种状态，生产弯玻璃时，玻璃进入此装置后，辊道自动构成设定曲率的弧面，加热至塑性状态的玻璃在此弧面往复摆动后，平的玻璃成形为与弧面曲率相同的单面弯曲玻璃，与此同时，上部条形风栅随之自动吹风，对玻璃进行强烈的淬冷和冷却，直至适合人工卸片的温度后输送辊道又展平，弯玻璃进入取片段，这样就生产出弯曲的钢化玻璃。在玻璃钢化冷却过程中若干成型段不变形，保持展平状态，则生产的玻璃是平型钢化玻璃。

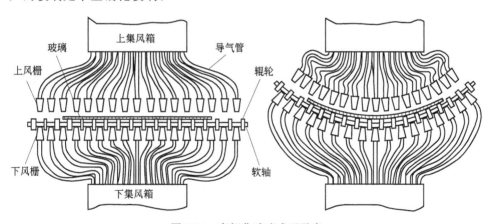

图 5-14　弯钢化玻璃成型示意

5.4.3　弯钢化玻璃吻合度超差

　　弯钢化玻璃的吻合度是指设计弯曲度与实际生产弯曲度的一致性。吻合度是评价弯钢化玻璃质量的一个重要指标。当生产过程中弯钢化玻璃吻合度超差，应采取以下措施。

① 调整玻璃的加热温度，在一定范围内温度越高，玻璃在成型时回弹越大，因此，应将玻璃调整到玻璃回弹的最小值。

② 调整压模，一步法风箱是用增减石棉纸厚度来调整玻璃弧度，二步法是调整压模拉杆来进行。

5.4.4　使用时注意事项

弯钢化玻璃在使用时应注意以下事项。

① 搬运木箱，要小心轻放。必须严格按木箱上"向上"标志放置。木箱必须存放在干燥的室内，箱底加以垫高。

② 拆箱时，必须避免拆箱工具与玻璃撞击，以免造成破坏，影响其使用性能。尤其严禁用硬物撞击玻璃的角部、边部。

③ 玻璃搬运、安装过程中，应避免与硬物碰撞，搬运时应做到竖立搬运并尽量用吸盘吸附搬运，以免玻璃破坏。

④ 开箱后待用的钢化玻璃，堆放时应竖立放置在"A"字架上，与垂直面成 6°～10°倾斜，玻璃以长边与支撑水平面接触放置。玻璃下部应采用类似于木材的低硬度物体垫起，堆放时玻璃与玻璃之间应用纸或珍珠棉隔离，以防擦伤玻璃。存放应有防雨防潮措施。

⑤ 工作时必须戴手套和防护眼罩，以防意外损伤。

5.5　钢化夹层玻璃

5.5.1　定义及特点

钢化夹层玻璃，又称钢化夹胶玻璃，是夹层玻璃的一种，是 2 层或 2 层以上普通的浮法玻璃进行钢化处理后，复合而成。中间层多为 PVB 胶片（学名聚乙烯醇缩丁醛），经过加热、高压特殊工艺，将 2 层或 2 层以上的玻璃黏合在一起的一种安全玻璃。

钢化夹层玻璃不但具有钢化玻璃较大抗击力的特点，也具有普通夹层玻璃的特性，玻璃即使碎裂，碎片也会因中间胶合层的作用粘为一体。使之有效防止了碎片坠落事件的发生，确保了人身安全。

5.5.2　加工工艺

钢化夹层玻璃工艺流程如图 5-15。

（1）接单　接单审查后统计及搭配，必须使利用率达到最高程度，在加工单确认无误的情况下，方能到材料部门办理领用手续。

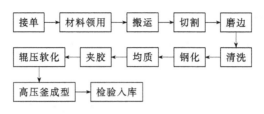

图 5-15 钢化夹层玻璃工艺流程

（2）材料领用与搬运　材料领用手续审批后领用材料，搬运需用吊车（或行车）时，必须专职人员操作。领用的整箱玻璃摆放，应保证玻璃箱的倾斜度，玻璃开箱时应注意避免铁钎与玻璃碰撞，造成玻璃碎裂。大片玻璃搬运或开盖时应注意以下事项。

① 检查玻璃吸盘是否正常。

② 检查大片玻璃四周是否有裂痕现象，如发现裂痕应及时处理，方能搬运。

③ 检查无异常现象，方能将玻璃吸适当用力压在玻璃面上，吸扣压紧，并检查玻璃吸压是否扣牢。

④ 人工搬运玻璃，需 4 人保持一致，避免玻璃大幅度摇摆，造成玻璃碎裂。玻璃平放时，4 人必须配合一致，同时平放于台面上。

⑤ 行车吊运时，应注意行吊行走平稳，定时检查电动玻璃吸的充电情况。

（3）玻璃切割　玻璃切割分为手工切割和机械切割两种方法。

① 手工切割　测量尺寸的测量仪必须是同一类型，度量时要准确。玻璃切割时误差不能超过 1mm。切割镀膜玻璃时，注意保护镀膜面，切割时的玻璃介刀的力度应均衡一致。切割后的半成品应按指定地方堆放整齐，堆放时必须在块与块之间用纸隔开（计划清洗的玻璃除外）。

② 机器切割玻璃　启动玻璃切割机（包括电脑及打印机），将原片规格和割片数量、规格尺寸输入电脑，电脑自动拼图，计算所用原片数量及利用率。打印拼图结果，并转送至玻璃切割机。装载原片玻璃于机器切割台并按要求定好位。选择并运行切割程序，切割玻璃。分离割片，并将其搬运存放于指定架上。

（4）磨边

① 启动玻璃磨边机。

② 调整机器参数，即磨削量、压带宽度、传送速度以及需抛光时调整各抛光轮气压值。

③ 试磨：用一块与所要磨的玻璃类型、厚度相同的玻璃进行试磨，检查其磨削量、前后倒角、磨边质量是否符合要求，不符合要求，重新调整，直到满意，确认参数。

④ 装载玻璃磨边。

⑤ 检查磨边质量，适当调整机器参数。

⑥ 磨好边的玻璃，搬至指定玻璃架，并贴上标签。

（5）清洗

① 玻璃清洗机使用前检查，看水量是否充足。

② 启动清洗机（包括水处理系统），把机器置于自动运行状态。

③ 装载玻璃清洗，检查清洗效果，如不合要求，则调整水温，洗刷速度及传送速度，直至合格。

④ 按规定的顺序，规格装载玻璃，自动清洗。

⑤ 清洗后的玻璃堆放时，块与块之间用纸隔开，各种规格分开并标记好，避免损坏和造成混乱。

（6）钢化

① 检查清洗后的玻璃是否符合要求，凡有夹砂、划痕等缺陷的玻璃不能钢化。

② 根据深加工玻璃的图纸要求，调整好钢化炉参数。

③ 先取 2 块相同厚度的同类玻璃作钢化，检查钢化效果是否符合要求。

④ 装载玻璃钢化。

⑤ 钢化后的玻璃应认真检查，合格产品搬运至指定玻璃架。

（7）均质处理

按图纸要求需作均质处理的钢化玻璃必须到引爆炉作均质处理，然后运至半成品区转入下道工序。

（8）夹胶

① 检查清洗干燥后的钢化玻璃是否符合质量要求。

② 调整合片室内的温度和湿度。

③ 按图纸要求准备好 PVB 胶片。

④ 将 PVB 胶片夹于两片玻璃之间，裁去多余部分。

（9）辊压软化

① 将夹胶好的玻璃从传送带上传送到辊压机中加热辊压、排气、封边，使玻璃与 PVB 胶片有机结合在一块。

② 检查经辊压机传送出来的夹胶玻璃是否存在缺陷，装上玻璃架，加上弹性夹，固定好。

（10）高压釜成形

① 将处理好的夹胶玻璃送进高压釜，加盖拧紧，送电加温，送风加压，使夹胶玻璃在长时间的高温高压作用下形成高质量的钢化夹层玻璃。

② 经处理后的钢化夹胶玻璃经质检员检验合格后，贴上合格证入库，待运装配。

5.5.3　应用范围

　　钢化夹层玻璃是以钢化玻璃为基片，再进行胶合处理后制成的特种夹层玻璃制品。它既具有钢化玻璃强度高的特点，又继承了夹层玻璃没有碎片掉下来的优异安全性能。钢化夹层玻璃适宜安装在具有特殊安全要求的场所，如高层建筑防护窗、玻璃幕墙、玻璃采光顶等及长期承受一定水压作用的水下玻璃场所。

　　水下玻璃所承受的水压是长期荷载，因此应考虑玻璃的疲劳效应。疲劳效应会造成玻璃强度的明显降低。研究表明，水下玻璃的受力状态与玻璃安装的位置、玻璃的支承方式和玻璃的形状面积大小都有关系。底面玻璃受力各处相等，即"等分布荷重"作用，而侧面玻璃的受力状态与深度成正比，即"三角荷重"作用。

　　玻璃的支承方式分为三面支承（固定）和四面支承（固定）两种。玻璃的形状可分为矩形和圆形两种。由于这些参数的不同，必须采用不同的计算方法和修正系数。即使水深度相同的情况下，它们在水下的受力状态也不相同，因此，在使用玻璃之前，一定要进行设计和验算。根据计算可以得出玻璃板的最大弯曲应力和最大挠度。考虑到安全系数，钢化玻璃的抗弯强度必须低于 500kgf/cm，玻璃板面最大挠度不得大于跨度的 1/200。

5.5.4　使用时注意事项

　　① 钢化夹层玻璃应用集装箱、集装架或木箱包装。每块玻璃用塑料或纸包装，玻璃与包装箱之间用不易引起玻璃划伤等外观缺陷的轻软材料填实。每个包装箱上应标明"朝上、轻搬正放、小心破碎、玻璃厚度、等级"等字样。

　　② 钢化夹层玻璃可用各种类型的车辆运输，运输时，木箱不得平放或斜放，长度方向应与输送车辆运动方向相同，并应有防雨措施。玻璃在搬运时，应避免与硬物接触、碰撞、暂时不用的钢化夹层玻璃应垂直贮存于干燥、通风的室内。

　　③ 钢化夹层玻璃时一种有内应力的玻璃产品，它在成型后不能再切割、钻孔和磨边，否则会引起炸裂、钢化夹层玻璃的边部应力集中，要好好地保护。不能用尖、硬的物体重击玻璃边部，否则易使玻璃炸裂。

　　④ 钢化夹层玻璃安装前应避免高温曝晒、高湿雨淋等气候环境，施工现场的玻璃要贮存在通风、干燥的地方，遇到天气突变、大雨时施工人员应及时检查现场，防止玻璃包装箱浸水而造成钢化夹层玻璃边部渗水变色。

　　⑤ 水下玻璃安装时，必须要保证整个系统的防水渗漏性能良好。首先与水接触的部位必须采用防水材料。其次对于玻璃和金属框架之间的空隙一定要用密封性良好的聚硫胶或有机硅橡胶等密封材料填充完全。安装设计、施工操作要符合国家强制性行业标准 JGJ 113《建筑玻璃应用技术规程》的规定要求。

5.6 钢化中空玻璃

5.6.1 定义及特点

钢化中空玻璃是在两片或多片钢化玻璃中间，用注入干燥剂的铝框或胶条，将玻璃隔开，四周用胶接法密封，使中间腔体始终保持干燥气体的玻璃制品。

钢化中空玻璃集合钢化玻璃安全性能和中空玻璃节能、隔音等性能于一体。

5.6.2 生产工艺

钢化中空玻璃加工工艺流程如图 5-16。

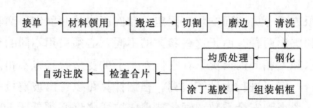

图 5-16　钢化中空玻璃加工工艺流程

（1）钢化、均质处理　钢化、均质处理参见本书 5.3.2 的内容。

（2）组装铝框

① 根据加工单从铝材切割工序领取已切割好的铝条。

② 批量选取装框所用铝条，在其中一端装好角接头，并用布沾上二甲苯或酒精擦拭干净。

③ 把装好角接头擦拭干净的铝条放在干燥剂填充机上填充干燥剂。

④ 取下已装好干燥剂的铝条放在工作面上，组装成铝间框。把铝间框有序挂在或摆在干净的地方。

（3）涂丁基胶

① 接通丁基胶挤出机电源，预热丁基胶至设定温度（或在上次开机时已设定温度自动预热）。

② 启动传送带，检查传送速度及挤出压力是否需要重新调整，直至符合要求。

③ 把其中一个铝间框放入测量装置测量铝条宽度，喷嘴间距自动调整。

④ 铝间框靠紧定位板，放在传送带上，自动注胶。

⑤ 每个框四边涂好胶，按顺序挂在检查粘框站铁钩上。

（4）检查粘框及合片

① 根据工艺要求，调节粘框定位机构，保证注胶浓度符合要求。

②启动检查粘框及合片挤压铝，并转到自动运行状态。

③ 玻璃自动进入检查站，人工检查外观是否符合质量要求，不符合要求的进行处理或下线；第一片玻璃检查合格后踏下开关，进入合片挤压站；第二片玻璃检查合格后，按要求粘好框及踏下开关，进入合片挤压站（检查时应注意LOW-E 面在第一片玻璃的第二面）。

④ 合片挤压站自动合片挤压。

（5）自动注胶

① 启动自动注胶机。

② 待合片挤压工序准备好，开始混胶直至均匀，然把自动控制注胶机置于自动运行状态。

③ 合好片的中空玻璃进入注胶机，注胶机开始注胶，检查注胶质量是否符合要求，不符合要求时调整机器有关参数，直到满意。

④ 注胶机自动注胶，注好胶的中空玻璃用自动吸盘卸下，放在专用玻璃架上存放。

⑤ 注胶完毕，进行 A 组分冲洗注胶枪，直至排胶无黑色为止。

5.6.3　生产加工要求

① 玻璃板块在钢化处理前，应完成玻璃的切裁、磨边、钻孔等工序加工。

② 玻璃板块的周边，必须磨边机加工，应采用 45°倒角，倒角尺寸不少于1.5mm。角部尖点倒角圆弧半径 R 应在 1～5mm 范围内，玻璃钻孔的周边倒角如图 5-17 所示。

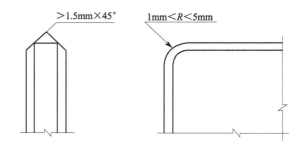

图 5-17　玻璃钻孔的周边倒角

③ 经磨边后的玻璃板块边缘不应出现炸边、缺角等缺陷。

④ 磨边后玻璃板块的尺寸允许偏差应符合表 5-6 的要求。

表 5-6　玻璃板块尺寸允许偏差　　　　　　　　　　单位：mm

项　　目	$a \leqslant 2m$	$2m < a \leqslant 5m$
边长偏差	±1.0	±2.0
对角线偏差	2.0	3.0

注：a 为玻璃板块的边长。

⑤ 玻璃板块的允许弯曲度应符合表 5-7 的要求。

表 5-7　玻璃板块允许弯曲度　　　　　　　　　　单位：%

玻璃种类		允许弯曲度
钢化玻璃或 半钢化玻璃	单独使用	0.2
	制作夹层玻璃	0.1
	制作中空玻璃	0.2
夹层玻璃		0.2

⑥ 玻璃钻孔的允许偏差为：直孔直径：0～+0.5mm；锥孔直径：0～+0.5mm；斜度：45°；孔轴线：0.3mm；同轴度 0.2mm；夹层玻璃两孔同轴度为 2.5mm，玻璃孔尺寸精度如图 5-18 所示。

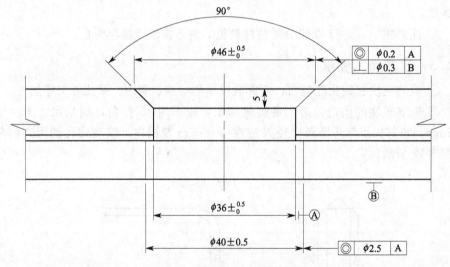

图 5-18　玻璃孔尺寸精度示意

⑦ 玻璃钻孔前必须采取电脑定位，单层玻璃钻孔位置偏差不应大于 1.0mm。

5.7　钢化玻璃工程实例

5.7.1　钢化玻璃门施工工艺

5.7.1.1　施工准备

（1）技术准备　熟悉钢化玻璃门的安装工艺流程和施工图纸的内容，检查预埋件的安装是否齐全、准确，依据施工技术交底做好施工的各项准备。

（2）材料准备

① 钢化玻璃门所采用的玻璃品种、颜色及各项性能应符合设计要求及相关标准规定，并具有产品合格证及检测报告。玻璃的裁割、倒角及钻孔应尽量加工完成。

② 不锈钢或其他有色金属型材的门框、限位槽及板，应符合设计及相关标准的规定。

③ 辅助材料如木方、玻璃胶、地弹簧、木螺钉、自攻螺钉等应符合设计要求及相关标准的规定。

（3）机具准备　常用工具为手电钻、冲击钻、气砂轮机、小型电焊机、射钉枪、钳子、螺丝刀、拖线板、线坠、水平尺、墨斗、玻璃吸盘、打胶筒等。

（4）作业条件

① 墙、地面的饰面已施工完毕，现场已清理干净，并经验收合格。

② 门框的不锈钢或其他饰面已经完成。门框预留出用来安装固定玻璃板的限位槽已预留好。

③ 活动玻璃门扇安装前，应先将地面上的地弹簧和门扇顶面横梁的定位销安装固定完毕，两者必须在同一轴线，安装时应吊垂线检查，做到准确无误，地弹簧转轴与定位销为同一中线。

5.7.1.2　施工工艺

（1）工艺流程　工艺流程为划线定位→固定底托→安装固定扇→注胶封口→固定门扇上下横档→门扇固定→安装拉手。

（2）操作工艺

① 划线定位　在玻璃门扇的上下金属横档内划线，按线固定转销的销孔板和地弹簧的转动轴连接板。具体操作可按照地弹簧产品安装说明。

② 玻璃尺寸核对　玻璃的安装尺寸，应从按在位置的底部、中部的顶部进行测量，选择最小尺寸为玻璃板宽度尺寸。如果在上、中、下测得的尺寸一致，其玻璃宽度应比实测尺寸小 3～5mm，玻璃板的高度方向应小于实测尺寸的 3～5mm。

③ 高度底托　不锈钢（或铜）饰面的木底托，可用木楔加钉的方法固定于地面，然后再用万能胶将不锈钢饰面板粘卡在木方上。如果是采用铝合金方管，可用铝角将其固定在框住上，或用木螺钉固定于地面埋入的木楔上。

④ 安装固定扇　用玻璃吸盘将玻璃板吸紧，然后将玻璃就位。先把玻璃板上边插入门框中的限位槽内，然后将其下边安放于木底托上的不锈钢包面对口缝内。在底托上固定玻璃板的方法为：在底托木方上钉木条，距玻璃板面 4mm 左右然后在木条上涂刷万能胶，将饰面不锈钢板片粘卡在木方上面。

⑤ 注胶封口　玻璃门固定部分的玻璃板就位以后，在顶部限位槽处和底托固定处，以及玻璃板与框柱的对缝处等各缝隙处均注胶密封。首先将玻璃胶开封后装入打胶抢内，用胶抢的后压杆端头板顶住玻璃胶罐的底部；然后一只手托住胶抢身，另一只手握着注胶压柄不断松压循环地操作压柄，将玻璃胶注于需要封口的缝隙端。由需要注胶的缝隙端头开始，顺缝隙匀速移动，使玻璃胶在缝隙处形成一条匀速的直线。最后用塑料片刮去多余的玻璃胶，用刀片擦净胶迹，门上固定部分的玻璃板需要对接时，其接缝应有 3～5mm 的宽度，玻璃板边都有进行倒角处理。当玻璃板留缝定位并安装稳固后即将玻璃胶注入其对接的缝隙，用塑料片在玻璃板对缝的两边把胶刮平，用刀片擦净料残迹。

⑥ 固定门扇上下横档　门扇高度确定无误后，即可固定上下横档，在玻璃板与金属横档内的两侧空隙处，由两边同时插入小木条，轻敲稳实，然后在小木条、门扇玻璃及横档之间形成的缝隙中注入玻璃胶。

⑦ 活动扇固定　先将门框横梁上的定位销本身的调节螺钉调整出横梁平面1～2mm，再将玻璃门扇竖起来，把门扇下横档内的转动销连接件的孔位对准地弹簧的转动销轴，并转动门扇将孔位套入销转动轴上。然后把门扇转动 90°使之与门框横梁成直角，把门扇上横档中的转动连接件的孔对准门框横梁上的定位销，将定位销插入孔内 15mm 左右（调动定位销上的调节螺钉）。

⑧ 安装拉手　钢化玻璃门扇上的拉手孔洞，一般是事先订购时就加工好的，拉手连接部分插入洞时不能很紧，应有松动。安装前在拉手插入玻璃的部分涂少许玻璃胶；如若插入过松，可在插入本分裹上软胶带。拉手组装时，其根部与玻璃贴紧后再拧紧固定螺钉。

5.7.1.3　质量标准

（1）主控项目

① 钢化玻璃门的质量和各项性能应符合设计要求。

② 钢化玻璃门的品种、类型、规格、尺寸、开启方向、安装 位置及防腐处理符合设计要求。

③ 钢化玻璃门的安装必须牢固。预埋件的数量、位置、埋设方式、与框的连接方式必须符合设计要求。

④ 钢化玻璃门的配件应齐全，位置应正确，安装应牢固，功能应满足使用要求和特种门的各项性能要求。

（2）一般项目

① 钢化玻璃门的表面装饰应符合设计要求。

② 钢化玻璃门的表面应洁净、无划痕、碰伤。

5.7.1.4　成品保护

① 玻璃门安装时，应轻拿轻放，严禁相互碰撞。避免扳手、钳子等工具碰坏玻璃门。

② 安装好的玻璃门应避免硬物碰撞，避免硬物擦划，保持清洁不污染。

③ 玻璃门的材料进场后，应在室内竖直靠墙排放，停靠稳当。

④ 安装好的玻璃门或其拉手上，严禁悬挂重物。

5.7.1.5　注意事项

① 地弹簧及拉手安装不到位，尺寸不准。应提前检查预先剔冻及留眼尺寸是否正确，如有问题，应处理后再进行安装。

② 玻璃裁割尺寸不准，安装困难。施工提前检查门框尺寸，裁割玻璃预留量应该根据实测尺寸确定，并有预留量。

③ 玻璃裂纹。安装玻璃的槽口应顺直，防止玻璃受不均而碎裂。

5.7.2　钢化玻璃楼梯栏板施工工艺

（1）施工程序　施工程序为放线→基脚安装（玻璃卡槽）→刷防锈漆二道→玻璃安装→不锈钢扶手安装→不锈钢压顶条安装→花岗岩踢脚安装→打胶→成品保护。

（2）施工工艺

① 放线　根据设计尺寸和已测定的栏板位置线和标高控制线，放出膨胀螺栓位置线和玻璃栏板上下端线，要特别注意上下端标高必须与楼地面标高使用统一测定的建筑线，避免饰面标高不一致。

② 基脚（玻璃卡槽）安装　按胀栓位置钻孔，安放膨胀螺栓、安装钢板与胀栓固定后，安装已刷防锈漆的玻璃卡槽，调直调平后平台处直接与胀栓固定，踏步 处用连接钢板与角钢及已预埋好的钢板相焊接。然后安装托架和钢板网，注意此工序不要在玻璃安装后施工，以免电焊火花损坏玻璃。

③ 钢结构电焊处补刷二道防锈漆后，在自检基础上办理隐蔽工程验收手续。

④ 玻璃安装　在玻璃卡槽底部垫 6mm 厚橡胶板，按线位从下向上安装 19mm 厚钢化玻璃，粗调铅垂后，先作临时固定，同样方法，逐块安装至楼梯一圈后，玻璃两侧填塞人造橡胶条，并在内侧橡胶条外面放 3mm 厚通长钢板（事先刷好防锈漆）拉通线进行细调。其方法是拧紧角钢上调节螺栓抵住钢板，钢板受力顶住玻璃，以控制玻璃左右位置和垂直位置至完全符合标准为止。

⑤ 扶手安装　不锈钢扶手选用 ϕ38mm 发纹管，用不锈钢固定件与 19mm 厚

钢化玻璃固定，焊口处打磨抛光，注意固定件与玻璃接触面应垫橡胶垫。

⑥ 盖板安装　玻璃上口采用发纹不锈钢板制作成 U 形盖板，通长扣在玻璃上方，接口设在转角处，调直、焊牢、打磨抛光。

⑦ 踢脚石材安装　踢脚本工程选用 20mm 厚黑色花岗岩（太白青），为确保安全，外侧立板下部 300mm 处（每块板不少 2 个）钻孔注环氧胶安放 φ6mm 梢钉，并在托架上相对应位置钻孔。安装板材时，下部涂建筑胶与托架黏结，并将梢钉括入孔内，板材上部打牛鼻孔选用 φ3mm 铜丝挂在钢板网压筋上，调直后灌水泥砂浆，比立板低 10mm，最后坐浆安装上部盖板，平盖板与立板间发丝缝用建筑胶黏结，内侧扶曲板在踏步板安装后进行。

⑧ 打胶　玻璃板块之间、玻璃与踢脚石材之间、玻璃与顶部 U 形盖板之间均需由专业人员打聚硅氧烷密封胶。

⑨ 成品保护　不锈钢加工件出厂时贴保护膜基础上，用三夹板加工成长方形盒子扣在玻璃栏板至踢脚上。

5.7.3　钢化玻璃隔断施工工艺

（1）选材要求

① 12mm 或 10mm 的钢化玻璃。

② 产品规格、型号符合设计要求，质量符合国家有关规定，且"三证"齐全。

（2）主要机具

① 机具　电锤。

② 工具　丝锥、螺丝刀、玻璃胶枪。

（3）施工工艺

① 工艺流程为放线→制作安装四周骨架→安装玻璃→边框装饰→嵌缝打胶。

② 标记出地面、天花的安装标高线，确定相对墙柱面的位置线；玻璃高度超过 6000mm 时应考虑吊挂钢架及吊挂件占用的空间。

③ 骨架槽内清理干净，垫好防震橡胶条，用干布擦干净玻璃表面，根据玻璃的大小和厚度确定所用吸盘的数量，将吸盘吸到玻璃上，检查是否吸牢，竖起玻璃，先将玻璃插入上框的槽中，然后轻轻放下；先安装两边靠墙柱的玻璃，后装中间的，调整均匀后将胶缝清理干净。

④ 边框常用不锈钢或石材等装饰，装饰面料与玻璃的缝隙 4～6mm。

⑤ 给四周缝隙塞入泡膜棒，深度 4mm，校正玻璃的垂直度和平整度，贴好保护胶带，用结构玻璃胶密封，注胶饱满，表面光滑，胶干后，去除胶纸。

⑥ 玻璃隔断安装完成后，对于进入玻璃安装完毕的需要施工的工种和人员

实行登记制度，把成品保护工作落实到人。

⑦ 玻璃安装完毕，挂上门锁或门插销，以防风吹碰坏玻璃。并随手关门及门锁。

5.7.4 钢骨架钢化玻璃天窗施工工艺

(1) 适用范围 适用于大型公共设施店堂的采光、装饰设施。

(2) 施工准备

① 施工机具 吊装起重设备、倒链、经纬仪、水准仪、电焊机、气割枪、大锤、手锤。

② 材料 氧气、乙炔、焊条、钢丝绳、涂料、玻璃密封胶。

③ 作业条件 钢支架在加工厂加工完成，并已按设计图纸检查验收。建筑物结构强度已满足施工条件，现场具备"三通一平"。施工用脚手架搭设完毕，并符合安全要求。

(3) 施工程序 施工程序为埋件定位复核、调整→钢支架进场→吊装设备安装就位→钢支架吊装→支架横向拉杆固定→用经纬仪检查支架定位→钢支架与基础埋件、横向拉杆的焊接→铝框架安装→钢支架油漆、防腐处理→钢化玻璃安装→边角铝板安装→天窗清洗。

(4) 操作工艺

① 首先对设置在混凝土结构中的预埋件进行复核，对不符合要求的埋件重新打涨锚螺栓固定。

② 钢支架运到现场后按图纸设计尺寸复核，不符合要求的不能吊装。

③ 将吊装钢支架的起重设备安装就位，吊装时按设计好的吊装顺序吊装，拧紧地脚螺栓。安装完 2 榀支架后即可安装横向拉杆，保证支架的稳定。安装过程中随时用经纬仪检查复核支架的定位，支架全部安装完成后，再用经纬仪复测钢支架的定位情况，不符合要求立即调整。

④ 将预埋板与基础间的空隙用细石混凝土浇灌密实，钢支架底板用垫铁找平时，垫铁不得超过 3 块。然后焊接钢支架与预埋铁、钢支架与横向拉杆。

⑤ 在钢支架上安装铝板框架，然后进行钢支架等的油漆和防腐处理。

⑥ 在铝框架上进行钢化玻璃安装，钢化玻璃与铝框架间采用结构玻璃垫和结构玻璃胶，钢化玻璃接缝采用矽质密封胶密封，天窗边角采用氟碳喷涂铝板封闭。

⑦ 天窗所有节点处理完毕进行天窗清洗。

(5) 质量要求

① 支座表面质量标准 标高误差：±3mm，水平度：1/250。

② 钢支架安装允许偏差　轴线位移：3mm；支架垂直度：$H/1000$；标高误差：±3mm；支架水平度：$L/1500$ 且＜5；支架对角线长度：4mm；相邻支架距离：±3mm。

③ 焊缝质量按 GB 50205—95 验收。

（6）安全要求

① 支架安装过程中要统一指挥，号令明确，施工人员明确指挥信号的含义。

② 高空作业人员要戴好安全帽，系好安全带。

③ 焊接设备有专人使用、专人管理，防止漏电、失火。

④ 施工危险部位设专用平台及安全护网。

第6章

玻璃施釉技术

施釉，又称上釉、挂釉、罩釉，最早应用于陶瓷制品。是指将釉料均匀地喷涂在坯体表面上，烧结后表面形成一层极薄的玻璃体釉层的过程。施釉目的在于改善坯体表面性能、提高产品的力学性能和增加产品的艺术性。釉料根据颜色不同分为白釉和彩釉两种。

彩釉是人类生活和生产中不可缺少的装饰材料之一。大约在公元前16世纪的商代中期，我国出现了早期的瓷器，伴随着出现了彩釉。彩釉真正作为建筑玻璃上的一种装饰材料，也只是最近几十年的事，最早在欧美一些发达国家开始应用于建筑玻璃幕墙的装饰上。在美国，人们通常称彩釉玻璃为"拱肩玻璃"（spandrel glass）；在欧洲习惯称彩釉玻璃为"瓷釉玻璃"或"珐琅玻璃"（enamels glass）。

20世纪90年代初，随着我国改革开放的不断深入，国内建筑玻璃行业得到快速发展，一些玻璃企业开始壮大和发展，并不断从国外引进先进新技术和新工艺。彩釉玻璃正是在这个时期，被耀华皮尔金顿、南玻集团等企业，作为一种新型的建筑装饰引进国内。彩釉玻璃在国内经过近20多年的运用与发展，至今已是一种工艺非常成熟的玻璃深加工产品。

6.1 彩釉玻璃基本概念

6.1.1 彩釉玻璃定义

彩釉玻璃，又称彩色彩釉玻璃。它是将无机釉料（又称油墨），印刷到平板玻璃表面，然后经烘干，钢化或热化加工处理，将釉料永久烧结于玻璃表面而得到一种耐磨、耐酸碱的装饰性玻璃产品。这种产品具有很高的功能性和装饰性。它有许多不同的颜色和花纹，如条状、网状和电状图案等。也可以根据客户的不同需要另行设计花纹。

彩釉玻璃作为一种建筑玻璃材料，它赋予建筑的最大特点是其装饰功能。不仅极大地完善了现代玻璃幕墙的建筑美学，而且使建筑物呈现出丰富的色调和图案，并随阳光、月色、灯光的变化给人以动态美。在世界各大洲的主要城市，均建有大量采用彩釉钢化玻璃的宏伟建筑；在我国，一些著名的建筑，如首都机场、中央电视台新址、国家体育馆、上海大剧院、广州保利大厦、香港四季酒店等，均大量地使用彩釉玻璃构成的玻璃复合产品作为玻璃幕墙或内墙进行装饰。

彩釉玻璃不仅应用于建筑装饰行业，在汽车、家具等其他领域也得到了广泛使用，它使单调的玻璃变成了多彩的世界，并不断美化着人们的生活。

6.1.2 彩釉玻璃发展过程

彩釉玻璃的应用发展按照产品种类和时间顺序，大致经历了以下四个阶段。

（1）第一阶段（单片全幅彩釉阶段）　最早的建筑彩釉玻璃是单色满涂的钢化彩釉玻璃，继而出现套色多次印刷仿大理石或花岗岩外观效果的彩釉钢化玻璃。此时幕墙设计也较为单调，大多仅使用单层的彩釉钢化玻璃。之所以使用彩釉钢化玻璃，只是因为彩釉的颜色一致性比天然石材好，可大量重复而不会出现特定颜色石材因矿藏储量所导致大工程项目中明显色差的现象，且价格相对较低，重量轻，强度高，安全性好。此阶段只是彩釉的初级阶段。

（2）第二阶段（单片图案彩釉阶段）　在人们对彩釉玻璃工艺逐步了解的同时，开始进一步强调彩釉玻璃的装饰功能，逐渐推出条纹、点状、块状等简单几何图案的丝印彩釉钢化玻璃。主要用于楼板、立柱等部位贴面，起到遮蔽阻挡视线、改善美化外观之效果。此时的彩釉玻璃还是以单层钢化玻璃为主流。此阶段已摆脱了模仿，涉入自由发挥阶段。但因建筑师并不完全了解玻璃深加工的所有工艺，故此阶段多为单片彩釉钢化玻璃产品应用形式，进一步复合加工的产品还不很多。

（3）第三阶段（复合彩釉阶段）　在第二阶段的基础上，人们开始将彩釉玻璃的产品形式扩大到彩釉镀膜、彩釉中空等复合玻璃的形式。实际上是扩大了彩釉玻璃的产品范围，在用好装饰功能的基础上，也开始重视彩釉玻璃的节能遮阳功能。

（4）第四阶段（功能彩釉阶段）　随着 LOW-E 镀膜中空玻璃的日渐普及，人们更注重玻璃幕墙的整体效果。而建筑物自身结构构件（如梁柱、板、管等）则需要遮蔽起来，至少要部分隐藏，美化外观，凸现整体设计效果。此时使用彩釉玻璃需要结合窗口处 LOW-E 中空玻璃的室外颜色及可见光透过及反射的具体数值，计算后确定彩釉玻璃的覆盖率、点的大小、颜色等，并适当调整后才能得到合适的彩釉玻璃。

另外，对建筑外墙玻璃而言，恰当巧妙设计彩釉玻璃的图案和颜色，在相当多的情况下可以用彩釉来代替磨砂玻璃、甚至着色玻璃的效果。面对着色浮法玻璃颜色不多的现实，彩釉玻璃可以给设计师更多的灵感和支持。随着现代建筑的不断涌现和发展，建筑玻璃装饰的颜色更加丰富和多样化，加之近年来彩釉玻璃流行的银灰色、半透明色等，彩釉玻璃也会进入更新的发展阶段。

6.1.3　彩釉玻璃特性

（1）性能变化多样　彩釉玻璃的机械强度、热稳定性、碎片的状态、再加工等性能，随其生产方法的不同而异。钢化生产法彩釉玻璃，具有钢化玻璃的性能，它的机械强度、热稳定性，与普通钢化玻璃基本上一样。用加热退火法生产的彩釉玻璃，具有退火玻璃的机械强度、热稳定性、碎片状态及可再加工性。用半钢化法生产的彩釉玻璃，其机械强度比普通退火玻璃大 2 倍，其耐热性也超过了普通退火玻璃。

此外，彩釉玻璃可以进行镀膜、夹层、中空等复合产品的加工，以获得其他用途的特殊功能，例如制成彩釉夹层玻璃可以增强其抗风压强度等。不过，彩釉玻璃一旦加工成成品，不能再以任何方式进行切割和磨削加工。因此，订购前必须确认玻璃尺寸和形状，对于异形、钻孔玻璃，加工前还必须确认好彩釉的印刷面。

（2）色泽稳定、色彩丰富　彩釉玻璃采用无机色釉进行加工，产品色泽稳定，耐老化、抗酸碱、不退色，色调与建筑寿命保持一致。同时，色彩丰富图案多样，其颜色、图案均可按客户要求定做，使用范围广泛，装饰效果突出。

（3）遮阳与防眩晕性高　彩釉玻璃不但具有装饰作用，还能吸收、反射部分太阳热能，遮阳效果明显。遮阳系数与玻璃彩釉的覆盖率有关，普通白色丝印彩釉玻璃完全覆盖的遮蔽系数约为 0.32；50%覆盖率的遮蔽系数约为 0.66，这样的彩釉玻璃相当于阳光控制镀膜玻璃的遮阳系数。同时，带图案的彩釉玻璃因有次序的印刷，可以大大降低玻璃眩光，对阳光西晒和直射具有明显的缓和作用。

（4）材质轻，易于安装　彩釉玻璃比其他材料，如石材或瓷砖等建材产品质量轻，能大大减轻外墙的结构负荷，施工容易，便于安装。

6.1.4　彩釉玻璃用途

彩釉玻璃色彩绚丽、丰富，能调配出标准色板上的大部分颜色；除可制成单色、仿花岗石图案等彩釉玻璃以外，还可设计成圆点、方格、线条等有序图案来加强建筑物装饰效果。其颜色、图案均可以按客户要求定做，使用范围广泛，主要用途体现在以下几个方面。

6.1.4.1　建筑物装饰

（1）建筑物的外墙　在英文中，彩釉玻璃通常被称为"spandrel glass"，意为"拱肩玻璃"（或层间玻璃）。拱肩的概念为直拱门形状，意味着建筑层之间和窗间均可称为拱肩部位，拱肩部位往往是混凝土墙体，为了视觉上的美观，这些墙体在装饰时需要进行遮蔽。因此，国外对彩釉玻璃的理解为实体墙外侧的装饰玻璃，这在某种意义上也说明了彩釉玻璃的最主要用途，那便是对建筑的外墙（窗间墙）进行装饰。

在玻璃幕墙的安装中，对于彩釉玻璃而言，单片全幅和仿花岗岩彩釉玻璃可以直接安装于幕墙的支撑结构，能较好地遮蔽建筑物墙体。对于几何图案的彩釉玻璃，无论是单片还是复合产品，由于彩釉图案存在覆盖率的问题，玻璃图案之外的地方都是较通透的，故安装时往往要视其通透情况在彩釉玻璃后面加一个背衬板，以保证整个玻璃幕墙的统一性。如香港中环四季酒店，其窗间墙彩釉玻璃图案为 15mm×75mm 白色长方条，安装时便在彩釉玻璃后面加了铝衬板。

值得一提的是，位于北京东北三环国门要地的红玺台是目前国内唯一的彩釉玻璃立面城市豪宅的呈现。使用彩釉玻璃作为住宅建筑外立面不仅是红玺台项目的特色之一，更是住宅建筑材料上的一次重大突破。红玺台从紫禁城的肃穆红墙中汲取灵感，辅以元代瓷器釉里红的澄净，萃取出现在所使用的"中国红"，其色调古朴、厚重、沉稳而雅致。

随着 LOW-E 镀膜中空玻璃的大量使用，有时全幅彩釉玻璃也会与 LOW-E 镀膜玻璃合成中空玻璃，被加工在第三或第四面。此时，彩釉玻璃不再具有装饰功能，而是起到"衬板"作用。

需要注意的是，彩釉玻璃施釉方式为单面印刷时，作为建筑外墙单片使用时，彩釉面通常应朝内，这样有利于彩釉玻璃面颜色的统一以及对彩釉层的保护。

（2）建筑物的采光天棚　彩釉玻璃不仅具有装饰作用，同时，随着彩釉玻璃图案覆盖率的变化，还具有良好的遮阳效果，且能吸收、反射部分太阳热能。因此，在建筑物的外部装饰中，常被建筑设计师使用在建筑物的采光天棚、屋顶等区域，如图 6-1 所示。这些区域使用时，一般都要制成彩釉夹层玻璃等复合产品，以增加其安全性。

图 6-1　建筑采光天棚装饰

（3）建筑物的内墙装饰和建筑的其他构建　建筑物的内墙、楼道、间隔墙、屏风、舞台地面以及建筑楼梯的护板、围墙灯其他安装饰件，均可以采用彩釉玻璃进行装饰处理。如国家体育馆"鸟巢"内部装饰中，为了突出"中国红"对人们的视觉映象，在室内的间隔墙和围栏处，均大量采用红色网纹状彩釉玻璃进行装饰。以红色为主色调的彩釉夹层玻璃被镶嵌在"鸟巢"的内部，使"鸟巢"呈现出强烈的"中国红"视觉冲击效果，不仅凸显"鸟巢"工程的三维立体感，更能够让置身其中的人群体会到刺激、热烈、兴奋和尊贵。

6.1.4.2　汽车玻璃的边沿处理

汽车用的钢化玻璃是彩釉玻璃应用的另一大领域。汽车玻璃根据不同的使用区域分为前挡、后挡、边窗、三角（或侧窗）、滑动窗和天窗等部位。

这些部位由于车型的不同，在玻璃边沿彩釉的印刷处理上也不相同，有的部位可以不作处理，但在前挡、后挡和天窗等区域，在玻璃钢化前都要先将玻璃边沿四周印刷上黑色彩釉的圆点渐变图案，然后在经过热弯钢化处理。

汽车玻璃经过边沿彩釉处理后，不仅减少了紫外线透过玻璃的辐射量，增加了玻璃窗与汽车边框衔接的美观性，而且也增强了汽车玻璃对密封橡胶条等有机物质的防腐蚀能力。

6.1.4.3　其他玻璃制品

彩釉玻璃还广泛用于家电和家具方面，如燃气炉台面、微波炉门、冰箱推门、家具台面和家具的其他配套件等。同时，由于彩釉玻璃色彩丰富，且具有一定的透光率，也常被用于灯罩及遮光罩等照明灯具的配件。

6.2　彩釉玻璃的生产工艺

彩釉玻璃的制造工艺起源于 15～16 世纪的威尼斯-穆拉诺岛，初期玻璃制造业主要是在玻璃器皿上施釉来达到装饰的作用。其生产工艺大致为用油剂或胶剂将无机颜料和易熔玻璃调成浆釉，通过印刷、描绘、喷涂、洒抹、贴花等方法覆盖于玻璃制品表面，然后在变形温度以下加热玻璃制品至釉熔融并显色。

早期贴花纸印刷刚刚开始流行时，曾将贴花纸贴在玻璃上，回炉烤结，使花纸上的彩釉附着在玻璃上，但效果并不理想。由于玻璃的软化温度较陶瓷烧结温度要低得多，当贴花纸上的彩釉粉远未达到熔融温度时，玻璃体已开始软化，很难达到预期效果。20 世纪 70 年代后期，随着丝网印刷工艺的不断改进与迅速发展，丝网印刷技术在玻璃行业得到广泛的应用，该项技术逐渐的延伸到汽车、家具等装饰玻璃上。

彩釉玻璃生产工艺通常包括生产准备、施釉、烘干、热处理四个主要环节。其中，生产准备因不同印刷方式相差巨大，特别是丝印的网版制作较为烦琐。施釉可采用丝网印刷、辊筒印刷等方式实现，也可用喷涂或手绘方式施釉。烘干通常紧跟在施釉的后面连续进行。烘干的目的在于使油剂逐渐挥发避免直接加温产生爆皮。釉层越厚覆盖率越高烘干的作用越明显而必要。热处理包括钢化、半钢化、热弯等不同热处理方式，彩釉玻璃烧结温度一般在650～750℃之间，过高则颜色变浅，过低则融化不彻底缺乏光泽。

彩釉玻璃的生产工艺流程如图6-2所示。

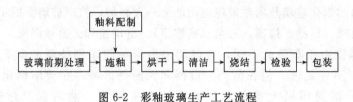

图6-2　彩釉玻璃生产工艺流程

6.2.1　玻璃前期处理

建筑彩釉玻璃生产选用优质浮法玻璃作为承印物，玻璃厚度通常在4～19mm之间，产品规格大小则取决于订单要求或印刷、加热工具设备的加工尺寸范围。

玻璃前期处理包括：原片选择→切割→磨边→清洗→干燥。

6.2.1.1　原片选择

（1）选择优质玻璃原片　优质玻璃原片具有可见光透过率高，玻璃的透明度高于国内其他同类产品；平整度、厚度均匀性好，再加工后变形小，反射影像失真度小；缺陷控制精度高，在线激光扫描检测，可控制大于0.1mm缺陷等特点，更适合于高质量彩釉玻璃的生产。

（2）选择新鲜玻璃原片　库存太久的玻璃，若储存不当往往会在表面出现发霉、油脂、吸盘印或指印等缺陷。其中"发霉"是玻璃表面的析碱，"发霉"主要是原片受环境湿度影响形成。如运输过程中的淋雨或长时间储存在高湿度的环境下引起，大气中水分子对玻璃表面的风化形成碱离子析出。整个过程的形成由玻璃表面开始风化时与水中的氢离子（H^+）和玻璃中钠离子（Na^+）进行离子交换，经过两者一系列的化学反应，反应产物$Si(OH_4)$是一种极性分子，它能使周围的水分子极化，而定向地附在自己的周围，成为$Si(OH_4) \cdot nH_2O$，最终在表面形成的一层硅酸凝胶。除有一部分溶于水溶液外，大部分附着在玻璃表面，形成一层不规则的薄膜。

云片状的"发霉"现象将影响到彩釉玻璃的烧结成色。钢化烧结前在灯光条件差的情况下很难察觉，经过与油墨在高温气氛烧结后，油墨中的金属氧化物与浮法玻璃表面析出的碱离子产生化学反应，因玻璃表面"发霉"的程度不同也就呈现出云片状的色差，特别是全版印刷的深色玻璃更为明显，为了防止原片"发霉"引起的色差，应选择新鲜的浮法玻璃作为彩釉玻璃的原片。

（3）选择相同产地的玻璃原片　浮法玻璃原片的光学性能受原料、厚度偏差等因素影响，不同厂家的浮法玻璃在透过率和颜色方面都会存在偏差，在同配方调配的油墨前提条件下，采用不同的浮法玻璃原片印刷的彩釉玻璃颜色也会存在肉眼能够识别的色差。

对于相同产地的不同批次玻璃原片，应随时检查其色差、薄厚等指标差异。由于浮法玻璃生产过程中存在转换厚度、颜色的生产周期工艺调整，会有一定的"过渡色"玻璃的出现，故对于时间跨度较大的分批次彩釉玻璃产品生产，应注意检查玻璃原片批次之间的色差。同样道理，相同的釉料采用不同厚度玻璃生产的彩釉玻璃产品也会出现色差，且厚度偏差越大色差越明显。

6.2.1.2　玻璃切割

玻璃切割是利用玻璃的脆性及玻璃原片中的残余应力，用专用切割轮在玻璃表面划过，造成细微的伤口，造成应力集中，然后再进行切断。其原理是刀具在玻璃上留有刻痕，这时玻璃内部产生三条裂痕，其中两条是沿表面左右分开，另一条是垂直向下伸展的竖缝，在竖缝的端部产生拉应力，再加上曲折的弯力，竖缝向下伸展出去便可把玻璃切断。玻璃在裁划切断时，沿玻璃周边隐藏着许多微小的裂口，这些裂口在各种效应与热应力影响下，会扩展成裂缝，裂缝进一步发展导致玻璃破裂。

切割建筑用玻璃的方法主要有手工切割和机械自动切割等方式。自动切割机切割适合于大批量的彩釉玻璃生产，不仅切割的玻璃质量好（尺寸偏差能控制在±0.2mm），且切割效率高。

切割好的玻璃放架时，须注意以下两个方面。

（1）玻璃面的摆放　切割好的玻璃放架时，空气面要方向相同摆放，切不可空气面与锡面混放。这是因为浮法玻璃的两个表面是不相同的，在生产过程中一面与锡槽中的液体锡接触，称为锡面；一面与空气以及保护气（氮气和氢气）接触，称为空气面。玻璃锡面表面含有不同数量的锡离子，它对彩釉色料的颜色影响较大，印刷在此面会导致烧结后的颜色不稳定。

空气面和锡面的辨别方法是用紫光灯进行照射。具体方法为：开启紫光灯并放置在离玻璃表面10～20mm的距离，比较玻璃两面的反光情况，玻璃表面薄雾状明显的是锡面，相对清晰的为空气面，空气面也就是施釉的印刷面，如图

6-3 所示。

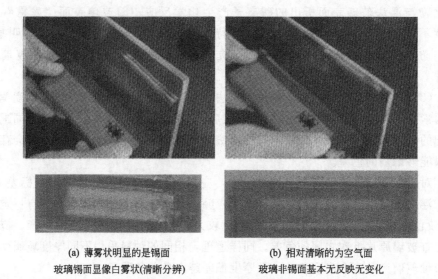

(a) 薄雾状明显的是锡面　　　　　　(b) 相对清晰的为空气面
玻璃锡面显像白雾状(清晰分辨)　　　玻璃非锡面基本无反映无变化

图 6-3　空气面和锡面的辨别

（2）玻璃的摆放　当玻璃原片进行丝网印刷时，应按相同规格或由小到大的顺序进行摆放，不能跨规格混放。这是因为丝印生产中，经磨边处理的玻璃边部在刮胶的压力下，依然对网版的磨损非常大。为了确保产品印刷中无印痕，提高网版的耐用性，丝印玻璃通常按顺序排列，生产中须按由大至小的生产方式进行施釉。

6.2.1.3　玻璃磨边

经过切割后的玻璃断面凹凸不平、非常锋利，刃口上有许多微裂纹，不但容易割伤人体，在今后的使用过程中，在承受机械应力和热应力时，很容易从边部微裂口处破裂。因此，玻璃在切割后，往往需要对玻璃的断面进行打磨处理，以修正玻璃断面凹凸不平所产生的尺寸误差，消除锋利的刃口和微裂纹，增加玻璃的安全性和使用强度。

对于彩釉玻璃所使用的原片在磨边过程中应注意以下问题。

① 玻璃磨边时边部一定要进行倒棱处理，不允许有锋利的刃口，不然在丝网或辊筒印刷过程中，棱边会加速对网版和辊筒的磨损，从而导致破网和损坏印刷辊筒。

② 磨边过程要将玻璃边部的裂纹和凹凸不平全部去除干净，是玻璃边部称为没有崩边的磨砂边（后光滑边）。任何细小的裂纹都有可能使彩釉玻璃在热处理过程中产生炸裂。

③ 对于玻璃的一些特殊工艺处理，如钻孔、切角、挖槽等，边部的磨边处

理要求参照前两条。

6.2.1.4 玻璃清洗和干燥

暴露于大气中的玻璃表面普遍受到污染，表面上任何一种无用的物质和（或）能量都是污染物，而任何处理都要造成污染。表面污染就其物理状态来看可以是气体，也可以是液体或固体，它们以膜或散粒形式存在。此外，就其化学特征来看，它可以处于离子态或共价态，可以是无机物或有机物。污染的来源有多种，而最初的污染常常是表面本身形成过程中的一部分。吸附现象、化学反应、浸析和干燥过程、机械处理以及扩散和离析过程都使各种成分表面污染物增加。而对玻璃表面进行施釉，必须有清洁的玻璃表面，否则会影响彩釉的颜色质量和玻璃表面的附着性。

对于待施釉的玻璃进行清洗，通常采用玻璃洗涤干燥机，这种设备集洗涤和干燥为一体。在清洗干燥过程中应注意以下问题。

① 用于清洗玻璃表面的水源水质，对彩釉玻璃前期的表面清洁非常重要。这是因为原片在预处理的磨边过程磨削出的玻璃粉末以及碎屑在表面的残留以及洗片机的循环水过滤系统的过滤能力十分有限，致使这些残留物堵塞网孔。为了提高清洗水源的洁净度可在水箱中添加海绵类的过滤，同时定期对过滤水箱的清洗是十分有必要的。

② 清洗干燥后的玻璃表面不能残留水渍，不然，印刷彩釉经烧结后会产生色差。

③ 对于清洁干燥好的玻璃原片，应尽快进行施釉生产。若不能及时生产，也须用塑料薄膜等加以保护；否则，各种污染物，如尘埃、化学蒸汽的凝结物等又重新污染玻璃表面。

6.2.2 釉料配制

目前国内大多数厂家出于彩釉玻璃生产规模和成本考虑，生产中的釉料的配制主要使用的还是经验配色法＋机械配色法的组合配色方式，即配色员根据客户确认的生产样板，凭借经验和感觉进行釉料调配，通过反复的钢化颜色试片后确定出大致的颜色配比，再进行批量釉料调配。在配色过程中往往还会借助积分球式色差仪、电子秤、黏度剂等辅助工具来测量或检测颜色是否正确。具体工艺流程为：生产色样→测试配比→批量配制→反复试片、校正→检测。

6.2.2.1 生产色样

生产色样是釉料配制中色差检测的最基本依据，玻璃规格一般为 $300\text{mm} \times 300\text{mm}$。在生产色样的样板制作中，送样样板一定要贴有明确的标志，包括客户名称、产品结构和色样编号等基本信息；同时，建立相关的样板数据记录资料，保存好留样样板和釉料。

须注意的是，在实际生产时所用的玻璃原片（厂家）必须与生产色样时的保持一致，因为不同厂家（产地）的玻璃原片因所含物质成分的差异，其玻璃基片的颜色是有差异的。

生产色样一般有以下两种情况。

（1）仿制样板　仿制样板通常是客户根据自身建筑或装饰的需要，主动选择的颜色（图案）色样，如标准色卡（Pantong、RAL 等）上的某一色号、仿某一款玻璃样板和其他建材（如仿铝板、花岗石、瓷砖等）的颜色，如图 6-4所示。

由于仿制色样材质、反射、产地等的差异，是很难做到与彩釉玻璃颜色完全一致的，故对于釉料配色而言，仿制好的彩釉色样一定要送交客户进行确认，经确认的彩釉色样便是将来釉料配制和彩釉生产中颜色（图案）检测控制的依据。

（2）选择样板　选择样板是指客户没有具体的颜色、图案指定，往往会告诉一个大致的选择范围，此时样

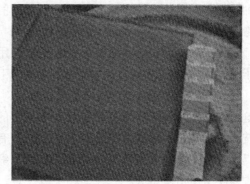

图 6-4　用色卡对比颜色

板制作便有较大的主动性，最好的做法便是多制作几款样板，以方便客户尽快选定需要的色样，缩短样板的选样周期。

6.2.2.2　测试配比

经客户却认的生产色样的留样釉料是测试颜色配比的基本依据，测试配比的关键是测出各种釉料分别投放的大致比例数值，从而指导大批量的配料生产。釉料配比测试主要是借助电子秤、黏度剂、积分球式色差仪等工具用减量法进行，具体方法如下。

① 选好需要调配的基色釉料，准备好相同个数、大小、洁净的配色杯，然后分别适量装入参与配色的基色釉料，根据印刷要求适量加入稀释剂，搅拌均匀后测出黏度值并记录，再放在电子秤上逐个进行称重和记录。

② 重新取一个新的配色杯，参照生产色样的留样釉料，倒入基色釉料进行调配，待颜色接近时进行烧结试样，并用积分球式色差仪进行测试。

③ 颜色测试合格后，用电子秤重新称量参与配色的釉料重量，前后数值相减，便获得了生产色样的颜色配比。由于受釉料黏度、密度等因素达到影响，这个配比只是一个大致的数值，具体还要在批量配色中校正。

6.2.2.3 批量配制

批量配制釉料实际上是"测试配比"工作的进一步延伸，主要有以下的注意事项。

① 首先要确定生产订单的总量（m²）。分清楚是一次性、还是分批次的订单，以便尽快可能一次性进行配制，减少多次配制可能产生的色差问题。

② 计算生产釉料的实际配制量（kg）。生产釉料的配制量主要依据客户确认的生产样板釉层的覆盖率和具体的施釉工艺；同时，考虑所加工订单的难易程度（生产中正常的损耗量），以及补片等因素，一般在理论配制量基础上再加5%～10%的量。具体计算公式如下：

$$理论配制量＝（订单总量 \times 釉层覆盖率）/x$$
$$实际配制量＝理论配制量＋理论配制量 \times（5\%～10\%）$$

其中，系数 x 为1kg釉料能印刷的玻璃面积（m²），x 数值的大小取决于具体的生产工艺，一般辊筒印刷可取9。由于不同厂家对釉层的厚度质量控制要求不一样，系数的数值也会有差异。

③ 为确保批量配制釉料与样片调配时基色釉料黏度一致，调配釉料前，应对每种基色釉料的各桶釉料黏度进行充分搅拌和测试比较。

④ 根据实际配制量的多少选择搅拌容器。一般200kg以下可选择手工搅拌机进行搅拌，200kg以上可选择机械搅拌机，这样能保证釉料颜色分散和搅拌均匀。

⑤ 釉料配制时，根据所需釉料配比先加入所需釉料最多的基色釉料。对于颜色反应较为敏感的基色釉料，通常采取逐步加入的办法，搅拌均匀后进行湿料对比，观察是否需要继续加入，以免投料过量。在这个环节中，配色员对所需生产颜色的把握，是根据客户确认色样与试样板的釉料进行湿料，以及钢化后的颜色对比、检测来反复修正的。

⑥ 配料完毕，经过颜色检测确认，再次计算各个基色釉料和调和剂用量，并输入订单釉料配方电脑数据库，以备查用。

6.2.2.4 印前配制

批量配制好的釉料一般黏度比较大，为了便于印刷，会视印刷方式、环境温度、印刷速度、烧成遮盖率及色差要求，加入一定量的稀释剂。

① 确保适度的稀释比（釉料与稀释剂之比），通常在3%～7%之间。

② 稀释剂添加之后，必须对釉料进行充分的搅拌，以获得更好的分散效果；同时，搅拌好的釉料静置15～30min后，用黏度剂进行测量，看是否达到给定值。

③ 生产前，用200～250目的钢网纱进行双层过滤，以去除釉料中未能搅拌碎的釉粒或其他杂质，并用釉料瓢（一般用塑料水瓢）装好待用。

6.2.3　印刷网版的准备

丝网印刷最早起源于中国，距今已有两千的历史。早在我国古代的秦汉时期就出现了夹颉印花方法。到东汉时期夹颉蜡染方法已经普遍流行，而且印刷产品的水平也有所提高。到隋代大业年间，人们开始用绷有绢网的框子进行印花，使夹颉印花工艺发展为丝网印花。据史书记载，唐朝时宫廷里穿着精美服饰就有用这种方法印刷的。到了宋代丝网印刷又有了发展，改进了原来使用的油性涂料，开始在燃料里加入淀粉类的胶粉，使其成为浆料进行丝网印刷，使丝网印刷产品的色彩更加绚丽。

丝网印刷术是中国的一大发明。美国《丝网印刷》杂志对中国丝网印刷技术有过这样的评述："有证据证明中国人在两千年以前就使用马鬃和模板。明朝初期的服装证明了他们的竞争精神和加工技术。"丝网印刷术的发明，促进了世界人类物质文明的发展。在两千年后的今天，丝网印刷技术不断发展完善，现已成为人类生活中不可缺少的一部分。其应用和涉及的领域，产品种类已非常广泛，如广告、书籍、灯箱、包装、标牌、纺织品、工艺品、金属制品、塑料制品、玻璃制品、电子产品、证卡印刷、防伪印刷等。

6.2.3.1　制版的主要材料

（1）丝网

① 丝网的编织　丝网的编织类型有平织、斜纹织、半绞织及全绞织如图 6-5 所示。平织的经、纬交织最密，强度较好，网孔也匀，印迹较其他织法鲜明，应用最多。平织用于 305 目以下的丝网；斜纹织系每隔两线交织一次，用于编织密网，多见于 350 目以上的丝网；绞织用于绢网及低目数尼龙网，如 74～157 目为半绞织，而 18～72 目为全绞织。这类网的厚度较大，印刷时纬线不易移位，多用于大面积厚墨印刷。

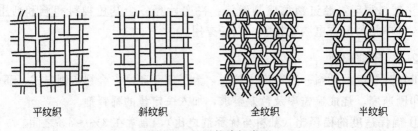

| 平纹织 | 斜纹织 | 全纹织 | 半纹织 |

图 6-5　丝网的编织类型

② 丝网的型号　国产丝网的品种主要有蚕丝丝网、锦纶丝网、锦纶蚕丝交织丝网和金属丝网，其型号、规格及主要物理性能国家已以 GB 2014 做了规定。蚕丝及合成纤维丝网的型号按所用原料和织物组织来划分，基本由 2 个字母组

成，第一个字母表示原料类别，第二个字母表示织物组织。由 3 个字母组成的型号，前二个字母表示原料类别，第三个字母表示织物组织（表 6-1）。规格以每厘米长度的孔数来表示。

表 6-1　国产丝网型号代码

织物组织及代号	平纹组织 P	方平组织 F	半绞纱组织 B	全绞纱组织 Q
蚕丝 C	CP		CB	CQ
锦纶丝 J	JP	JF		JQ
锦纶、蚕丝 JC				JCQ

进口丝网产品的规格一般以英制计量单位表示，即目/in。常用的由瑞士、日本等国产的丝网。其中瑞士生产的丝网分别用 SS、S、M、T、HD 表示规格，如表 6-2 所示。S 型丝网的丝径细、丝网薄、网孔大、适用于精细丝网印刷品的制版和网目调丝网印版的制作。T 型丝网的丝径比 S 型粗，网孔比 S 型小，厚度适中，适于制作由色块、线条组成图像的丝网印版。M 型丝网是 S 型与 T 型丝网之间的一种产品。HD 型丝网的丝径最粗，网孔最小，丝网最厚，适用于制作由粗线条组成图案的丝网印版。

表 6-2　相同目数不同规格的丝网性能特点

代号	名称	线径	网孔宽度	开孔面积	丝网厚度	强度
SS	超轻型	最细	最大	最大	最薄	最低
S	轻型	较细	较大	较大	较薄	较低
M	中型	中等	中等	中等	中等	中等
T	重型	较粗	较小	较小	较厚	较高
HD	超重型	最粗	最小	最小	最厚	最高

③ 丝网的选用　在丝网印刷中，承印物种类繁多，承印材料也各具特性。通常在选用丝网时可根据承印物材料选择。当承印物为衣服、围巾、领带、书包等时，可选用尼龙丝网；当承印物为明信片、壁纸、日历等时，可选用厚尼龙丝网；当承印物为玻璃器皿、金属容器、木材、陶瓷、塑料制品、玩具时，可选用单丝尼龙丝网、薄涤纶丝网、不锈钢金属丝网；当承印物为集成电路、半导体元件、绝缘布、电视元件等时，可选用涤纶丝网、不锈钢丝网。

选用丝网用于制版，要从多方面综合考虑。表 6-3、表 6-4 是分别从印刷适性、承印情况的角度考虑，选用日本产丝网的实例。

表 6-3 丝网选用实例　　　　　　　　　　　　　　　　　单位：目

印刷条件		蚕丝		尼龙	聚酯		不锈钢	
		NP	SP	N-NO	T-NO	TNP	TP	No
挖剪制版	招牌、指示牌、纺织品、针织品	70~200	90~170		70~200	70~196	60~180	
纺织品印染			90~170					
粗糙图案	纸、金属、陶瓷、玻璃、塑料、皮革等	70~120		100~200	70~120	70~120		—
一般图案		120~200	90~120	200~300	200~300	120~196	90~150	200~300
精细图案		—		300以上	300以上	—		300以上
与电子元件有关的尺寸精度高的制品	电路板、厚膜集成电路、抗蚀膜印刷、刻度板印刷等				250以上			250以上
粗颜料颗粒油墨的印刷	壁纸、天花板、地板	48~120		50~150	50~150	70~120		

注：字母含义见表 6-4。

表 6-4 丝网的选择（依承印物分类）

承印物	印刷品	使用的丝网种类
纺织品	围巾、薄围巾、领带、花布等	SP NO TP TNP TPM
纸	宣传画、装饰壁纸、卡纸、月历、挂图、封面等	SP NP NO TP TNP TPM
玻璃、陶器、金属、木材、塑料	玻璃器皿，陶瓷器，铝器，轻合金、铜铁金属容器，装饰漆器；各种建材：天花板、地板、墙壁、赛璐珞、橡皮、塑料、皮革、油毡、漆布	SSQ NO NOS# NOS TP# SP TNP No
与电子工业有关的印刷	集成电路(IC)、电视、收音机、电子计算机、通信机的文字盘、绝缘材料等	SSQ NO NOS# TNP

注：表中为日本丝网规格型号；NP、SSQ、SP 表示绢制品，平织、多丝；NO、NOS、TPM、TNP、TP、NOS#、TP# 表示涤纶制品，平织，其中 NO、NOS、TPM 为单丝，TNP、TP 为多丝，NOS#、TP# 表示经为单丝，纬为多丝；No 表示不锈钢丝网，有平织，绫织（单线）。

④ 选用丝网应注意的问题

a. 编织不均匀。有几种情况，其中丝和丝之间的间隔不均匀或时好时坏，这会造成孔径变化而影响印刷油墨转移量，油墨膜层厚度会出现差异。如网编织不均匀仅出现在局部，使用时应尽可能避开这一部分，不使其影响到印刷质量。跳丝是指编织中某根丝在中途断开，形成几厘米的脱落状态，若不注意就不能发现，这一缺陷也将影响到印刷质量。

b. 丝的粗细不均。网是由丝编织而成的，一般人认为丝的粗细大体上都是一致的，其实不然。由于网丝的粗细变化，使网的某部分变厚或变薄，印刷时会出现油墨厚薄不均的现象。

c. 丝表面不光滑。聚酯单丝是经一喷丝嘴喷制而成，这一过程产生了表面相当光滑且均匀一致的丝。丝与丝印有关的两个特性是：直径（D）及强度。丝的直径（D）决定丝网的厚度（F_t）。如果丝为聚酯，则丝厚度为 $2D$ 或少于 $2D$(约 $1.8D$)。丝网厚度是墨膜厚度的决定性因素之一。单一网线的强度是由于其抗拉强度和直径决定的。而丝网的强度是由网丝的强度及丝网单位长度内网丝的数目决定的。

d. 油墨通过丝网的难易程度。一般选用时考虑这方面比较多。中间色调用透明度高的油墨，颜料颗粒比较微细，油墨的通过性好，这种油墨使用高目数丝网时也能很好地通过；一般塑料油墨通过性较好；特殊用途的油墨，颜料浓度高的油墨，尽管颗粒细，但其通过性相对来说仍比较差。

e. 承印物表面的粗糙情况。当承印物表面较为粗糙时，一般使用较低目数的丝网。如皮革、帆布、发泡体的薄片、木材等的印刷。由于承印物表面粗糙，吸墨性较强，所以要用目数较低的丝网，以确保足够的墨量通过。

f. 根据原稿图文线条精细程度选择丝网。与上述情况相反，在一般情况下精细线条要选择高网目丝网。

g. 选用丝网还要考虑成本。在满足成本。在满足印刷要求的前提下，尽量选择用价格较低的丝网。

（2）网框

① 网框的分类 丝网印刷中所需要的网框可以分为，木质网框、铝制网框（简称为铝网框）和钢制网框这三种，后两者的在随着印刷技术的提高，印刷条件要求的上升，人们越来越多采用铝制或者钢制的网框，因为它们具有抗扭曲或拱变性能、抗水性能、轻质特性与耐用性等优势，对丝印机印刷的质量有很大的帮助。

表 6-5 不同网框材料性能比较

材料	变形程度	绷网方式	印刷版面	优点	缺点
木材	较大	手工、机械	较小	成本低	稳定性差、不耐用
铝材	不易变形	机械	较大	稳定性好、坚固耐用、使用轻便	成本较高
钢材	不易变形	机械	较大	坚固耐用、稳定性好	成本较高、使用笨重、易生锈

丝印的铝网框的特点：重量轻、断面选择范围广、高屈强度、抗腐蚀性（化学剂、油墨、溶剂以及清洁剂等）以及容易清洗。

丝印的铝网框的种类及特点：铝网框分为空心型、日字型、田字型和交叉型四种主要型材。

a. 跑台印花铝框　适合跑台印花，服饰印花、工艺礼品、皮革、塑料、有机玻璃制品和玩具印刷等厂商使用；印刷作业主要为手工型流水线（跑台）作业。

b. 精密电子铝框　适合于多层线路板、液晶显示、表面贴装、薄膜开关、陶瓷贴花纸、烟酒包装印刷等高精密度要求的厂家使用；印刷作业主要以全自动丝网印刷机为主，部分也适合于精密半自动丝网印刷机。

c. CD、陶瓷铝框　适合于 CD 唱盘、标牌铭牌、滴胶、键盘、塑料、外壳等普通印刷精密度要求厂家使用；印刷作业以手工印刷和小面积印刷机器为主；可定做单边框和弧形框等异形框。

d. 大型铝框　适合于大型户外四色广告，灯箱印刷、汽车玻璃、玻璃幕墙等大幅面印刷厂使用；印刷工作主要以大幅面丝网印刷为主。

e. 电子铝框　适合于单双面印刷电路板、贴花、玻璃印刷等印刷精密度要求厂家使用；印刷作业主要以半自动丝网印刷机为主，部分材料也适合于手工印刷。

② 网框的选用

a. 抗张力要大　作为网框的材料应具有能耐丝网张力的充分强度，因为在绷网时，丝网对网框产生一定的拉力，这就要求网框要有抗拉力强度，若强度不够框就会挠曲，就会变形，就印不出好的印刷品。

b. 坚固耐用　网框在使用中要经常与水、溶剂接触，并受温度变化的影响。在受到这些外因影响时，要求网框坚固耐用，不发生歪斜等现象，保证网框的重复使用，以减少浪费，降低成本。

c. 粘合性好　网框与丝网粘接面要有一定的粗糙度，以加强丝网和网框的粘接力。

d. 尺寸合适　生产中要配置不同规格的网框，使用时根据印刷尺寸的大小确定合适的网框，可以减少浪费，便于操作，并有利于尺寸的稳定。

③ 网框的保管与维护

a. 水平存放　为减少网框存放过程中变形、损坏，一般可将网框水平码放，堆积不宜过高，以防底层网框发生变形。

b. 防碰撞与重压　在运输存放时，重压和碰撞往往会造成网框的变形和损坏，变形和损伤严重的网框不能用于制版。

c. 防潮　木质网框的存放场地位应干燥、通风，防止潮致变形影响其强度和制版质量。

（3）制版感光材料

丝网印刷制版用感光材料按其存在的形态区分有感光胶和感光膜亦称菲林膜、菲林纸；按其组成的材料性质区分有重铬酸盐系、重氮盐系、铁盐系等；按其用途区分有耐水性、耐溶剂性。

① 感光胶

a. 感光胶的组成及分类　感光胶又称感光乳胶和感光膜又称菲林膜都是当前国内外网印界普遍使用的感光材料。感光胶或膜一般以明胶、聚乙烯醇、尼龙等作为基体，采用重铬酸盐和重氮盐为光敏剂。由于重铬酸盐含有价铬离子对人体有毒害易造成公害同时还具有暗反应快只能随配随用一般为两天之内的缺点现在已被新型重氮盐感光胶膜所代替。重氮盐系感光材料解像力高制版图像清晰光敏剂混入乳胶中可在室温下个月保存使用。耐印力高且无毒、无污染，因此有很好的推广和使用价值。

感光胶一般分为单液型和双液型两种。单液型感光胶在生产时将感光剂混入胶中，使用时无需要配制即可涂布；双液型感光胶使用前需首先将光敏剂按配方水 溶然后再混溶于乳胶中充分搅拌放置，待气泡消失后使用。

b. 感光胶的主要成分　丝印感光胶的主要成分是成膜剂、感光剂、助剂。成膜剂起成膜作用，是版膜的主要成分。它决定着版膜的粘网牢度和耐抗性（如耐水性、耐溶剂性、耐印性、耐老化性等）。丝印感光胶常用的成膜剂有：水溶性高分子物质如明胶、蛋白及 PVA(聚乙烯醇) 等。早期的感光胶都用这类单一成膜剂来配方，但制作的版膜，其耐抗性较差。后来都用 PVA 改性胶体，可分为 PVA 的物理改性胶体、PVA 的化学改性胶体、PVA(或明胶)＋交联剂三类。感光剂在蓝紫光照射下，能起光化学反应，且能导致成膜剂聚合或交联的化合物。感光剂决定着感光胶的分光感度、分辨力及清晰性等性能。助剂是成膜剂和感光剂配方的主体成分，但有时为调节主体成分性能的不足，尚需另加一些辅助剂，如分散剂、着色剂、增感剂、增塑剂、稳定剂等。

② 感光膜　亦称菲林膜、菲林纸，是以塑料透明薄膜为片基，在其上涂布一定厚度的感光乳剂而制成的。感光膜主要用于间接法和直间法制版，其产品颜色一般有红、蓝、绿三种。感光膜通常以其所涂布的感光胶厚度分为 1～4 号四种规格。国产感光膜从外观上分为粉红与蓝色半透明薄膜两种，其性能相同，只是粉红色所需曝光时间稍长一些而已。下面以某种感光膜为例，分别介绍如下。

1 号感光膜：感光膜胶层厚度为 0.01～0.014mm，主要用于印刷 0.1mm 左右精细线条的丝网印版。

2 号感光膜：感光胶层厚度度为 0.018～0.022mm，主要用于大于 0.1mm 的线条丝网印版。

3 号感光膜：感光胶层厚度为 0.035～0.04mm，主要用于印刷电路板、具有立体感的面版、标牌等的丝网印版。

4号感光膜：感光胶层厚度为 $0.05\sim0.06$mm，主要用于墨膜较厚的印件的丝网印版。

各种型号的感光膜，用于制作丝网印版时的制版工艺基本相同，仅4号感光膜敏化贴膜后，在网版背面需重刷两次敏化液，以保证敏化透彻。感光膜的成品有单张及卷筒两种包装形式，制版时可根据需要裁切。

③ 丝网印刷对感光材料的要求

a. 丝网制版对感光材料的要求　制版性能好，便于涂布，有适当的感光光谱范围，一般宜在 $340\sim440\mu m$，感光波长，制版操作和印版贮存需有严格的暗室条件；波长过短，光源的选择、人员的防护将变得较为困难；感光度高，可达到节能、快速制版的目的；显影性能好，则分辨力高，稳定性好，则便于贮存，感少浪费。

b. 丝网印刷对感光材料的要求　感光材料形成的版膜应适应不同种类油墨的性能要求，具有相当的耐印力，能承受刮墨的相当次数的刮压；与丝网的结合能力好，印刷时不产生脱膜故障；易剥离，不易产生鬼影，利于丝网版材的再生使用。对不干油墨来说，要求感光膜在承印面达到一定的厚度 $10\sim40\mu m$，约为 $1\sim2$ 张 80g 复印纸的厚度。

6.2.3.2　彩釉玻璃制版工艺

当制版所要求的设备和其他条件都具备时，就要进行制版。感光制版法分直接法、间接法、直间法三种，从本质上进上述三种制版方法的技术指标是一样的，只是涂布感光胶或贴膜的工艺方法有所不同，这里所说的是直接法，大至程序如图 6-6 所示。

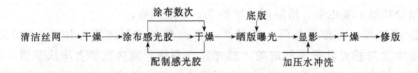

图 6-6　感光制版工艺流程示意

（1）绷网

1）绷网设备种类及比较　在玻璃网印网版制作过程中，绷网无疑是一个很重要的步骤。网版张力的大小、整张网版张力的均匀程度、网版绷好后张力的损失程度以及网版寿命的长短都和绷网工艺及丝网质量有着直接的关系。不仅如此，现在无论是建筑玻璃还是汽车玻璃的网版印刷所用的网版，绷网都是由绷网机来完成的，手工绷网已经很少用了，因此绷网机的不同就直接关系到网版质量的优劣。

现在所使用的绷网机按动力的供给方式分为气动式绷网机、机械式绷网机和电动机械式绷网机三种。而按网框的受力方式划分为自由式和直线式两种。机械式绷网机和电动机械式绷网机可称为直线式的，而气动式绷网机可称为自由式的，如图 6-7。

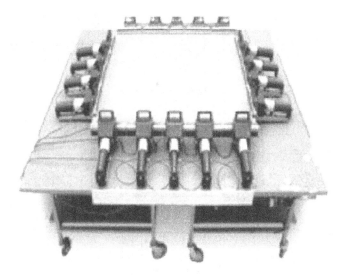

图 6-7　气动绷网机

气动式绷网机在绷网的过程中，各个绷网夹头是可以前后自由移动的，因而可称为自由式绷网机。当压缩空气通过气管进入每个绷网夹具的汽缸中后，虽然进气压力是相同的，但每个汽缸的行程是不同的，在网框每边中间的汽缸行程要长些，而在网框四个端角部位的汽缸行程要短些。原因是网框四边中间部位由于受到夹具的顶压，网框向内收缩幅度要大于网框的端角部位。

这样造成的结果是，网框四边形成一个向内拱的弧形，对于大型网框的长边，这种现象尤为明显。而对于机械式绷网机和电动机械式绷网机则不存在这种现象。由于机械式绷网机和电动机械式绷网机四周的绷网夹具都被固定在四条横臂上的，因此当绷网时，四边横臂上的绷网夹具是同时移动的，它们移动的行程由于受到四边横臂的制约，只能移动相同的位移，因而可称为直线式绷网机，用它们绷出的网版，网版四边的变形量很小，基本上是直线式的。

2) 直接绷网法和间接绷网法

① 直接绷网法　丝网四边固定于绷网机夹头上，丝网与网框在工作平台上水平接触（网框上端面与丝网夹角为零度）。四面拉紧丝网达到额定绷网张力，黏结牢固后，沿框外边的切断丝网，如图 6-8 所示。

② 间接绷网法　在丝网拉紧以后，将工作平台上升，托起网框，使丝网与

网框上端面产生一定夹角，从而使丝网与网框粘接面良好地接触，再粘牢丝网，如图 6-9 所示。

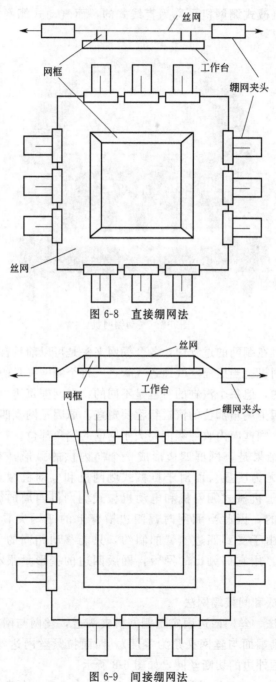

图 6-8　直接绷网法

图 6-9　间接绷网法

直接、间接两种绷网机绷网法各有各的特点，但经过实验表明，绷网后的张力减弱程度和速度是有所不同的。间接绷网法张力减弱程度及速度大于直接绷网法，因此在绷网机绷网后要放置一段时间，待张力不再变动时，再进行制版。此外，间接绷网机绷网法绷网机绷网时，在工作台上升高度相同的情况下，网框大小与丝网尺寸之比越大，张力减弱程度越高。

3）绷网步骤

① 网框的表面处理　粗化和去污。

② 涂粘网胶　网框表面处理后，马上对其粘网面涂刷一层粘网胶。为便于观察，粘网胶可加入适当的染料，如醇溶性粘网胶中可加红色圆珠笔油。涂胶可用油画笔刷，刷子宽约为框条宽的一半。胶液浓度不宜太大，以两次涂成为好，先涂第一遍，表面干燥后，再涂第二遍。

胶粘法使用的黏合剂常称为粘网胶，其性能应满足丝网和网框粘接牢固的需要，应耐水、耐丝印中的常用溶剂、耐温度变化，并不损坏丝网且应快干等。根据具体的网框、丝网、油墨和制版显影剂等材料的特性，要选用适当的粘网胶。

使用最多的是溶剂挥发型粘网胶，这类胶采用快干溶剂时，一般 3～5min即告粘牢；此胶既可"即涂"，也可"预涂"。预涂是在拉网前，先将胶涂在框面上得干胶层；固网时，用适当溶剂将它活化变黏。国内采用的这类胶有：缩醛胶、合成树脂胶、502 胶、过氯乙烯胶及虫胶等，其活化剂大都为醇、酮、酯类溶剂；若用汽油类作活化剂，则可用橡胶型粘网胶。

此外，还有采用双组分胶和紫外光固化胶作粘网胶的。双组分胶包括高分子胶液和固化剂两种成分，临用前才将它们混合，混合后就会发生化学反应而固化，固化的时间较长，一般需 20min 以上。但固化后的胶层，强度大、耐溶剂性好。能用作粘网的双组分胶很多，如酚醛丙烯酸胶、环氧胶、聚氨酯胶以及不饱和聚酯胶等。

紫外光固化胶为无溶剂胶，用作粘网胶的优点是干燥快、黏结牢固及耐溶剂性好，但必须要有便于活动的高功率紫外光源（如紫外灯及镝灯等）的照射，才能干燥，因此限制了它的应用。

粘网的强度，除了胶种外，还与框面的性能有关，即网框的黏合面要干净、表面积要大。为此，对表面过于光滑的金属框，尤其是铝框，应做粗化处理，可用阳极氧化电解法粗化，也可用粗砂纸或砂轮机械打毛。粗化了的表面为了防止氧化，最好用双组分胶黏剂涂盖、保护。框面的清洁工作，应在涂布粘网胶前进行，用适当的溶剂（如乙醇、丙酮及精炼汽油等）或洗涤剂将框面的灰尘和油脂彻底洗除，干燥后即可涂粘网胶。

③ 裁取丝网　裁切边应平行于丝网的经、纬丝线。为此，手撕比剪裁为好。

④ 配网夹　根据网框的尺寸，配置和选定网夹的尺寸及个数，即每边组合的网夹总长度应短于网框的内边长约 10cm。布置网夹时，两相对边上的网夹数量、长短及位置都应对称；网框每边的两端（即角部）各留空 5cm，可免拉网时角部撕裂的危险；网夹端间的空隙以小为好；调整钳口螺钉，使网夹的夹紧力最大。

⑤ 夹网　将丝网夹入网夹内，应十分仔细，使丝网的经、纬丝线与网夹边保持平行，并尽可能挺直，切忌斜拉网。

⑥ 初拉　仅拉伸至额定张力的 60％的拉网称初拉。丝网因编织的特性，要求拉伸时慢慢给力，以利于网孔形状的调整和张力松弛的加速，同时也可防止一下拉紧到高张力时发生破网的危险，因此采取分步拉网或增量拉网方法。送气拉网的操作如下：

a. 调整空压机的气压值，应大于拉网气压值的 30％左右；

b. 打开空压机气阀及气源控制器气阀；

c. 调节气源控制器上的压力表至初拉压力值；

d. 打开二拉三通手控阀，压缩空气通过分配器至各汽缸，推动活塞，完成初拉动作。初拉时，应仔细检查网的经、纬线情况，若发现与网夹不相平行，应松下丝网，重夹重拉。

⑦ 初拉后约 10min，使初拉张力下的丝网，尽量松弛。

⑧ 重拉　提高气压至额定值，同时用张力计测量张力值，每隔 5～10min 对损失的张力补偿一次，气动绷网会自动补偿；其他绷网则须人工补给，即反复拉紧，直至张力稳定在额定值为止。一般需反复拉紧 3 次上。

⑨ 固网　往黏合面上喷或刷粘网胶的活性溶剂，随即用棉纱擦压网框的黏合处，视整个粘网面上呈现较深而均匀的颜色，黏结才算充分。如果出现浅色区，表示该区涂胶不足，应予补涂；或是框面与网接触不良，可用压铁加压丝网，接触充分后再进行黏合。待黏合部分的胶彻底干燥后，关闭二位三通阀，切断气源，拉网器进气口与大气连通，活塞靠弹簧复位，即可松开网夹，取下网版。

⑩ 整边　裁去多余的丝网，包边、标注，以及用胶带或加涂涂料保护黏合部分不受有害溶剂的侵蚀。

从绷网设备上取下绷好的网版后，为使网版耐用和清洁，还需做下列整理工作：将多余的丝网剪去并修齐；剪剩下的网边应能包住框架外侧面的一半，并将它粘牢于框边上。

⑪ 网版标注　绷好的网版，应在框架方便处（一般在网框的外侧面），注明下列内容：一是丝网的材质、目数、丝径等级及绷网日期等。如单纱尼龙 110 HD 1985 04 03；二是标注的字符，最好用耐溶剂的双组分油墨书写，或在其上

涂覆一层耐溶剂的透明涂料。这样，可为网版的长期保存和反复使用提供必要的方便。

4）绷网的质量要求

① 绷网张力的选择　丝网印刷精度与丝网印版的精度有关，而丝网张力是影响丝印质量的重要因素之一。丝网张力与网框的材质及强度、丝网的材质、温度、湿度、绷网方法等有关。

通常在手工绷网和没有张力仪的情况下，张力确定主要凭经验而定。绷网时一边将丝网拉伸，一边用手指弹压丝网，一般用手指压丝网，感觉到丝网有一定弹性就可以了。

在使用绷网机以及大网框绷网时，一般都使用张力仪测试比丝网张力。

丝网的张力并非愈大愈好。张力过大，超出材料的弹性限度，丝网会丧失回弹力，变脆，甚至撕裂；张力不足，丝网松软，缺乏回弹力，容易伸长变形，甚至发生卷网，严重影响印刷精度和质量。

另外，额定张力还应考虑作业条件，如精度要求、温湿度变化、水洗冲力、网距大小、刮印拉伸、油墨的抗剪切力及承印物表面的起伏等，都有可能引起丝网张力的升降，因此在定标时应予顾及，表 6-6 列出不同印刷任务时 SST 丝网的额定张力。

表 6-6　不同印刷任务时 SST 丝网的额定张力

丝网类型	印刷任务类型	额定张力/(N/cm)
涤纶丝网或镀镍涤纶网	电路板及计量标尺等高精度任务	12～18
	色色丝印	8～16
	手工丝印	6～12
尼龙丝网	平整物体	6～10
	弧面或异形物体	0～6

绷网的张力也可以用丝网的拉伸量来控制，表 6-7 为 SST 丝网的弹性极限和印刷时丝网的伸长极限。绷好的网要既不失弹性，又有好的抗伸长性，以保证小网距、高精度的印刷要求。符合这种条件的绷网张力，称为额定（最佳）张力。

表 6-7　SST 丝网的额定伸长值

丝网类型/目	涤纶丝网/%	尼龙丝网/%	镀镍涤纶网/%
10～20	1.0～1.5	2.0～3.0	0.5～1.0
20～49	1.5～2.0	3.0～4.0	
49～100	2.0～2.5	4.0～5.0	
100～200	2.5～3.0	5.0～6.0	

② 经纬丝线保持垂直　绷好的丝网的经纬丝应尽可能与网框边保持垂直。绷网时一是正拉，即力向与丝向保持一致。若斜拉会出现丝向不一；二是被网夹持着的丝网拉伸时能横向移动，即每根网丝能做垂直于拉力方向的平行移动。

③ 网面张力要均匀　整个网版网面上的张力均匀度，即张力在网面上分布的均匀程度。它取决于绷网装置和绷网方式，绷网装置的质量水平及丝线性能的均匀程度等。它要求丝网的每根丝线所受的拉力都必须相等，而且丝网在张力的作用下所发生的拉伸变形都在弹性限度内。要求丝网张力均匀度的最终目的是保证丝网拉伸的均匀性，以保证印版图像的相对稳定性，防止印版图像在印刷时发生形变。丝网的每根网丝只有具有均匀和一致的性能，才能保证丝网在均匀的张力作用下产生均匀的变形。实际生产中，无论采用什么形式的绷网机，其四角的张力都会大于中央区域。为了使图文部张力均匀，必须使绷网夹短于丝网的边长，这样在四角上就会形成弱力区。在生产中，一次同时绷粘数个网框也可以使绷网张力大体上均匀一致。

④ 防止松弛　绷好的网版，其张力应不变或少变。实际上，人们常会发现时间长久网版会变松或越用越松，存在着张力下降的现象。产生这种现象的原因很多，其中两点与绷网有关，即网框变形和丝网的张力松弛。

为减小缘网后的张力衰减，应采取"持续拉网"和"反复拉紧"的绷网方法，使一部分张力松弛于固网前完成。即使是铝制或钢制的网框在绷网拉力下也会产生变形，可以用两种办法避免网框弯曲造成张力的损失。即在绷网的同时，网框预先受力或者绷网之前预先受力。

(2) 网版前处理　为了防止由于污染、灰尘、油脂等带来感光膜的缩孔、针眼等现象，在进行感光胶涂布之前，必须对绷好的网版进行网版前处理。前处理包括去污脱脂和粗化处理两部分。

1) 粗化处理　对聚酯(PET)弱极性材料进行粗化处理，使其表面增加多孔的不光滑表面。处理过的 PET 网能增加与感光材料的结合面积，从而提高感光材料在网上的附着力。用刷子沾磨网膏在丝网上作圆周来回涂擦，使丝网达到均匀粗化。

粗化网版的好处主要有：一是对聚酯（PET）弱极性材料进行粗化处理，使其表面增加多孔的不光滑表面。处理过的 PET 网能增加与感光材料的结合面积，从而提高感光材料在网上的附着力。二是对网版上的丝网进行脱脂是为了除去油污，提高感光材料与丝网间的亲和力以及网版的耐印次数，减少版在制作过程中感光层上的针孔。

2) 去污脱脂　对网版上的丝网进行脱脂是为了除去油污，提高感光材料与丝网间的亲和力以及网版的耐印次数，减少网版在制作过程中感光层上的针孔。

具体做法是：首先，将脱脂剂倒出少量在已粗化后的网版面上，然后用毛刷作圆周来回涂擦 2～3min；其次，若再生版需翻新，且将网版放入剥膜水槽里面浸泡 5min 左右，然后用高压水枪冲洗（剥膜水的比例为 100g 剥膜粉加 18kg 水）；最后，用 783 开油水涂擦留在网版上的油墨痕迹，若不能清洗干净，干燥后可用鬼影膏涂在痕迹处（两面都需涂上微薄一层），5min 后用毛刷作圆周涂擦，然后用高压水枪彻底冲洗干净。

（3）感光胶的涂布　感光胶的涂布方法可分为机械涂布和手工涂布。机械涂布主要是通过机械动作完成感光液的涂布，有半自动涂布和全自动涂布两种，半自动涂布除机械涂布外，还需人工协助操作；全自动涂布则全部由机械自动完成。机械涂布主要适用于大面积网版涂布，具有涂布厚度均匀等优点。

1）手工涂布　手工涂布主要有 3 种方法，即：不锈钢（或丙烯和其他材料）刮斗涂布；不掉毛的平毛刷刷涂；薄塑料板刮涂。手工涂布适用于中小面积网版的涂布，其操作技术和工具是保证涂布质量的重要因素。在一般的中小印刷厂中，目前还是以手工涂布为主，其中以刮斗涂布最为常用。

① 刮斗及主要功用　刮斗（图 6-10）也称为上网浆器，是手工涂布感光胶的专用工具。一般用不锈钢材料制作，这种刮斗具有重量轻、使用轻便、耐腐蚀性强、不易生锈、制作方便等特点。在丝网印刷中，刮斗的主要功能是用于丝网涂布感光胶和封网。

在涂布感光胶时，先将感光乳剂倒入刮斗内（一般倒入量不超过刮斗容量的 1/2），将清洗干燥的丝网框斜靠在支撑架上，刮斗内倒入感光胶后，刃口紧贴丝网，将绷好网的网框倾斜靠在固定的涂胶架上，大约成 70°，角度大胶层薄，角度小胶层厚。把放入感光乳剂的刮斗刃口边呈水平状靠在网框的下端，用双手握住刮斗，将刮斗稍向上倾斜使感光剂与丝网接触，待刮斗刃口和丝网接触处全部有胶后，轻微用力，平稳地由下向上匀速刮动。运动中间不要停顿，使感光胶均匀地涂布在丝网上并与丝网牢固结合。当胶斗行至离顶端 2cm 处，使斗下倾（大于 100°夹角）且稍停顿，将刮斗左右移动持续向上运行，以使网版上的胶液流回斗内，而后拿开刮斗，完成一次涂布。涂布中刮斗移动速度不宜太快，以免涂布时起泡而产生针孔故障。涂布是在网框内外两面刮涂，刮涂一次，干涂一次。为了保证涂膜厚度均匀，每刮涂一次后，网框位置应上下掉换一次，依照这样的方法循环往复，直至达到所需要的感光胶膜厚度。一般网框内侧丝网面可刮涂 2 次，接触承印物一侧丝网

图 6-10　刮斗

可刮涂 3～6 次，但胶层不宜过厚，以免影响显影。刮涂后擦净丝网边缘部分多余的感光胶。为了节约感光胶，可在网框内图文以外部分刮涂封网浆。

② 刮斗涂布的顺序

——把绷好网的网框以 80°～90° 的倾角竖放，往斗中倒入容量为 6～7 成感光液，把斗前端压到网上。

——把放好的斗的前端倾斜，使液面接触丝网。

——保证倾角不变的同时进行涂布。此时如果涂布的速度过快，容易产生气泡造成针孔。

——涂布到距网框边 1～2cm 时，让斗的倾角恢复到接近水平，涂布至多余的液体不剩下为止。

这样全部涂布感光胶后，把框上下倒过来再重新涂布一次，然后干燥。第一次干燥应充分，若用热风干燥，应掌握适当温度；温度过高，有产生热灰雾的可能，必须引起注意。干燥后，再按同样的要领涂布 2～3 次，直到出现光泽。刮斗接触网的力量的大小依涂布速度不同而不同，如果把刮斗往返一次算作一个行程的话，一次涂布的感光膜的厚度在完全干燥状态下为 $1.2～1.6\mu m$。因而 7～8 个回合行程后可以得到 $10\mu m$ 的膜厚。通常涂布的丝网面是与承印物接触的面，为了提高其耐印力，可让刮斗在网上往返 1～2 次算作一个行程。这种涂布斗涂布只需稍作练习即可掌握，如果行程数固定，通常可以得到相应的膜厚，但是膜厚的要求相当严格时，必须利用膜厚计测定。涂胶次数的计算：一般采用"湿涂干"方法，即涂布与干燥交替进行，每交替一次称为一遍，一般膜层需涂 2～4 遍，每遍 2～3 次。

2) 机械涂布　用于网印制版的自动涂布机的工作原理是相同的，但其性能根据不同的机型及不同的生产厂家而不同。丝网涂布机在垂直的机架上都设有能夹紧网框的装置。丝网区的前后是水平的涂布机构，这个涂布机构由涂布槽，以及控制涂布槽角度和压力的机械部件或气动部件组成。

涂布机构两端装在涂布机的垂直支撑臂上，通过皮带、链条或电缆的传动，使涂布机构上下运动，沿丝网的表面涂布。传动机构连接在伺服或变频电动机上，使其操作平稳，并能够精确控制涂布机构的位置。

涂布前，将清洁的绷好网的网版从涂布机前面装入，有的机型也可从侧面装入网版。在为大幅面网框设计的机型中，侧面装版更为常见，因为网框大且笨重，侧面装版，可使抬升量和搬动量小一些。在自动丝网涂布机与其他自动丝网处理设备（如清洁设备、再生设备、干燥装置和显影机）联机运行时，从侧面装版更为便利。

不管网版是如何装上的，一旦网版处于正确的位置，气动夹紧装置或机械式夹紧装置即闭合，将网版锁定。为了操作更为方便，许多机型都有脚踏板控制版夹动作，操作人员可以腾出双手来控制网版。

安装完网版，向自动涂布机灌入相应的感光胶后，即可开始涂布。根据控制系统和设备所具有的功能，设备可同时对丝网的两面进行涂布。涂布方式有两种，一是通过多次湿压湿的操作在丝网上涂布感光胶；或是在每次涂布之后加上干燥的过程。

3）感光膜的干燥　涂布和干燥感光膜在黄灯下进行工作最安全。利用热风干燥感光膜，最重要的是要注意温度。感光乳剂在液体阶段感光度低，感光度随着涂布膜的干燥而上升，完全干燥后才能达到规定的感光度，所以晒版前应充分干燥，并且要做到在干燥后短时间完成晒版。干燥时如果膜面落上灰尘，也会产生针孔，所以膜面干燥的操作时间内，必须注意不要有灰尘。

（4）晒版

1）晒版光源的选用　在感光法丝网制版工艺中，晒版是极为重要的工艺过程。如果正确地选择和使用晒版光源，对于提高丝网印版的质量，有效地节约能源，简化操作，维护操作者的身体健康，降低成本具有极为重要的意义。由于感光性树脂感光材料的种类不同，所以要选择使用符合各种感光材料需要的光源。

目前所用的各种丝网感光材料其感色性大多分布在 $250 \sim 510 \mu m$ 之间。因此从理论上讲，凡是发光光谱能量发布曲线上的峰值波长于 $250 \sim 510 \mu m$ 的光源，均可用于丝网晒版。另外在晒版时，要充分研究一下版的大小、光源的输出功率、版和光源间的距离，并且要特别注意灯光反射板的作用。

2）选择光源时的注意事项

① 光源的发射光谱应与感光材料的吸收特性和感色性相匹配。光的能量因波长的频率不同而有所不同，波长越短，频率越高，光子能量越大。当光在辐射的过程中被物质吸收后，由于光子具有一定的能量，因而会使物质发生物理和化学变化，由光能量所引起的化学反应，称之为光化学反应。所谓光化学匹配性，是指所选用的光源的光谱输出分布应与感光材料的光谱感色性相匹配。即感光材料吸收光发生光化学反应的波长范围，正好是光源发光光谱的输出范围，感光材料的最大吸收峰正好是在光源的输出峰值处。这样光源的光能最大限度地被感光材料吸收而发生光化学反应。

② 发光效率高、强度大。在其他条件不变的情况上，光源的功率和发光效率越大，其发光强度或亮度越大，曝光表面的照度也随之增大，感光材料获得同等曝光量所需的时间也就越短。

③ 光源热辐射小。在保证光源具有足够的发光强度或亮光的前提下，光源的热辐射应尽可能的小。使用大功率强光源时，必须对灯管采取强制冷却（风冷、水冷）等措施，并采用其他措施，使感光材料的曝光而温度控制在 32℃以下。

④ 发光强度均匀。光源的照射面发光强度应尽可能均匀。曝光装置的设计，应保证感光材料的曝光面各点照明度差不超过 15%。光源环境适应能力强。光源应有较强的环境适应能力，在各种不同的温度、气流、电压变化情况下，均能正常工作。在实际生产中，要选择一种能完全满足上述要求的光源是不现实的。

上述选择原则提出的目的，仅仅是希望制版操作人员在选择使用制版光源时，应考虑到光源对感光材料曝光质量的影响，做到有的放矢。

3) 晒版设备　晒版机主要晒版设备，是感光材料的曝光器具。它和简易的晒版装置相比，具有极大的优越性，如果没有真空晒版机，而用简易的晒版设备，那么一定程度上图案还原的精度将受到影响。

4) 晒版　感光膜完全干燥后要尽快晒版，晒时要把阳图底版的膜面密合在感光膜面上曝光。

① 在曝光前应对底版做进一步检查。底版的空白部分，其透明越高越好，透明度高则光通量大，感光胶固化完全，显影后图像清晰，边缘整齐。

② 曝光应该在专用丝网晒版机中进行。晒版机是晒制高质量的丝网版的主要设备。在晒版由精细线条或网点组成的图案时，则必须使用带有真空抽紧装置和经过选择的卤素灯光源组成的专用丝网版晒版机。

③ 曝光中最重要的环节是使丝网框和底版紧密贴附。丝网和底版接触不实，晒出的图必然发虚，严重时会完全报废。

④ 做到能使感光膜硬化，最理想的光源是能发出从紫外线到紫波长的光源。

⑤ 晒版前，必须确定阳图软片的下面和背面，应先检查正片，丝网感光膜面和晒版架的玻璃面上是否有污或灰尘。然后将正片和网框版膜装入晒版框内密合，再从玻璃面检查一次，如果正片图像放在了网框的正确位置上，即可能电曝光了。

⑥ 曝光。制版质量的好坏往往取决于光源、感光体表面与光源的距离及曝光时间等因素。曝光条件要依照乳剂的种类、涂布感光胶的厚度、光源的种类、光源至膜面的距离、曝光时间等决定。为此，应预先进行试晒求出合适的数据，根据数据进行实际作业。

——光源与感光面的距离，这是晒版的一个重要条件，确定距离，还要考虑光源强度等因素。一般情况下，光源与感光体表面之间距离如果很小，就会造成版面中间部分曝光过量，而且产生版面中心与版面边缘曝光不均匀。反之，如果光源与感光体表面间的距离过大，则会造成曝光不足或产生晕影。阳图若是正方形或长方形时取对角线为 D，若是圆形时取直径为 D，光源和曝光面的距离为 F 时，至少要在正版对角线或直径的一倍半以上的距离处放置光源。

——光源、曝光时间与距离的关系，光源与感光膜的距离及曝光时间，应根据感光材料的要求和晒版机使用光源的要求而定。在一般情况下，如果距离为 S

处放置光源，曝光时间为 T 时为合适，若距离为 $2S$ 时，则曝光时间应为 $3T$。另当光源到感光体表面的距离固定时，光源照射强度越高，则曝光时间越短，如果光源照射强度为一定时，光源到感光体表面距离越大，曝光时间就越长；反之，则越短。

——光源的照射方法，光线应为垂直于感光面的平行线。在许可的条件下光源距以远为宜，目的是为了得到尽可能的直射光线。

曝光时间建议见表 6-8。

表 6-8　曝光时间建议

光　　源	曝光时间			
	30~60 目	70~100 目	120~280 目	200~275 目
1000W 石英灯	6min	5min	4.5min	4min
1000W 水银灯	5min	4min	3.5min	3min
5000W 卤素灯	75s	60s	45s	40s

注：1. 晒高目数精细网点时，曝光时间在表中数值基础上减少 5%，在冲洗后再做一次后曝光（不用菲林），以保证印版的耐印性，时间为正常曝光时间的 2~3 倍。

2. 如果感光浆为厚膜感光浆要延长曝光时间，比如 $40\mu m$ 厚 120 目要延长 50%，以此类推。

3. 如果要做高品质晒版，请使用曝光测算卡来测算出精确的曝光时间。

（5）显影

① 显影　把曝过光的印版浸入水中 1~2min，要不停地晃动网版等未感光部分吸收水分膨润后，用水冲洗即可显影。显影应要用强压力的喷枪但无论如何都必须同把未感光的部分完全溶解掉尽量在短时间内完成。图案精细时要用 8~10 倍放大镜检查细微的部分是否完全透空，必须完全透空才行。显影完了，再用干净的大张白报纸、海绵或吹风机迅速除去水分进行干燥。控制原则，在湿透的前提下，时间愈短愈好。时间过长，膜层湿膨胀严惩影响图像的清晰性；时间过短，显影不彻底，会留有蒙翳，堵塞网孔，造成废版。蒙翳是一层极薄的感光胶残留膜，易在图像细节处出现，高度透明，难与水膜分辨，常误认为显透。

② 干燥　显影后的丝网版应放在无尘埃的干燥箱内，用温风吹干。丝网版烘干箱的烘干温度一般可控制在 40℃左右。烘干时事先应把网版表面的水分吹掉，避免干燥时水分在丝网表面下流而产生余胶及蒙翳，影响线条边缘的清晰度及缺失细小的网点。

（6）检查　网版的检验是整个制版工作的最后工序，也是极其重要的工序。显影之后暴露出的小缺点可以通过修版纠正，如果发生大缺欠，则必须重新制版。在网版的质量检验中，至少要重视以下几个问题。

① 曝光时间是否准确　除用密度梯尺对照检测胶膜硬化程度外，还可以看

底版的精细部分在丝网上的再现程度如何，要观察线条是否完整，边缘是否清晰，锯齿形是否严重，细小网点的通透等等。

② 网孔是否完全通透　检查丝网印版质量，包括图文是否全部显影，图文网点、线条是否有毛刺、残缺、断笔及网孔封列等现象，如果发现上述状况后应及时采取各种方法进行补求，可考虑重新制版，以确保印刷质量。

③ 检验各种感光材料的适应性能　检查网膜是否存在气泡、砂眼应及时补救。对四边丝网进行封网。检查晒版定位标记，是否符合印刷的要求。

（7）制版常见问题及应对

① 显影中感光膜流失不能成版

a. 曝光不足。应延长曝光时间。

b. 感光剂的剂量不足或失效，感光度降低。应适量加感光剂，但过量会产生针孔。

② 整版图像产生浅淡的灰翳

a. 感光液的涂布、干燥工序的工作场所过分明亮。应该在棕黄色的光源下进行工作。

b. 曝光时间不足，显影不充分。应适量加感光剂，但过量会产生针孔。

c. 部分感光液涂布和干燥时，加热过度。降低加热温度或减少加热时间。

d. 曝光时间过长。减少曝光时间。

③ 图像的细微部分不显影

a. 曝光时间过长。减少曝光时间。

b. 正片表里颠倒，正片与感光膜面不良。注意正确安装。

c. 丝网前处理不充分。进一步完善，符合前处理要求。

d. 感光膜过厚及感光胶的种类选择不适当或感光胶失效。注意感光胶的保存温度和使用期限。

④ 涂布后的丝网版存有大量气泡

a. 丝网脱脂处理不充分。重新进行网前处理或更换脱脂较好的脱脂剂。

b. 涂布感光胶前丝网污染。清洗干净。

c. 在涂布过程中丝网烘干和感光胶的温度差较大。调整均衡各部位的温度。

d. 感光胶的保存温度过高。严格按保存温度保存。

e. 感光胶和涂布层过薄。增加涂布厚度。

f. 涂布速度不均匀。均匀涂布。

⑤ 版面针孔过多

a. 尘埃是造成的主要原因。增加室内除尘，减少尘土污染。涂布面是很容易落上灰尘的，所以必须保持工作场所的清洁，如晒版玻璃面、阳图软片面、感光液涂布面都必须保持完全清洁。

b. 感光液自身起泡所造成。可在感光液中加入少量的辛醇作为消泡剂或更换感光液。

c. 使用涂布刮斗时，涂布刮斗移运过快也容易起泡产生针孔。均匀慢速涂布。

d. 加入感光剂过量也会产生针孔。减少感光剂的添加量。

⑥ 丝网印版显影后出现明显的气孔

a. 显影后是否进行了高温烘干。

b. 是否使用了保存期很长的感光剂。

c. 是否有灰尘落入感光胶内。

d. 感光剂和乳剂混合时是否注意了充分搅拌，是否待气泡消失后使用的。

e. 掌握曝光时间是否合适。

⑦ 晒版后图文分辨力不高。

a. 显影是否充分，显影后是否使用清水加压冲洗。

b. 二次使用的丝网，使用前是否已清洗干净。

c. 丝网是否处于水平位置干燥。

d. 是否选择使用了分辨力高的感光胶。

6.2.4 施釉

玻璃基体表面施釉的方法通常有 7 种：喷涂法、幕帘法、辊涂法、丝网印刷法、盖印法、彩绘法、转贴纸法。其中，丝网印刷、滚筒印刷和幕帘法适合于大规模批量生产。

在国际上，丝网印刷、滚筒印刷是建筑彩釉玻璃最普遍的生产方式，而在国内更多厂家采用的是丝网印刷方式。丝网印刷工艺与其他施釉工艺相比，具有适用性强；印刷图案准确、精细，印刷版面均匀；适合于大批量生产，在玻璃规格整齐的情况下，生产效率、成品率高；釉料消耗小；不污染玻璃边缘等优点。不过，丝网印刷也有一些缺点，如制作印刷网版，生产准备相对烦琐；玻璃订单产品规格、批量的一致性要求较高，否则将极大地降低其生产效率。

6.2.4.1 辊筒印刷工艺

彩釉辊筒印刷设备由传送带、印刷辊筒、烘干炉等几部分组成（图 6-11）。

其中，印刷辊筒共有三个：两个在印刷玻璃上方，其中一个为胶辊，起印刷涂布作用，一个为不锈钢辊筒（工作时固定不动），位置上印刷胶辊比不锈钢辊筒略低，两个辊筒之间构成一狭缝漏斗状，印刷的釉料便储存其中，调整它们之间的距离可进行漏釉量大小的调节；另一条胶辊在印刷玻璃下方，起传送和夹紧作用。传动胶辊与印刷胶辊之间上下距离可根据印刷玻璃的厚度来调节（出于相对夹紧玻璃状态），而夹紧程度往往又对其控制釉料的印刷涂布厚度有着关键的

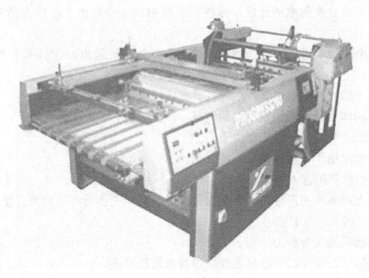

图 6-11　彩釉玻璃辊筒印刷机

作用。

　　彩釉滚筒印刷工艺是移植滚筒印刷技术的原理，即玻璃在传送过程中，印刷胶辊在旋转中将釉料均匀的印制到玻璃表面，并通过调节传送筒、传送胶辊之间的距离和传送带速度来控制其印刷厚度。彩釉辊筒印刷工作原理如图 6-12 所示。

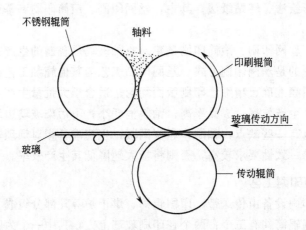

图 6-12　彩釉辊筒印刷工作原理示意

　　辊筒印刷工艺对印刷胶辊的质量要求严格，橡胶硬度要合适，材质要均匀，胶辊印刷面要光滑有弹力，且不能有伤痕，不然会严重影响印刷涂层外观质量。在辊印正常生产时，由于机械传动、印刷胶辊和传送胶辊在旋转过程中共振，会使玻璃基片匀速通过时发生轻微的波动，从而导致玻璃印刷涂层生产有规律的印刷波纹，这是彩釉辊筒印刷工艺中固有的正常现象。这些印刷波纹透光观察会较明显，这也就决定了采用此种工艺生产的彩釉玻璃往往都用在建筑物背部不透光部位，如外墙的窗间墙体、室内墙面装饰等部位。

辊筒印刷工艺由于只能生产全幅印刷的玻璃，不能印刷图案，加之其涂层的"印刷波纹"，在国内这种工艺的普及率并不高；不过，它却是欧美一些国家全幅彩釉玻璃生产中一种非常流行的加工方式，它具有以下一些特点。

（1）操作方便　辊筒印刷省去了丝网印刷中较繁琐的网版准备工作，配制好釉料便可直接用于生产，且印刷涂层厚度可根据生产工艺需要快速自由调节。

（2）生产效率高　辊筒印刷生产时不受玻璃基片规格、大小、形状和钻孔等的限制，同样全幅的订单辊筒印刷的生产效率是丝网印刷的 3～5 倍。

（3）良好的遮蔽效果　由于印刷涂层厚，能有效地遮蔽建筑中需要隐蔽的部件，譬如水泥墙体、管道等，使建筑物外观具有良好的色彩装饰效果。

6.2.4.2　喷涂工艺

喷涂工艺类似于搪瓷制品的喷花作业，釉浆及压缩空气引至喷枪，釉浆经喷枪雾化成微细粒子以一定速度喷射至玻璃表面，用釉浆黏度、压缩空气压力、喷嘴至玻璃表面距离、喷射角度、喷射时间等因素调节釉层厚度、图案的明暗。喷涂既可喷单一色彩，也可喷涂多色图案画面，需要按图案花纹制作的镂空盖版（模版）分几次喷涂，一次喷涂一种颜色。每种颜色的盖版所用的花纹各异，所用的镂空模版合起来就是完整的彩色图案纹样。

喷涂工艺既可以采用人工喷枪作业，也可以机械化作业来批量生产，不仅可以装饰平板玻璃，也可以装饰圆形、方形、菱形、异形玻璃制品。喷涂法的优点是生产可多样化，图案立体感强，装饰效果好。缺点是喷射过程中釉料比其他方法要损失浪费得多些，由于压缩空气使釉料浆成雾状，排出的废气使环境有一定污染。但近年来已新发展的无空气喷涂工艺克服了上述缺点。

喷涂工艺分为空气喷涂和无气喷涂两种方法。

（1）空气喷涂　空气喷涂是以压缩空气作为雾化动力的喷涂方法。如图 6-13所示，喷涂时，把调配好的釉料浆和压缩空气引至喷枪，釉料浆在喷枪物化成微粒，并以一定的速度喷射到玻璃表面，由釉料浆的黏度、喷枪移动的速度、喷嘴至玻璃表面的距离、喷射角度、喷射物在玻璃表面覆盖的层数等因素来调节玻璃上釉层的厚度，喷涂法主要用来生产单一颜色的彩釉玻璃。

空气喷涂质量主要取决于釉料的黏度、工作压力、喷嘴与工件的距离以及操作者的技术熟练程度等方面。为了获得光滑平整、均匀一致的涂层，喷涂时必须掌握正确的操作方法及做好喷涂前的准备工作：釉料黏度的调整、选择喷枪嘴口径、喷距、确定喷涂压力等。以手工喷涂为例，其方法和技巧如下。

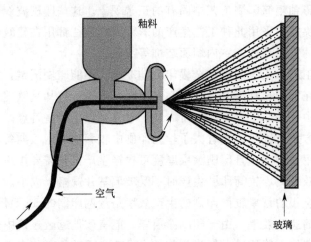

釉料

空气

玻璃

图 6-13 彩釉空气喷涂工作原理示意

①用无名指和小指轻轻拢住枪柄，食指和中指勾住板机，枪柄夹在虎口中；喷涂时，眼睛视线随着喷枪移动，随时注意涂膜形成的状况和漆雾的落点。喷嘴与工件的喷射距离和垂直度由身体控制，喷枪移动的同时要用身体配合臂膀的移动，不可移动手腕，但手腕要保持灵活。

②喷枪运行时，应保持喷枪与玻璃表面呈直角，并一直保持平行运枪。喷枪的移动速度一般控制在 0.3～0.6m/s 内，并尽量保持匀速运动，否则会造成釉膜厚薄不均匀等现象；喷枪距离玻璃表面的距离应在 0.2～0.3m 之间。太近，釉膜易出现厚薄不匀，干燥速度均匀，表面流挂；太远，釉料的溶剂在釉雾中大量挥发，引起橘皮现象。

③喷涂操作时，每一喷涂幅度的边缘，应当在前面已经喷好的幅度边缘上重复 1/3～1/2（即两条漆痕之间搭接的断面宽度或面积），且搭接的宽度应保持一致，否则釉膜厚度不均匀，有时可能产生条纹或斑痕。在进行多道重复喷涂时，喷枪的移动方向应与前一道漆的喷涂方面相互垂直这样可使涂层更均匀。

④每次喷涂时应在喷枪移动时开启喷枪板机，同样也应在喷枪移动时关闭喷板机，否则容易在喷涂的玻璃表面上漏涂或过量喷涂。

（2）高压无气喷涂 高压无气喷涂是一种较先进的喷涂方式，采用增压泵将釉料增至高压（常用压力 120～390kg/cm²），通过很细的喷孔喷出使釉料形成扇形雾状，直接喷射到玻璃表面形成釉层。在喷玻璃表面时，可达 600m²/h，并能喷涂较厚的釉料，由于釉料里不混入空气，有利于表面质量的提高。并由于较低的喷幅前进速率及较高的釉料传递效率和生产效率，因此无气喷涂在这些方面明显地优于空气喷涂。

高压无气喷涂的不足之处在于它的出釉量较大且釉雾也够柔软，故涂层厚度不易控制，作精细喷涂时不如空气喷涂细致，由于工作效率很高，比较适用于单一釉种大型工件的大批量生产，喷枪带有回转清洁喷嘴，适合颗粒较粗的釉料，方便操作。

无论采用空气喷涂，还是无气喷涂，因釉料涂层一般较丝网和辊筒印刷要厚，加之喷涂中的损耗，釉料成本相对较高。

6.2.4.3　幕帘工艺

幕帘法是利用重力作用，将黏稠的彩釉釉料像幕帘一样从空中流淌下来，玻璃基片从幕帘状浆料下通过，在玻璃基片上面涂布上一层釉料浆，然后再进行烘干处理。施釉过程：彩釉浆→釉浆罐→狭缝漏斗→幕帘到玻璃→烘干。

幕帘工艺所用设备由辊道输送机、狭缝漏斗、回收槽、彩釉浆搅拌器及釉浆灌等组成。配制好的彩釉浆倒入釉浆罐，经泵输送至狭缝漏斗，其上部有溢流管，彩釉浆液液面超过溢流孔时，经溢流管流回釉浆罐，釉浆罐的下部有排液管，停止生产时釉浆便经此管排走。生产时，釉料浆从狭缝的下端呈幕帘状流出，待施釉的玻璃基片从输送辊道迅速通过，流出的釉料浆即在玻璃基片上薄薄地涂上一层釉料。狭缝漏斗的宽度比玻璃基片的宽度略宽一些，其目的是使玻璃基片的边缘也能涂布上釉料浆。当输送辊道上没有玻璃，以及狭缝漏斗比玻璃基片宽的部分，由此漏斗流出的釉料浆便自动流入回收槽，再流入釉浆罐。

玻璃釉层主要通过调整狭缝漏斗缝的宽度、玻璃基片的输送速度和彩釉浆的黏度等来控制。彩釉幕帘工艺只能用于单一颜色的涂布和大规格玻璃基片的批量生产。

6.2.4.4　人工描绘工艺

人工描绘工艺是根据玻璃制品的造型设计出画稿，复印在玻璃制品表面或直接在玻璃表面勾画出轮廓，然后用油画笔或小刷子蘸取各种颜色的釉浆在玻璃上描绘出彩色釉图案的一种施釉方法。如果是简单的图案，可以不必设计画稿，直接在玻璃表面描绘图案。

用手工描绘的色釉必须研磨得很细，再用有黏滞性的有机黏结剂进行调制，常用的黏结剂配方（质量分数）为：乳香 2 份、煤油 1 份、樟脑油 1 份，色釉粉加入量为 55%～80%。乳香是黏结剂，用量多，釉浆的黏性大，煤油和樟脑油都是易于挥发的干性油，起溶解和稀释作用，所以根据操作者的感觉，自行调节高适合于画笔描绘的釉浆。保存调制好的釉浆，一定要加盖密封，避免挥发性油的逸出。

目前玻璃上的人工描绘中发展了水墨画，水墨画的特点是墨色浓淡渲染，但玻璃色釉中油墨的浓淡，用加白色釉来调淡的方法完全达不到水墨画的效果。人们实践结果发现，采用淡墨油的调和剂加入不等量的色釉粉来调色的色釉，可以达到浓淡渲染的艺术效果。淡墨油通常会加入乙基纤维素，因为它有较大的黏着力，这样色釉粉少了也会很好黏附于玻璃表面，在干燥前，不会产生流动而使描绘的图案损坏。淡墨油调和剂配方（质量分数）为：乙基纤维素6％、松节油35％、松油醇56％。淡油墨易挥发，要保存时，必须将容器加盖密封。

由于人工描绘的艺术性很强，需要有一定绘画素养的操作人员，而且生产效率低，仅限于装饰工艺品。产品的质量同庙会人员的手艺高低和熟练程度有关，不适合批量生产。

6.2.4.5　盖印工艺

早期的盖印工艺是利用橡皮图章蘸取色釉浆盖印在玻璃表面的一种方法。首先取比图案大一些的厚度5～10mm的软胶皮，将图案在胶皮上雕刻出凸起的花纹，即为模版或印版。然后用此模版蘸上色釉浆，就像图章一样使用，盖印在玻璃制品表面即可。这种方法只适用于小面积的单色图案，如商标、产品型号、工厂标记、少量文字等。

稍大些的图案，就不能使用图章盖印方法，而是用一胶皮滚筒均匀蘸上调和剂，就像手工印刷油墨一样在光滑的平面上把调和剂滚均匀，再将此滚筒在印版胶皮上滚动，使印版的凸起花纹涂上一层薄薄的调和剂，然后将玻璃制品在胶皮印版上滚动，玻璃制品表面也就印有调和剂的图案，最后在调和剂花纹上涂抹色釉粉，没有黏结上的多余色釉粉用毛笔等工具轻轻移去。如果在不同部位抹不同颜色的色釉粉，即可获得多彩图案，这种施釉方法属于手工操作，并不适合于大批量生产，生产效率不高。

6.2.4.6　转帖纸工艺

转帖纸工艺是丝网印刷的延伸和扩展，是先将彩色釉浆料印刷在一张特制薄膜纸上，使用时以水为黏结剂，将薄膜粘贴在玻璃基片表面，干燥后，经过高温烧结，彩釉图案就转帖在玻璃表面上。薄膜纸上的图案可以在专用生产线上批量生产，可以套印成彩色图案，生产成本相对较低。

采用转帖纸工艺的装饰，可适合于任何形状的玻璃制品，形状特别复杂、不适合丝网印刷的，转贴纸工艺都可以进行装饰。转帖纸工艺操作简便，对于工人的技术要求不高。

转帖纸有水膜转帖纸和自黏转帖纸两种类型。

（1）水膜转帖纸　是在纸上用色釉印刷成反向的图案花纹，操作时将转帖纸剪下一个需要装饰的完整图案，边缘留一些余量，在洁净玻璃表面需要装饰的位置上涂上薄薄的粘贴液。将转帖纸色釉面朝下紧贴玻璃表面，原来图案是反向的，在玻璃表面就成正向。用水浸湿纸面，等底面覆盖的粘贴液完全湿透，揭去转帖纸，用海绵挤出中间的水和空气。

（2）自黏转帖纸　是在多孔纸背面涂上一层薄薄的树脂，在上面印刷图案，也可以用丝网印刷法直接将图案印刷在树脂薄膜上，丝网的网孔尺寸为 30～38μm，可套色多彩图案。为增加印刷色釉在转帖纸上的牢固度，可在图案上再印一层薄膜，此增强膜厚约为 25～50μm。所用网孔尺寸为 150～250μm。为了套印正确，必须防止转帖纸伸长，所以车间要在恒温、恒湿条件下印刷，温度宜（18±3）℃，相对湿度保持在 65%±2.5%。

除了反向转帖纸外，还有图案花纹是正向印刷的转帖纸，使用时将转帖纸色釉面朝上正贴于玻璃表面，然后抽去中间的纤维纸。使用正向转帖纸的特点是色釉面朝上，表面清洁，烧结时，表面不会残留炭粒，确保釉面的色泽纯真。

6.2.5　釉料的烧结

6.2.5.1　烧结前处理

施釉后的玻璃制品在烧结前需要进行烘干、清洁和修补等前期处理。

（1）烘干　目的在于使印刷后釉层在烧结前获得牢固的印刷层，以便于储存、搬运或套印，同时避免黏结灰尘，受到污染。烘干使釉层中的油剂尽快挥发，使流体状的釉层变成固态，避免直接加温烧结产生爆皮、针孔、爆边等釉层表面质量问题。釉料层越厚，覆盖率越高，烘干的作用越明显。一般彩釉玻璃生产线施釉段后面紧跟着便是烘干设备。烘干在生产线上是连续进行的，烘干温度、速度通常根据玻璃的厚度、大小、釉层厚度、覆盖率等因素来调节。烘干温度一般控制在 300℃左右。

（2）清洁　目的在于去除施釉过程中附着在玻璃表面、棱边的残留釉料，一方面避免在烧结中对烧结设备产生污染；另一方面保证彩釉玻璃产品的表面质量光洁。对于玻璃面的清洁通常采用略带湿润的毛巾进行擦拭；棱边处的釉料用刀片沿棱边刮去，擦拭干净便可。需要注意的是，印刷表面未干燥前，杜绝在强风吹动下进行刮边处理，以避免飞扬的釉尘污染未干釉面。

（3）修补　对于用于不透光部位的彩釉玻璃产品，釉层上的一些小缺陷可以在清洁过程中作必要的修补，如轻微的划痕和针孔。常用的方法是透过灯光检查，用小毛笔蘸取相同颜色的釉料小心修补。

6.2.5.2　钢化烧结工艺

玻璃是无机材料，化学稳定良好，但它与釉料中油剂有机物合成树脂的结合力很小，不符合附着性和耐久性的基本要求。因此，干燥、清洁后的彩釉玻璃必须进行烧结，让其永久性地附着在玻璃表面。彩釉玻璃的烧结，关键是控制好烧结温度。彩釉玻璃烧结温度一般在 650～715℃之间，温度过高则颜色不稳定，会变色；过低则熔化不彻底，缺乏光泽。

为了增加产品安全性能，彩釉玻璃会进行钢化处理。根据玻璃表面应力分布的状况或淬冷后玻璃增强的程度，可分为彩釉全钢化玻璃和彩釉半钢化玻璃。彩釉全钢化玻璃是将玻璃加热至钢化温度后，用相同的冷却强度对整片玻璃进行均匀冷却，由此制得的钢化玻璃，其表面层应力分布均匀，钢化应力值介于 $69\sim$ 140MPa 之间。当其破碎时，整片玻璃碎成不规则的网状小块。彩釉半钢化玻璃是玻璃在加热炉中加热至一定温度后移入冷却室冷却，经此处理的品，其强度比未处理的玻璃增大约两倍。半钢化玻璃解决了钢化玻璃自爆现象，其应力值一般在 $24\sim69$MPa 之间。半钢化玻璃与全钢化玻璃的加工区别在于半钢化玻璃在钢化处理时需要更慢的淬冷速度。

彩釉钢化玻璃烧结是一个热处理过程，一般包括加热和淬冷等过程。

（1）加热　待钢化的彩釉玻璃在进入加热炉前，一定要再次检查玻璃面和边部棱边的釉料是否清除干净。不然釉料一旦进炉粘到石英辊上将很难被清除，要么用玻璃在不停炉的情况下一直将釉料压干净；要么停炉降温将粘有釉料的地方用刀破坏性地刮掉。

玻璃在加热炉内必须迅速地均匀加热到所要求的温度，这是玻璃加热阶段的一个原则。迅速是指玻璃必须在最短时间内加热到钢化温度，避免玻璃加热时间过长而产生光学变形，特别是对水平辊道式钢化设备；均匀是指玻璃加热过程中要做到玻璃板各个区域温度均匀、上下表面受热均匀、出炉时表面和中间温度均匀。玻璃加热到设定的温度后，必须尽快引出加热炉，迅速进行淬冷。

玻璃采油层在加热炉中的烧结一般要经过以下几个阶段。

第一阶段：从室温到 $120℃$，预热，釉料无变化。

第二阶段：从 $120\sim250℃$，轻质油蒸发气化。

第三阶段：从 $250\sim500℃$，重质油及树脂燃烧气化。

第四阶段：从 $500\sim580℃$，彩釉中釉料开始熔化，同时承印体玻璃的表面也稍稍软化。

第五阶段：从 $580\sim680℃$，釉料完化熔化，将色料也熔入其中，这时玻璃体表面也完全软化，彩釉与玻璃结合为一体，完成釉彩的转印和烧结。

加热炉温度要设置在一个合理范围内，不要轻易调整。物体辐射强度与其温度的 4 次方成正比，温度的微笑调整，都会对玻璃加热效率产生较大影响。在实际生产中，若要调整玻璃出炉温度，一般是通过改变加热时间的方法，就可以达到较精确的玻璃温度。

玻璃的出炉温度一般控制在 $600\sim630℃$ 之间为最合适，因此大多数加热炉的温度设定在 $680\sim720℃$ 之间，考虑到应力消除时间和温度的关系、淬冷时温

度梯度的形成等因素，一般薄玻璃的加热炉温要比厚玻璃的加热炉温稍高。表
6-9 为一些常用厚度玻璃加热温度对照情况。

表 6-9 玻璃厚度与加热温度

玻璃厚度/mm	4	5,6,8,10	12	15	19
加热温度/℃	705~715	700~710	690~695	680~685	67~675

彩釉玻璃由于在玻璃表面上施加了一层有色釉料，改变了玻璃的吸热性能，
根据颜色和图案的不同，相应的加热时间也会发生变化。深色的釉料，时间要相
应缩短，同时上部温度要降低 5~10℃，浅色的釉料影响不大。

（2）淬冷 玻璃的淬冷是玻璃钢化过程中最为重要的一个环节，它对玻璃最
终应力的形成起着决定性作用。对玻璃淬冷的基本要求是使玻璃按照要求的冷却
速度均匀地冷却，使玻璃能够得到均匀分布的应力。

对厚度在 3mm 以上的玻璃，要形成满足要求的钢化应力，风冷是最经济、
最容易控制的方法空气也是最洁净的冷却介质。对于风冷淬冷方法，冷却速度由
风压、空气温度、气流量、喷嘴与玻璃间距等因素决定。

加热后的玻璃应力要完全释放。进入淬冷阶段后，玻璃开始按照设定速率冷
却，表层温度下降，表层开始收缩，但玻璃中心层仍保持较高温度，体积还没来
得及发生变化，此时玻璃表层产生暂时张应力，稍内层产生暂时压应力，中心层
出现应力松弛。此阶段玻璃很容易因为表层缺陷导致破裂。若玻璃板内的残余应
力没有完全消除，钢化初期玻璃常因应力的再构造而引起破裂，而造成玻璃应力
没有完全消除的原因，一般多为玻璃加热温度不够或玻璃加热加热时间太短、温
度均化不够。

随着玻璃内外层温度的进一步冷却，玻璃表层温度降到 T_g（退火温度上
限），玻璃表面硬化停止收缩，内层则继续收缩。此时玻璃表层形成压应力，内
层形成张应力。玻璃内部存在的应力，即使温度梯度消失，也不能消除，形成永
久应力。当玻璃内外层温度都低于 T_g 温度以后，玻璃钢化阶段完成，可以对玻
璃进行冷却降温，降温速度和最终玻璃温度取决于生产周期，以不形成过大暂时
应力和方便工人卸片为准。

为了形成一定的钢化应力，各种厚度玻璃所需冷却速率不同。在相同冷却速
率下，钢化应力与玻璃厚度的平方成反比。表 6-10 所示为各种厚度玻璃的淬冷
风压参考值。

表 6-10 各种厚度玻璃的淬冷风压参考值

玻璃厚度/mm	4	5	6	8	10	12	15	19
淬冷风压/kPa	6.5~7.5	3.0~3.5	1.2~2.0	0.3~0.4	0.15~0.2	0.05~0.1	0.01~0.05	0.01~0.02

6.3 釉料的配制

6.3.1 釉料的种类

彩釉材料分氧化物釉料和贵金属釉料两种，其中彩釉玻璃所使用的是无机非金属釉料。彩釉玻璃用釉料的方式多为丝网印刷或辊筒印刷，故其釉料又称为玻璃油墨。

(1) 按加工温度分类

① 高温玻璃釉料 也称高温钢化玻璃油墨。烧结温度为 $600\sim620℃$，线膨胀系数为 $(75\sim80)\times10^{-7}/℃$。经过高温钢化后，油墨与玻璃牢固熔接在一起。广泛用于建筑幕墙、汽车玻璃、炉灶烤箱面板等。

② 中温玻璃釉料 烧结温度为 $580\sim600℃$，线膨胀系数为 $(78\sim82)\times10^{-7}/℃$。广泛应用于玻璃、陶瓷、运动器材等行业。

③ 低温玻璃釉料 烧结温度为 $550\sim580℃$，线膨胀系数 $(83\sim86)\times10^{-7}/℃$。

④ 超低温玻璃釉料 烧结温度在 $450℃$ 以下。经过烘烤 15min 成型，油墨附着力好，耐溶剂性能强。也可自然干燥，视当地气温条件，完全固化时间为 $24\sim48h$。可适用于家具玻璃、家电玻璃以及装饰艺术玻璃等。

(2) 按调墨溶剂分类

① 油性玻璃油墨 使用油剂作为调墨介质的釉料，油剂常选用松香油、煤油、松节油等，应用于丝网印刷和辊筒印刷工艺中。

② 水性玻璃油墨 使用去离子水作为调墨介质的釉料，常用于喷涂法和幕帘法生产工艺中。

(3) 按环保标准分类

① 含铅玻璃油墨 油墨色粉中含有铬镍铅等金属物质，此种油墨往往具有一定的污染危害。

② 无铅环保玻璃油墨 由于使用了含铅量相当微小的油墨色粉，大大降低了污染的危害，所以常称其为环保玻璃油墨。

(4) 按颜色分类

① 标准基本色 主要有调色白、特白、柠黄、浓黄、橘黄、玫红、金红、大红、桃红、紫、天蓝、海丽晶蓝、群青苹果绿、特绿、特黑、封底灰等。

② 金属色 主要有青金、细闪银、亮银、中闪银、暗银、粗闪银、红金等。

③ 高遮盖基本色 主要有柠黄、原黄、浓黄、大红、深红等。

④ 荧光色 主要有荧光柠黄、荧光桃红、荧光橘黄、荧光蓝、荧光橙、荧光绿、荧光大红、荧光紫等。

⑤ 珠光色　主要有细银白、珍珠银白、光泽银白、幻彩缎金、幻彩金、幻彩红、幻彩缎紫、幻彩紫、幻彩缎蓝、幻彩蓝、幻彩缎绿、幻彩绿、缎金、珍珠金、青铜缎、青铜、古铜缎、黄金、闪银白等。

⑥ 透明色　主要有透明红、透明深红、透明黄、透明深黄、透明绿、透明黑等。

6.3.2　釉料的组成

釉料由油墨粉剂（约占总质量的 80％～85％）和调和剂（约占总质量的 15％～20％）两部分组成。其中油墨粉剂部分由包括熔块（约占粉剂质量的 75％～85％）和色素（约占粉剂质量的 15％～25％）构成。

（1）熔块　熔块也称基釉，是以二氧化硅为主要成分的在高温熔融的混合物。熔块本身主要成分就是玻璃类物质，烧结后可黏结色素，并产生特有的光泽（图 6-14）。

熔块的作用是将无机色素高度分散，在较低的温度下在玻璃表面熔化，与基片融合为一个整体。当在烧结过程中，熔块熔化时，着色能力很强的无极色料将其染成颜色玻璃，此层玻璃与玻璃基片表面结合成一个整体，继而成为色彩绚丽的彩釉玻璃。

熔块的工艺性能要求：熔化温度较低，能在玻璃基片软化之前熔化于其表面。具有良好的化学稳定性和光泽，与无机色料不产生化学反应，即不引起无机色料本身颜色的变化。有

图 6-14　彩釉玻璃用熔块

调整彩釉层膨胀系数的作用，使不同颜色彩釉层与玻璃基板热膨胀系数相匹配，以防止釉面玻璃温度变化时，釉面产生龟裂、剥落和烧缩等情况。

色料在不同成分的熔块中所呈现的颜色不同，因此熔块的成分应根据色料的成分及所要求的颜色而选择匹配的成分。熔块主要是由 SiO_2（玻璃的主要成分）、B_2O_3、TiO_3、ZnO、PbO、K_2O、CaO、Na_2O、Fe_2O_3、CdO、Al_2O_3、CeO、Cr_2O_3、P_2O_3 等成分的原料粉碎后混合而成。

熔化化学成分的各种氧化物，是由石英砂、硼砂、硝酸钾、长石、石英、锆英砂、氧化锌、石灰石、铅丹、红丹等原料引入，各种原料的质量要求如表6-11所示。

表 6-11　熔块原料的质量要求

原料名称	水分/%	化学组成		粒度要求	
		成分	含量/%	粒径/mm	含量/%
石英砂（硅砂）	<5	SiO_2	>98	>0.7	0
		Al_2O_3	<1	<0.1	<5
		Fe_2O_3	<0.1		
		Cr_2O_3	<0.001		
纯碱	<1	Na_2CO_3	>99		
长石	<1	SiO_2	<70	>0.5	0
		Al_2O_3	≥16	<0.1	<50
		Fe_2O_3	<0.2		
红丹	<1	Fe_2O_3	≥94		
硼酸		H_3BO_3	≥99.5		
		氧化物	≤0.1		
		硫酸盐	≤0.1		
		水不溶物	≤0.05		
		Fe 含量	≤0.003		
氧化锌	≤0.3	ZnO	≥99.7		
氧化镉		CdO	≥98		
硝酸钾	≤0.1	KNO_3	≥99.5		
		NaCl	≤0.03		
		Fe_2O_3	≤0.003		
		K_2SO_4	≤0.01		
		水不溶物	≤0.02		

（2）色素　色素也称颜料，是能使物体染上颜色的物质。颜料有可溶性的和不可溶性的，有无机的和有机的区别。无机颜料一般是矿物性物质，人类很早就知道使用无机颜料，利用有色的土和矿石，在岩壁上作画和涂抹身体。有机颜料一般取自植物和海洋动物，如茜蓝、藤黄和古罗马从贝类中提炼的紫色。可溶性颜料也叫染料，可以用溶液直接印染织物。不溶性颜料要磨细加入介质中，如油、水等。然后涂布到需要染色的物体表面形成覆盖层。

彩釉玻璃釉料所用色素为无机色素，是由一种金属氧化物或化合物，也可以是几种金属氧化或化合物，按一定的比例，经研磨、混合、烧结、洗涤、过滤、干燥、再研磨成细粉末而制成。色素在釉料中被印刷到玻璃表面，当釉料在烧结熔融时，着色能力很强的无机色素与玻璃基片黏结在一起，形成不透明的色层

（个别彩釉为透明或半透明），使彩釉呈现出应有的颜色色相。色素除了显示釉料的颜色外，还具有较强的遮盖性。

各种颜色的色素（图 6-15）所选用的金属氧化物、化合物，其烧结温度及烧结时间视色素的不同而异，须按工艺规程控制其烧结温度和时间。烧结冷却后通过洗涤，以去除烧结过程中所产生的易溶盐类及杂质。色素在使用时的分散度与颗粒大小有关，颗粒度越小分散度越大。色素的颗粒度一般要求研磨至 $5\mu m$ 以下。极细颗粒的色素，在较低的玻璃加热温度时，就可以获得颜色均匀的彩釉层，有助于降低玻璃的加热温度。

图 6-15　典型色素

色素的命名通常有两种方式：一种是以其所显示的颜色加以形象的命名，如深红宝石色、巧克力色、阳光色、橘红色、草绿色、森林色、胭脂色、湖蓝、天蓝、午夜黑等。一种是以其主要的组成原料和所显示的颜色命名，如硒红、铁红、镉红、铬绿、钴蓝、钛白等。

彩釉颜色的深浅，可通过调整色素的用量来控制。颜色的种类及其颜色通常用以下两种方式获得：一是按颜色相加的补色作用制成新的颜色，如红色加黄色得到橙色、蓝色加黄色获得绿色、红色加蓝色得到紫色等。而是调整色素组成原料的比例制成深浅不同颜色以及由浅至深的补色，如硒红色料根据组成原料硫化镉与硒的配比不同，可制成橙黄色、橙红色、红色和暗红色。

（3）调和剂　色釉粉末在施加在玻璃坯体上前，必须先用调和剂调和。其作用主要有一是将色釉调和到一定黏度便于人工和机械上釉；二是使色釉在烧结前能牢固地附着在玻璃坯体表面，不致脱落，便于烧结。

色釉调和剂有两种类型：一种是将色釉粉末分散在油性的液体中，形成一种自由流动的糊状物，可供人工描绘和丝网印刷用，属于冷色料，为釉料类型的釉浆；另一种为将色釉粉末分散在石蜡和树脂的混合物中，在 $65\sim75℃$ 时，其黏度近似糊状釉料，冷却后容易固化成易于处理的无黏度的团粒，是一种热塑性的釉浆，能适应高速印刷的需要。

用于色釉调配的调和剂有乳香、松香酯、樟脑油、松香油、阿拉伯树脂胶、糊精、琼脂、甲基纤维素、聚乙烯醇、聚甲基丙烯酸酯、改性醇酸树脂、水、煤油、松节油、棕榈酸、硬脂酸、石蜡、烃类石蜡，聚乙烯石蜡等。

对于彩釉玻璃釉料所用调和剂，除了要求具有较好的传递性、黏着性外，还应具有一定的干燥速度，以及形成膜层时应具有一定的厚度和强度。

6.3.3　釉料的性能要求

（1）釉料的技术性能及参数

① 平均粒径　一般来说，釉料研磨的细度越高，釉料的悬浮性、烧成过程中釉料的熔融性也越好，釉料的高温黏度下降，釉面的针孔减少，光泽度提高；但也不能太细，太细的釉料在烧结中容易产生堆釉等缺陷。釉料的平均粒径一般在 $4\mu m$ 左右。

② 熔融温度范围　熔融温度范围又称釉料烧制温度范围，是指釉料烧结的开始温度（即熔融温度下限）与釉料的流动温度（即熔融温度的上限，在此温度下釉料充分熔化并开始流散）之间的温度。若釉料的熔融温度范围过窄，则烧制过程一般难以控制。建筑彩釉玻璃用的釉料熔融温度范围一般为 $620\sim720℃$。

③ 热膨胀系数　釉料的热膨胀系数在彩釉玻璃实际生产中具有重要意义，釉料和玻璃的热膨胀系数必须能相互适应。若釉料和玻璃的热膨胀系数相同，在冷却时，釉料和玻璃的收缩将是一致的；若玻璃的膨胀系数大于釉料的热膨胀系数，在冷却时，玻璃的收缩就会比釉层大，在釉料和玻璃之间就会产生一个应力，使釉面受到一个压应力作用，当这个压应力超过限度后，就会导致釉面剥落；相反，若玻璃的膨胀系数小于釉料的热膨胀系数，在冷却时，釉料层的收缩将大于玻璃，使釉面受到一个拉应力，一旦超过限度，也会导致釉面开裂。釉料和玻璃的热膨胀系数相差越大，其釉料和玻璃之间的应力也就越大。因此，在选择釉料时，釉料的热膨胀系数是否与所印刷的玻璃热膨胀系数相适应和匹配，是一个非常重要的技术指标。

④ 耐腐蚀性　釉层的抗化学腐蚀性能主要取决于釉料的化学组成成分。通常，釉层的耐酸能力比耐碱能力强，碱能使硅的网络结构遭到破坏，并形成可溶性成分。Al_2O_3 可提高釉层的抗碱腐蚀能力。

⑤ 釉层厚度　釉层厚度通常是指两种情况：一是烧制前的厚度，二是烧制后的厚度。烧制时由于釉料在高温下软化、熔融，烧制后的色素和熔块完全融为

一体，结构更为细密、牢固，因此，烧结后的厚度一般是烧制前的 1/2。

⑥ 遮光度　不同颜色的釉料其遮光度是有差异的，这主要是由于所含色素成分的不同。通常随着印刷釉层厚度的提高，其遮光度也会提高，以致达到不透光。

建筑彩釉钢化玻璃生产用的釉料，由于釉料生产厂家的不同，其釉料的相关技术性能参数是有差异的，但在技术项目上是大致相同的。表 6-12 所示为美国 FERRO 公司生产的 76 及 76X 系列钢化釉料的相关技术参数。

表 6-12　美国 FERRO 公司 76 及 76X 系列钢化釉料的相关技术参数

项　目	技术参数及说明
印刷机体	优质浮法玻璃，厚度 4~19mm
平均粒径	$4\mu m$
热膨胀系数	$76\times10^{-7}/℃$
烧制温度	620~704℃(1148~1300 ℉)
釉层厚度	烧制前 $50\mu m$，烧制后 $25\mu m$
耐酸性	2(DTM#78)
耐碱性	失重<0.10(DTM#63)
铅/镉泄漏	无记录
阻光度	随着釉层印刷厚度的提高，可以达到不透光
表面状态	丝绸光泽
耐久性	满足北美玻璃钢化协会的所有要求

（2）釉料性能要求　玻璃上釉是在玻璃表面上涂覆均匀的玻璃态薄层，因此对玻璃态的基础釉是有基本要求的，主要为膨胀系数、烧结温度、光泽度、遮盖能力和化学稳定性等。

① 膨胀系数必须与玻璃基体相匹配　涂覆在玻璃基体上的釉需要热处理（烧成），才能与玻璃基体结合牢固，如果基础釉与玻璃基体的膨胀系数不匹配，烧成后冷却时，就会产生应力。由于玻璃的抗压强度比抗张强度大 10 倍，所以希望釉层的膨胀系数略小于玻璃基体的膨胀系数，使表层形成压应力，但两者的差值一般在 $(3\sim5)\times10^{-7}/℃$ 范围内为合适，表层为微压应力，可改善玻璃制品的耐热性和机械强度。如两者差值在 $(5\times10^{-7})℃^{-1}$ 以上，则冷却后玻璃基体受到的拉力过大，釉层被推离基体而脱落，或整体施釉制品向基体方向弯曲；若釉的膨胀系数大于玻璃基体，则冷却后，釉面的收缩大于基体，釉层会受到拉应力，该力稍大，釉面就会产生龟裂或整体施釉制品向釉面方向弯曲。

　　色釉的膨胀系数包括基础釉和色素两部分，要求精确时，就应计算平均膨胀系数。但由于各种色釉中基础釉占质量分数 80％以上，故色釉的膨胀系数基本由基础釉来决定，加入少量色素，对色釉膨胀系数的影响基本可以忽略不计。基础釉的膨胀系数可以采用仪器来测定，基体玻璃和基础釉应用同一台仪器测定；也可以根据成分用玻璃成分公式进行计算。

　　② 色釉的烧结温度必须低于基体玻璃的软化温度　烧结温度高于玻璃基体的软化点，玻璃制品就会变形。一般认为色釉的烧结温度比釉自身的软化温度高 $200 \sim 250℃$，釉的软化温度与玻璃的软化点测定方法相同，相当于 $10^{6.5} Pa \cdot s$ 的黏度时的温度。

　　③ 色釉应具有较高的光泽度、折射率、硬度和合适的表面张力　光泽度和折射率高，观察釉面时就会使人觉得明快、漂亮；硬度高些，制品长期使用也不易磨损；合适的表面张力是为了施釉在基体表面时，有较强的遮盖能力。

　　④ 色釉须具有一定的化学稳定性　有一定的耐酸耐碱性、在空气中不风化、在有硫的气氛中色彩不变、有毒物质的溶出量不超标。色釉的化学稳定性的测定是先将色釉涂在 $20 cm^2$ 的玻璃板上约 $20 \mu m$ 厚，烧成后即为试样。耐酸性测定是将试样在室温下浸入浓度 10％的盐酸中 10min；耐碱性测定是将试样浸入 $(71 \pm 1)℃$ 的 10％ NaOH 加入 0.5％ $Na_3PO_4 \cdot 10H_2O$ 组成的碱液 24h；耐硫化氢性能试验是在室温下，试样于饱和硫化氢气体中放置 24h。色釉的化学稳定性等级如表 6-13 所示。

表 6-13　玻璃色釉的化学稳定性等级

试样	耐酸性	耐碱性	耐硫化氢性
高温釉	A	A	A′
中温釉	B	D	A′
低温釉	E	E	D′

　　耐酸性和耐碱性的 A 级是指试样在试剂中浸泡后，釉面外观上完全无变化；B 级指外观上略失光泽；C 级指外观上光泽减少，釉有轻微损伤；D 级为光泽和釉同时减少；E 级为釉面完全剥离。耐硫化氢试验是为适应化妆瓶上色釉的实际使用情况而进行的。所评定的 A′级指试样在饱和硫化氢气体中放置后，釉面大致无变化；B′级为表面少量发黑；C′级为表面发黑，很难擦去；D′级为表面显著发黑，而且擦不去。

6.3.4　釉料的配制

　　彩釉玻璃用釉料的生产配制工艺包括色素制备、基础釉制备、调和剂调和等过程，其生产流程如图 6-16 所示。

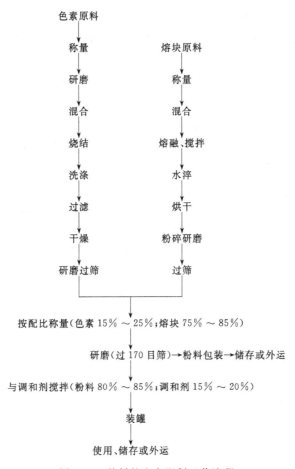

图 6-16　釉料的生产配制工艺流程

　　配制釉料时，通常先采用球磨机进行研磨，将色素与熔块按一定的比例一起加入球磨机，釉料与球的比例为 1：2（体积比），球磨机的内衬由硬质非金属材料（石英、硅石、微晶等）组成，磨球也采用与内衬同样的材料。

　　生产釉料浆料时，往三棍机中加入釉料粉与介质，其比例一般是（4～4.5）：1，釉料粉必须完全分散在介质中，从而形成无结块、无小颗粒的光滑细腻膏体。

　　生产印刷时，釉料还要再用稀释剂来调节釉料膏状的黏稠程度，一般按 20：1（质量比）的比例冲稀（或根据生产需要调整），使釉料适于丝网的印刷或其他施釉工艺的要求。

　　生产釉料粉时加入色料、熔块必须是干燥的，研磨后的粉料需要过 170 目筛，在经充分拌合和后装罐。

　　釉料有两种类型的产品：釉料膏体和釉料粉。用户一般根据生产条件、工艺及运输条件选择所需产品的类型。

6.3.4.1　基础釉的制备

基础釉即低熔点玻璃，由于色釉要求色泽鲜艳，使用的原料要纯净，铁等杂质含量一定要在 0.01%～0.02% 范围内，或更少。基础釉的成分中常用氧化铅，熔制过程中，氧化铅是容易挥发的，坩埚窑挥发率约 3%～5%，池窑挥发率高达 10%～20%，造成原料的损失而增加成本，并严重污染环境。为了减少氧化铅的挥发，除了改进窑炉设计和严格操作外，如含有 SiO_2 组成的基础釉，应选用硅酸铅替代红丹（Pb_3O_4）作原料，氧化铅密度大，配合料熔化时易分层，使用硅酸铅，料不易分层，同时铅已与硅酸结合，也就不易挥发。

基础釉配合料可在坩埚或池窑内熔熔制。前者用于小批量生产，可分 3～4 次加料，熔化温度为 1300℃，等最后一次加料熔化 10～15min 后，若玻璃细丝中没有未熔砂料，即可倒入水中淬冷。大批量生产则可用池窑，最高温度可达 1400～1450℃，熔体温度约为 1300℃ 左右，每 1.5～2h 可熔化基础釉 200～250kg，每次加料为 100kg，加料时间 5～8min，熔化温度 1100～1150℃，氧化气氛，熔化时间 1.5～2h，熔化好料后用水淬法放料。

水淬冷釉块必须先经过轮碾机或其他类型的粉机破碎，过 420 目筛后细磨。釉料和研磨介质瓷球占磨机容积的 60%，釉料和球各半，研磨时间 6h 以上，磨至粉末能过 53 目筛。磨加色素采用湿磨，可按色釉：球：水＝1：1.4：0.4 的配比送入球磨机进行湿磨后干燥为 150～170℃，湿度不大于 0.5%，色釉粉经冷却后送入回转进行筛分，过 10000 孔/m² 的筛子即得到色釉粉成品。经过上述筛分的釉粉颗粒度可达到表 6-14 的要求。

表 6-14　釉粉的颗粒分布

颗粒直径/μm	约1	1～3	3～5	5～7	7～9	9～11	>11
含量/%	5	31	21	17	14	8	4

为了提高基础釉的熔制质量和降低能耗，也有采用全电熔方法进行釉料的熔化，全电熔的热效率比燃煤或燃气窑炉高得多，基本消除了氧化铅等原料的挥发，从而使熔制釉的成分和质量相当稳定，并防止对环境的污染。

6.3.4.2　色釉浆的制备

无论使用磨加法还是熔加法，也不论人工描绘还是丝网印刷等施釉工艺，色釉均需制成釉浆或膏状物，才能黏附到玻璃表面上进行装饰，同时烧结前在玻璃表面附着需有一定牢度，因为施釉后的玻璃制品需要运送至烧成炉去，在运输过程中釉面不至于脱落。色釉浆的配制，一般用球磨将色釉粉与调和剂混磨均匀，也能用有搅拌装置的设备调和均匀，研磨添加法配制时，除用无色基础釉粉加无机色素外，还必须加入调和剂；熔融添加法由于色素已熔合在釉中，所以只需色釉粉加入调和剂一起磨成细匀的釉浆。

色釉浆必须根据施釉的方法来调配，不同的施釉方法，工艺要求不同，对釉浆的干燥速度要求不同，另外也要根据不同颜色的釉粉性质来调配，没有一种调和剂是万能而适用于所有的色釉浆。应该注意的是，所有调配好的釉浆均需加盖密封，以免釉浆的黏稠度发生变化。目前色釉浆根据手工描绘、丝网印刷、喷釉、胶版印刷 4 种工艺分别进行调配。

（1）手工描绘用色釉浆　手工描绘的操作过程比较慢，有的线条细腻，所有色釉浆必须根据这些特点进行调配。首先釉粉的颗粒度要极细；黏结剂有较大的黏度，在较长时间内有保持不凝固的能力；同时具有较合适的表面张力，能使描绘的图案表面光滑；润滑性恰当，可使釉浆能流畅地离开毛笔又不至下浆过多，以便可以在玻璃基体上留下均匀的连续细线条或图案。手工描绘的色釉浆分为水剂和油剂两种类型，水剂用琼脂和水调配，油剂用乳香（或树脂）与油类调配，具体配方见表 6-15。

表 6-15　手工描绘调和剂配方　　　　　单位：%（质量分数）

釉浆	乳香	琼脂	煤油	樟脑油	水
油剂	20		10	10	
水剂		10			90

在调和剂中加入 55%～75% 的色釉粉后，放入球磨罐内进行充分研磨，使色釉粉和调和剂混合均匀，成为良好的悬浮状态，就可以使用。由于玻璃制品的手工彩绘作业的生产效率很低，对于大批量生产来说，已被其他机械化、自动化作业所替代。

（2）喷涂用色釉浆　喷涂法用色釉浆也分为水剂和油剂两类。最简单的水剂是将水 3 份与改性乙醇 1 份加入到 10 份色釉粉中，于球磨内混合均匀，成为良好的悬浮状态即可。若要加快施釉后的干燥，可以多一些乙醇用量；相反，要干燥慢些，则可多加些水。水剂釉浆的黏度在 $0.8～2.5cm^2/s$ 之间。如果要加大釉浆对玻璃的黏附力，可在水剂中加入胶类的调和剂。调和剂中的纤维素衍生物起到固化剂作用，使干燥后的色釉层有足够的机械强度，避免在烧成之前的运输过程中产生损坏。另一方面，要求落于喷台上的釉浆能刮下，回收后可再利用去调和为釉浆，因此，常用羟基纤维素替代天然树脂，可改善釉浆性能，满足以上要求。

油剂配方用于丝网印刷，在上述水剂再加松节油即可，油剂的釉浆黏度在 $10～50cm^2/s$ 之间。常用喷涂色釉的配方见表 6-16。

表 6-16 喷釉用色釉浆配方   单位：g

编号	色釉粉	树胶	羟基	润滑剂	水	乙醇	丝印调和剂	松节油
1	480				32			
2	100	1	0.25～1	0～0.05	20～30	0～0.5		
3	60						10	10

喷涂用釉浆也可用热塑性调和剂，在喷涂第一种色釉后迅速固化，可立即喷涂第二种色釉，如套色图案能逐次喷涂，不需要进行加热干燥处理，这样就能提高生产效率，适合于机械化连续生产线，简化了工序。此热塑性调和剂系由天然有机蜡、蜂蜡、十六醇、松香、蓖麻油等组成，石蜡、蜂蜡、十六醇在热塑性调和剂中起到固化作用，松香起膜作用，蓖麻油为增塑剂，松节油为溶剂。配方见表 6-17。

表 6-17 喷涂用热塑性调和剂配方   单位：%（质量分数）

编号	石蜡	蜂蜡	十六醇	松香	蓖麻油	松节油
1	65	19	8	5		
2		76		14.88	9.12	3
3		60～70		18.6～24.8	11.4～15.2	

按照表 6-17 配比称取各种原料，放入容器，置于水浴或电炉中进行低温加热，温度应控制在 $100～135℃$，使之全部熔融，充分搅拌，调和均匀即可，之后加入色釉粉，继续搅拌均匀。热塑性色釉，一般高于 $65℃$ 时呈现流动性，常温时呈固态，低于 $60℃$ 就失去流动性，喷涂后在室温下 $1～3s$ 就固化，所以套花用的网版都设有电加热，或用红外线灯泡加热。釉粉与调和剂使用比例为 $(70～83)$：$(17～30)$，如果调和剂过高，喷涂的图案在烧结时，色釉易ል流失。因为调和剂用量可调节釉浆烧结时的软化温度；而过少时的装饰性又会变坏。合适的调和剂用量可根据实际情况而定，配成后的釉浆应有稠度稳定、均匀性好、不堵塞喷嘴、不黏结模版等性能。

石蜡和松香含量对热塑性色釉浆的软化温度均有影响（图 6-17）。石蜡对软化温度的影响，当含量在 40% 以下时，软化温度随石蜡含量的增加而降低，40% 时为 $47℃$，软化温度是极小值，在增大，反而升高。松香也同样如此，含量 60% 以内，随含量增加，软化温度降低；60% 时，软化温度为 $47℃$，是极小值。

（3）胶版印刷用釉浆 胶版印刷要求调和剂有较高的黏着性，因色釉浆以薄层黏附于胶印滚筒上，并暴露于彩绘车间的热空气中，具有不迅速干结的特点，使辊筒可连续正常作业。常用黏结剂有两种，一种是天然胶类调和剂加溶剂，另一种是树脂类型，其配方见表 6-18。

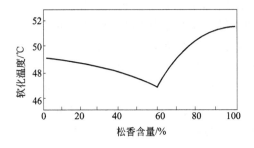 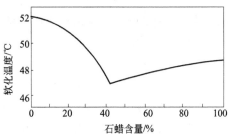

图 6-17　石蜡和松香含量对热塑性色釉浆的软化温度的影响

表 6-18　胶版印刷用釉浆配方　　单位：%（质量分数）

原料	配比 1	配比 2	配比 3	配比 4
色釉粉	适量	适量	15～20	60～70
松香甘油酯	30			
樟脑油	70			
乳香		10		
松油醇		90		
改性醇酸树脂			6	
卡呢油			1	
抗氧化剂			0.2	
聚甲基丙烯酸酯				15～20
松油				10～20

　　对于形状较小而又单色的图案，如商标与其他标志性图案，胶辊就是模版，其凸起的花纹部位蘸上调和好的色釉浆，可直接印在玻璃制品表面，对于细腻的线条和花纹，胶印有时在边沿会显得不够清晰。

　　(4) 丝网印刷用釉浆　丝网印刷有冷法（湿法）和热塑印刷法。冷法是网版不加热的，在室温下进行印刷，但这种印刷不能适应高速生产和多色套印的要求，虽然釉浆的干燥速率可以用调和剂来调节，但很难进行套色。冷印时印好的一种颜色，立即再印另一种颜色釉浆，前一版的釉浆会受损坏，或两种釉浆混杂，色泽模糊，所以必须每印完一种色釉经过加热干燥，才能印刷第二版色釉，不同版的施釉印刷工序之间都要加热干燥，生产效率低。热塑印刷法能适应大批量生产要求，可提高印刷和套印多种颜色，各种颜色套印的工序间不需要加热干燥，用热的釉浆通过丝网的网眼后，直接固化在冷的玻璃基板表面上，几乎是一涂上玻璃表面，釉浆就"干"了，可立即套印第二种颜色。

① 冷法丝网印刷釉浆　釉浆的黏稠度既要能容易流过丝网，又要防止烂边，即图案中的小字或细线条出现不够清晰和光滑，或附着力不强。此外，釉浆的干燥速度要适合印刷速度的要求，印在玻璃基体上的釉浆图案，在烧结前要求有一定牢度而不易脱落，但印刷用版上的剩余釉浆又要易于清洗。这种调和剂中，一般黏结剂占 5％～25％、可塑剂 0～10％、湿润剂 0～5％、溶剂 70％～90％、纤维素 0～10％。黏结剂可增强印刷后色釉层的牢固度和硬度，常用天然或合成树脂；可塑剂是阻止色釉层发脆，如蓖麻油等；湿润剂可改善色釉粉和调和剂混合时的湿润性；溶剂可控制调和剂的干燥率，如需要干燥速率快，选用沸点低的溶剂，反之选用沸点高的溶剂。至于调和剂的黏度可以用纤维素一类物质来调节。冷法丝网印刷调和剂配方见表 6-19。

表 6-19　冷法丝网印刷调和剂配方

原料	配比 1	配比 2	配比 3	配比 4	配比 5	配比 6
乳香	500g	200g	320g	500g		
松香		20g			80g	
乙基纤维素					20g	50g
樟脑油	375mL					
松节油		200mL	40g		450g	340g
松油醇		200mL	28g		450g	610g
煤油	375mL			375g		

　　具体使用时，可根据印花车间温度进行调节，以表 6-19 中配比 2 配方为例，松节油易挥发，松油醇为慢干性油，不易挥发，所以夏天室温较高时，松油醇的比例可高些，相反，冬季室温低，松节油比例要大些。同样配比 1 配方适合于夏季使用，配比 4 配方适合于冬季使用。配比 6 配方中用乙基纤维素替代价格较贵的乳香作黏结剂，调制的釉浆在烧结时较少产生炭化，因而沉积的黑点少，釉层色彩比较鲜艳，这样烤花的速度可提高，烤花温度可略微降低些，此配方的调和剂在较低的温度、较短的时间和较弱的氧化气氛中烧成，能取得良好的烤花效果。但乙基纤维素的性质随纤维素中氢氧基取代程度而异，不同牌号的性质常常大不相同，应根据产品规格表明的黏度调整用量，黏度大，用量要减少。调和剂与色釉粉的配比，一般用（质量分数）5 份色釉粉加 1 份调和剂，不同颜色的釉粉有时需要不同的配比。冷法丝网印刷釉浆也可用于热塑多色印刷的最后一版印刷。

　　② 热塑丝网印刷釉浆　调和剂中油类用石蜡替代，这样，加热到 60℃，蜡类混合物软化成糊状料浆，就可以通过丝网的网眼印刷到玻璃基体表面

上，丝网离开玻璃表面，釉浆立即固化，接着可以印刷下一种颜色的釉浆，不会破坏前一道工序已印刷在玻璃表面上的色釉。石蜡是热塑印刷调和剂中的主要成分，不同产地的石蜡熔点有所差异，应选用熔点在 $55\sim60℃$ 之间的石蜡。单独使用石蜡，印刷出来的图案表面和边缘比较粗糙；在石蜡中加入硬脂酸调配的釉浆，印刷后的图案表面光滑细腻，边缘清晰整齐；如再加入棕榈酸，则印刷时釉浆易于通过网版的孔，釉面的致密度好，表面更光滑更细腻，边缘线条整齐清晰。不用石蜡而单用棕榈酸，则烤花时易流釉，即色釉容易流出图案以外。

为了增加色釉浆的黏结力，在热塑调和剂中还需加入可溶性树脂，如乳香、松香以及乙基纤维素等，但这些物质的加入应适量。松香黏度大、性脆，加入量过多，容易使印刷后釉表面脆裂，烧成时影响表面光滑性，且因灰分高，影响色釉的色泽纯度。乳香可增加热塑性色浆的黏结力，对色釉的纯度和粗糙度影响小，但价格较贵。乙基纤维素可增加色釉浆的黏结性和增加印刷后色釉的牢固度，而对色釉的纯度和粗糙度影响很小，但乙基纤维素高温产生收缩，故加入量也不能多，以免烤花时产生图案的收缩，影响产品美观。

热塑性色釉浆中使用的石蜡，除了天然石油经裂解得到的含蜡馏分，再经冷榨或溶剂脱蜡而得到的天然石蜡外，还有用树脂改性石蜡、羟类石蜡和中等分子量的聚乙烯石蜡等。含有石蜡调和剂的釉浆温度达到 $350℃$，石蜡应完全挥发。为了降低热塑性调和剂的熔点，还可以加入一定量的黄蜡（蜂蜡），也可加入牛脂、羊脂等。常用的热塑性印刷用釉浆配方见表 6-20。

表 6-20　常用的热塑性印刷用釉浆配方　　　单位：g

原料	配比 1	配比 2	配比 3	配比 4	配比 5	配比 6	配比 7
石蜡	1180	1700	600	1700			200
硬脂酸	660				600	700	740
棕榈酸			1140		1140		
乙基纤维素	60	100	60	100	60		30
松香	10		100	200	200		
乳香		200					
硬化蓖麻油						200	
色釉粉	7000~7600	7000~7600	7000~7600	3500~4500	7500~7600	3000~3500	4000

除了表 6-20 用的天然石蜡外，还有羟类石蜡 7 份和硬脂酸 2 份配制成的调和剂。硬脂酸加入棕榈酸、松香、乙基纤维素后，也能配制成调和剂，如硬脂酸 600g、棕榈酸 1140g、松香 200g、乙基纤维素 60g 调和后，加入色釉粉 7500~

7600g，在搅拌均匀，即为色釉浆。

6.4 釉料的配色

1666 年，英国的科学家牛顿进行了著名的色散试验，科学地揭示了色彩的客观本质：色彩是光波的一种表现形式。物质世界的光波作用于视觉系统后所形成的感觉可分为两类：一类是形象感觉，另一类是颜色感觉。根据 GB/T 5698 中颜色定义为："光作用于人眼引起除空间属性以外的视觉特性"。因此，颜色是光波作用于人的视觉系统后产生的一系列复杂生理和心理反应的综合效果。

6.4.1 颜色的混合

颜色的配色是在红、黄、蓝三种基本颜色基础上，配出令人喜爱、符合色卡色差要求、并在加工、使用中不变色的色彩。颜色的配色有色光的混合和色料的混合两种，分别称为色光加色法和色料减色法。

(1) 色光

① 色光三原色　色光是指在视觉上区别色泽的深浅，明暗和色度上的差别。色光中存在 3 种最基本的色光，它们的颜色分别为红色、绿色和蓝色。这三种色光既是白光分解后得到的主要色光，又是混合色光的主要成分，并且能与人眼视网膜细胞的光谱响应区间相匹配，符合人眼的视觉生理效应。这三种色光以不同比例混合，几乎可以得到自然界中的一切色光，混合色域最大；而且这三种色光具有独立性，其中一种原色不能由另外的原色光混合而成，由此，我们称红(R)、绿(G)、蓝(B) 为色光三原色。为了统一标准，1931 年国际照明委员会 (CIE) 规定了三原色的波长 $\lambda_R = 700.0nm$，$\lambda_G = 546.1nm$，$\lambda_B = 435.8nm$。在色彩学研究中，为了便于定性分析，常将白光看成是由红、绿、蓝三原色等量相加而合成的。色光三原色见图 6-18。

② 色光加色法　人的眼睛是根据所看见的光的波长来识别颜色的。两种或两种以上的色光相混合时，会同时或者在极短的时间内连续刺激人的视觉器官，使人产生一种新的色彩感觉，这种色光混合为加色混合。这种由两种以上色光相混合，呈现另一种色光的方法，称为色光加色法。色光加色法的三原色等量相加混合效果，用颜色方程可表示为：

红(R) ＋绿(G) ＝黄(Y)

红(R) ＋蓝(B) ＝品红(M)

蓝(B) ＋绿(G) ＝青(C)

红(R) ＋绿(G) ＋蓝(B) ＝白(W)

改变三原色光中任意两种或三种色光的混合比例，可以得到各种不同颜色的色光。光是作用于人眼并引起明亮视觉的电磁辐射，具有能量，色光混合的数量愈多，光能量值愈大，形成的变色光愈明亮。

如果把红、绿、蓝三原色光，分别和青、品红、黄三种色光等量相混合，可以得到白光，即

红光＋青光＝白光

绿光＋品红光＝白光

蓝光＋黄光＝白光

当两种色光相加，得到白光时，这两种色光互为补色光。因此，红光与青光互为补色光，绿光与品红光互为补色光，蓝光与黄光互为补色光。

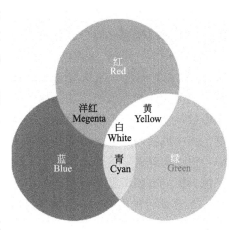

图 6-18 色光三原色

（2）色料

① 色料三原色 在光的照射下，各种物体都具有不同的颜色，其中很多物体的颜色是经过色料的涂染而成的。凡是涂染后能够使无色的物体呈色、有色物体改变颜色的物质，均称为色料。色料可以是有机物质，也可以是无机物质。

色料和色光是完全不同的物质，但它们都具有众多的颜色。人们通过色料混合试验发现，采用色光三原色相同的红、绿、蓝色料混合，其混合色域不如色光混合那样宽广；同时也发现，能透过（或反射）光谱较宽波长的色料品红（洋红）、黄、青三色能配出更多的色彩。在此基础上，人们进一步明确：由品红（洋红）、黄、青三色料以不同比例相混合，得到的色域最大，而这三种色料中的一种，却不能由另外两种色料混合而成，色料三原色如图6-19所示。

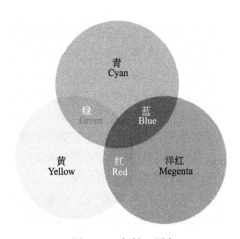

图 6-19 色料三原色

② 色料减色法 颜色是物体的化学结构所固有的光学特性。一切物体呈色都是通过对光的客观反映而实现的。所谓"减色"，是指加入一种原色色料就会减去入射光中的一种原色色光（补色光）。因此，在色料混合时，从复色光中减去一种或几种单色光，呈现另一种颜色的方法称为减色法。

青、品红、黄是色料中用来配制

其他颜色的最基本的颜色，称为原色或第一次色。间色是由两种原色料混合而得到的，称为第二次色。对于红色色料可以认为是黄色色料和品红色料的混合，即 $(R)＝(M)＋(Y)$；同理，绿色色料有 $(G)＝(C)＋(Y)$；蓝色色料有 $(B)＝(C)＋(M)$。这样在对间色呈色原理进行分析时，色料的间色就可以用原色来表示。复色是由三种原色料混合而得到的颜色。色料的呈色是由于色料选择性地吸收了入射光中的补色成分，而将剩余的色光反射或透射到人眼中。减色法的实质是色料对复色光中的某一单色光的选择性吸收，而使入射光的能量减弱。由于色光能量下降，使混合色的明度降低。

色料混合有如下变化规律。

a. 三种原色的混合　三种原色料等比例混合，可以得到黑色。三种原色料不等量混合时，可以得到复色。通过混色，可以了解各种混合色中三原色料的比例关系，为正确调制颜料提供依据。

b. 互补色料　三原色料等比例混合可以得到黑色，即：$(Y)＋(M)＋(C)＝(Bk)$。若先将黄色与品红色混合得到其间色红色，然后再与青色混合，上式可以写成：$(R)＋(C)＝(Bk)$。这样两种色料相混合成为黑色，我们称这两种色料为互补色料，这两种颜色称为互补色。其意义在于给青色补充一个红色可以得到黑色；反之，给红色补充一个青色亦成为黑色。除了红、青两色是一对互补色外，在色料中，品红与绿，黄与蓝也各是一对互补色，如图6-20所示。

由于三原色比例的多种变化，构成补色关系的颜色有很多并不仅限于以上几对，只要两种色料混合后形成黑色，就是一对互补色料。

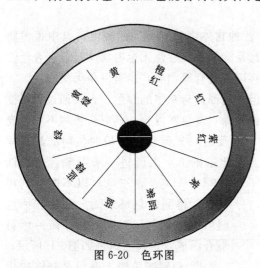

图 6-20　色环图

任何色料都有其对应的补色料。色料混合中，补色的应用是十分广泛的。如在绘画中，画面上某处色彩需要加暗时，并不一定要使用黑色，只要在该处涂以原色彩的补色即可。彩色印刷过程中，调用专用墨色时，应特别注意补色的使用。当调用较鲜艳的浅色时，如不恰当地加入了补色，则会使墨色变得灰暗。

c. 间色与其非互补色的原色混合　间色与其互补色色料混合呈现黑色，而间色与非互补色的原色色料混合呈色现象则较为复杂。间色与非互补色的原色混合，随着浓度的不同，不仅明度和饱和度发生变化，而且色相也产生了变化。混合色料浓度（厚度）大时，呈现出间色的色相；当浓度减小时，变为间色和原色的混合色相。

　　d. 间色与间色混合　两种间色色料混合，随着色料的浓度的不同，呈现的色彩出现了很大的变化。间色色料混合颜色较深，当色料浓度（厚度）较大时呈现黑色，饱和度为0，随着浓度（厚度）的减小，逐渐呈现出色彩、明度变大，饱和度迅速增加，达到一定程度后逐渐减小。这种间色混合现象，常出现于光源亮度改变的情况下，对于某一间色混合色样（颜料层厚度不变），当照明光源的亮度改变时，同样会出现色相、明度和饱和度的变化，这对印刷色彩的再现及包装色彩的设计具有一定的指导意义。

　　以上是复色的几种基本混合方法。此外还有原色与复色、间色与复色、原色与黑色的混合方法，均可以得到新的复色。无论哪种混合方法，实质上都是三原色料等比例或不等比例的混合。由此，可以进一步证明：三原色料可以混合出现各种颜色，这是绘画或印刷中，用少数几种色料调制出各种色彩的理论依据。

　　（3）加色法与减色法的关系

　　加色法与减色法都是针对色光而言，加色法指的是色光相加，减色法指的是色光被减弱。加色法与减色法又是迥然不同的两种呈色方法。加色法是色光混合呈色的方法。色光混合后，不仅色彩与参加混合的各色光不同，同时亮度也增加了；减色法是色料混合呈色的方法。色料混合后，不仅形成新的颜色，同时亮度也降低了。加色法是两种以上的色光同时刺激人的视神经而引起的色效应；而减色法是指从白光或其他复色光中减某些色光而得到另一种色光刺激的色效应。

　　从互补关系来看，有三对互补色：R-C；G-M；B-Y。在色光加色法中，互补色相加得到白色；在色料减色法中，互补色相加得到黑色。色光三原色是红（R）、绿（G）、蓝（B），色料三原色是青（C）、品红（M）、黄（Y）。人眼看到的永远是色光，色料三原色的确定与三原色光有着必然的联系。色加法和色减法的对比见表6-21。

表6-21　色加法和色减法的对比

项目	色光加色法	色料减色法
三原色	红（R）、绿（G）、蓝（B）	青（C）、品红（M）、黄（Y）
呈色基本规律	红＋绿＝黄	品红＋黄＝红
	红＋蓝＝品红	黄＋青＝绿
	绿＋蓝＝青	品红＋青＝蓝（紫）
	红＋绿＋蓝＝白	品红＋黄＋青＝黑
效果	明度增大	明度减小
呈色方法	视觉器官内、外的加色混合	色料的掺和调配
补色方法	补色光相加形成白光	补色料相加形成黑色
主要用途	颜色测量、彩色显示屏、剧场照明等	彩色绘画、印刷、摄影、印染等

6.4.2　颜色的三属性

颜色的三属性是指颜色具有的色相、明度、纯度三种性质。三属性是界定颜色感官识别的基础，灵活应用三属性变化是颜色设计的基础。

(1) 色相　色相是色彩最基本的特征，人们根据色相来称呼颜色如红色、黄色、绿色等（图 6-21）。色相由物体表面反射到人眼视神经的色光来确定。对于单色光可以用其光的波长确定。若是混合光组成的色彩，则以组成混合光各种波长光量的比例来确定色相。例如：在日光下，物品表面反射波长为 500～550nm 的色光，而相对吸收其他波长的色光，该物品在视觉上的感觉便是绿色。

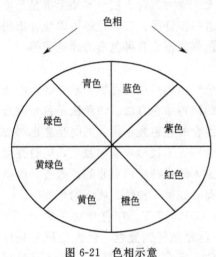

图 6-21　色相示意

(2) 亮度　也称为明度，是指颜色的明暗度，白色的明度最高，而黑色的明度最低（图 6-22）。亮度是物体反射光线的数量方面的一种特性，物体对彩色光反射率越高，人们眼睛感觉到这种颜色愈明亮，它的亮度值越高。所以亮度是颜色在数量方面的特性。

(3) 饱和度　是指色相的纯度和强度，即颜色的纯洁性，可见光的各种单色光是最饱和的颜色。当光谱色掺入的白光成分愈多时，就愈不饱和。它的移动是沿中心柱黑色调至色相圈的外缘处，高色度的颜色中几乎没有黑色、白色或者银粉。

饱和度也有人称其为彩度。

(4) 三属性的相互关系　颜色三属性在某种意义上是各自独立的，又是相互制约的。一个颜色的某一属性发生了改变，那么这个颜色必然发生改变。

低明度　　　　　　　　　　　　　　　　高明度

图 6-22　亮度示意

6.4.3　彩釉的配色

(1) 彩釉配色目的　彩釉配色实际就是按照色样颜色的需要和印刷工艺要求，将一种或几种釉料颜色及相应的辅助剂进行调配，通过调配颜色色相、明度和饱和度的对比控制，配出符合色样要求，并在印刷生产、高温烧结加工中稳定、不变色的色彩的操作过程。配色能够使单一的颜色演变出成千上万种色彩。

配色过程中往往借助色卡、色谱进行参照和对比，目前国际上比较流行的配色色卡有美国的 Pantone 和德国的 RAL 色卡，如图 6-23 所示。

(a)美国的Pantone色卡　　　　　　　　　(b)德国的RAL色卡

图 6-23　常用配色色卡

彩釉配色是彩釉玻璃生产中重要的基础工作。简单的色料三原色，品红、黄、青可调配出红、橙、黄、绿、青、蓝、紫等几十种颜色。而在实际的彩釉配色过程中，仅靠三原色原理是无法获得所需要的色彩的。这是由于几乎所有的彩釉生产厂家所生产的釉料颜料，都根本无法达到国际标准三原色的饱和度和亮点等指标，三等份原色墨相加只能是深茶灰色，而不是黑色；同时，在实际调色过程中往往离不开黑色釉、白色釉、稀释剂等釉料和辅助剂。

彩釉配色的目的有两个：一是按要求的颜色标准，使用现有釉料及辅助剂调配出符合要求或针对某个订单的专色釉料；二是调整釉料的印刷适性。釉料印刷适性是指印刷釉料必须具有适合印刷生产的各种性质，包括适当的黏度、流动性、干燥速度及釉料与玻璃的匹配性等。釉料印刷适性一般都是通过在釉料中加入各种辅助剂来实现的，如稀释剂、快干剂、消泡剂等。

（2）彩釉配色方法

① 经验配色法　经验配色法是指在没有测色仪器的情况下仅凭配色者的经验和感觉进行配色，早期是以配色者从实践中积累的经验作为依据，中、后期的配色是以 10 种基本色图或印刷色谱作为目视测色的参考标准。配色时一般采用色谱色标和颜色三属性比较法，即从色谱上查找所配颜色与呈现 Y、M、C 各版的百分比数值，或者通过比较试样配出来的颜色的色相、明度、饱和度进行调整。如果明度上有差距，可以加"冲淡剂"（稀释剂或白色等）来纠正；如果色相有差距，偏向某色，可以利用互补色纠正，但由此会增加中性灰、降低黑色的明度。

　　经验配色法常常受到配色者生理、心理因素及其他客观条件的影响，产品质量难以保持稳定。另外，依靠经验和感觉配色，只能定性，无法定量，技术的传播与交流比较困难，但是它依旧是目前印刷行业中应用最为广泛的调色方法。

　　② 机械配色法　机械配色法是近代逐渐开始流行的较先进的配色方法，在配色的各个环节，采用一定的机械、仪器作为配置和测量工具，通过绘制曲线图表，作为配色的参考依据，使配色工作在相对精确的范围内进行。这种方法改变了以往经验配色的某些盲目性，使配色速度及质量均有所提高，但配色的精度低、误差大。

　　目前国内彩釉玻璃生产通常使用的是经验配色法＋机械配色法相结合的组合配色方式，即配色员根据客户确认的生产样板，凭借经验和感觉进行釉料调配，通过反复的钢化颜色试片后确定出大致的颜色配比，再进行批量釉料调配。这个调色过程中往往会借助一些积分球式色差仪、电子秤、黏度剂等辅助工具来测量和检测颜色是否正确。

　　经验配色法＋机械配色法相结合的组合配色方式，虽然稍有别于传统的配色工艺，但依然依赖于长年积累下来的配色技巧与经验。一个可信赖的配色员至少需要 5～8 年时间，才能基本掌握彩釉颜色调配以及高温烧结时色彩的变化规律。

　　这种组合配色方式也存在着如下一些问题。

　　a. 无法建立全面的配方数据库　配色员在进行釉料调配时的颜色配比，是根据客户确认样板与试色试版的釉料进行试料以及钢化后的颜色对比进行反复修正的，每次调配釉料都是全新的配色过程，无法建立印刷釉料配方电脑数据库。同时，这种凭借经验与积累，储存在"人脑"中的配色数据，一旦配色人员流失，也就意味着数据库的丢失。

　　b. 调配的颜色稳定性较差　大部分配色员均未受过专门的色彩培训，缺乏对一个最佳配色方案的判断，往往一个颜色用 3 个基色可以调好，却用了 5～6 个颜色去调，甚至更多。加入更多不同种类的基色时，不仅颜色的色相偏差、纯度降低，更重要的是釉料在高温钢化过程中，颜色的稳定性大大降低，极有可能造成同一批产品中的色差等质量问题。

　　c. 釉料浪费　由于配色凭经验与感觉，在反复修正颜色的过程中，数（用）量难以控制，经常会造成釉料颜色的过量使用，譬如一个订单计划调配 50kg 釉料，往往最终调出 80kg，而多出的 30kg 釉料等于是浪费掉了。在釉料仓库常会看到许多多调多及印后剩余的釉料堆积，除偶尔有相近的颜色可以利用外，大部分釉料长年累积，很多已结块无法再正常使用。

　　d. 影响生产进度的安排　人工配色工作十分依靠个人配色经验，这个过程受到配色员生理、心理因素的影响，再加上一些客观条件的影响，例如各个釉料厂家提供批次上的基础颜色存在差异、钢化炉温不稳定、玻璃基片前后有差异等。更让配色人员无所适从，实际上无法掌握不说，有时一个订单的颜色调配需要 3～4d。

③ 计算机配色法　计算机配色在国外已有几十年的历史，主要用于纺织、塑胶、颜料及釉料等行业，国内也多半使用在这些行业。人们利用储存在计算机内的颜色数据库和相关配色软件之间的连接，对样稿上的颜色数据进行分析处理，通过计算、修正、调色，选出适合样稿要求的颜色配方，进而完成油墨的自动配色。计算机配色要求标准色样及配出的墨样的颜色均以数字表示，保证了每次配色的精确度和统一性，而且大大节省了配色时间，方便、快捷、迅速、精确是计算机配色的优势。

计算机配色系统是集测色仪、计算机及配色软件系统于一体的现代化设备。计算机配色的基本作用是将配色所用油墨的颜色数据预先储存在电脑中，然后计算出用这些油墨配得样稿颜色的混合比例，以达到预定配方的目的。

计算机配色系统由硬件和软件两部分组成。硬件部分包括计算机、分光密度计以及色谱等。软件系统包括软件主菜单，用于显示配色系统软件中各程序目录，使操作者对该配色软件有一个大概的认识，使操作者根据自己的目的对目录中显示的程序进行选择和调用。基础数据文件，使用 Microsoft 的 Access 建立数据库文件，包括双色套印、三色套印和专色套印 3 部分。该文件包括基础数据文件的建立、管理、数据处理部分及配方存储程序。计算机配色系统界面如图 6-24 所示。

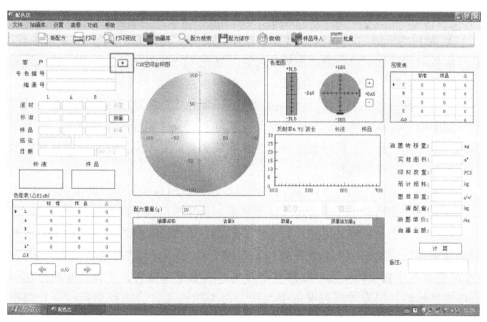

图 6-24　计算机配色系统界面

计算机配色系统的工作流程如图 6-25 所示。

建立彩釉颜色数据库 ——→ 建立待配样板标准值 ——→ 运行配色系统得出可选配色方案
　　步骤1　　　　　　　　　步骤2　　　　　　　　　　　步骤3

数据修正、或成分4、5项，获得满意配方 ←—— 试片数据与标准值对比 ←—— 方案试片
　　步骤6　　　　　　　　　　　　　　　　步骤5　　　　　　　　步骤4

图 6-25　计算机配色系统的工作流程

计算机配色系统有如下特点。

a. 迅速提供质优价廉的配方，提高产品质量，降低生产成本。计算机配色可以在极短时间内找到最经济并且在不同光源下色差至最小（同色异谱指数最小）的准确配方，提高工作效率和市场应变能力。

b. 预测色变现象。预报的配方可以列出染样在不同光源下颜色的变化程度，由此可预先得知该配方的同色异谱性质，避免在不同光源下色差变化造成的产品降等或质量问题。

c. 迅速精确的修色功能，能快速计算出修正配方，提高修色效率。

d. 科学化的配方存档管理。将以往所有配过的颜色以及与其相对应的成功染色的车间大样生产配方，化验室小样配方存入颜色配方库，可以将技术资料完整保留，方便地进行检索，并能按照来样的颜色要求快速修正后使用。

（3）彩釉配色的原则

① 釉料的选择　从釉料的质量、成本、供货、技术服务等多个方面考核，选择优质的釉料供应商提高的釉料产品，并掌握所用釉料的色彩体系、颜色饱和度、热膨胀系数、烧结温度、黏度、细度等一系列指标。

釉料应控制在 3 个品牌以内，品种越多，配色中的不稳定因素便越多，同时也不便于配色体系的管理。每一个釉料厂家都会有一个完整的配色体系，但由于不同厂家的釉料性质、烧结温度与色相都有较大差异，原则上尽量采用相同型号的釉料和同型号的辅助料。

② 分析待配色色相　配色前，首先应对色样的颜色进行认真的鉴别和分析。

根据现有的釉料色彩体系，判断配色需要采用哪些釉料颜色进行调配。一方面可以借助色卡、色谱来对比；另一方面，把握不准时，可取适量的釉料，放在调色杯中进行少量的调配。调配时，应掌握一个原则，即在初步判断的主色调（倾向被调色样色相的颜色）釉料中逐渐加入其他辅色釉料。不能先取辅色釉料后加主色釉料，因为采用在辅色中加入主色调釉料的方法进行调配，不易调准色相。

通过试色色彩分析后，进一步确认待配色样品的主色调及所含的辅色调的比

例，主色调彩釉作为基本色，其他彩釉再为调配色，以基板色为主，调配色为辅，这样调配釉料颜色才能更快、更准确。

彩釉玻璃是透过光滑的玻璃表面去观察颜色的，如果待配色样是色卡、石材、铝板等材质，由于色样材料质地、光线反射等方面的差异，一般是很难做到与彩釉玻璃颜色完全一致的，此时需要控制的是色调上的相似。

③ 用色料三原色原料指导配色　用三原色的配色原理来指导彩釉的配色，应先掌握它们的变化规律，以提高配色效果。如，三原色等量调配，所得的颜色近似黑；三原色的两种原色等量调配或不等量调配，可获得各种间色，其他色相偏向于含量比例大的颜色；三原色墨分别以各种比例混调，可得到无数种复色。一般而言，应用色料三原色的变化规律，除金、银等特殊色彩以外，任何复杂的颜色都能调配出来。

在彩釉的配色工艺实践中，仅靠三原色原理要配出所有的颜色还是不够的，这是因为烧结温度在 620～720℃ 的无机非金属釉料中的色料成分，其三原色呈色色相的饱和度要远远低于标准色环中相同的颜色，这也说明了供应商提高的釉料基色色相不是很标准，不仅与标准三原色的色差较大，甚至一些饱和度较高的颜色还存在一定的缺失，如洋红、紫色等。因此，在实际配色过程中，除一些饱和度要求较高的颜色无法调配出来外，大部分颜色均可调配出来。不过，对于大部分所调配的颜色，一般还应适量加入一些其他釉色，如巧克力色、橘红色、石灰光色、草绿色、森林绿、云杉蓝、胭脂蓝等颜色，用于补充釉料的三原色不足，才能得到所需色样的色相。

（4）彩釉配色注意事项

① 尽最采用原色，避免采用间色进行配色。

② 使用最少种类的颜色进行调配，颜色种类越少，混合效果越好，颜色饱和度越好。

③ 采用"由浅到深"的办法进行配色，当色相接近样版时，应当小心谨慎。

④ 尽量选择同一厂家或同一系列的油墨，否则会产生调色不匀的现象，严重时会产生凝聚而使油墨报废。

⑤ 需要调配的一个颜色最好一次调够，避免分成几次进行配色，否则容易色相不一。

⑥ 在稳定的自然光下进行，避免在光线直射的地方进行配色。

⑦ 配色时应采用与正式生产时相同的工艺进行测试，例如，在印刷过程中需要加热，而加热后的色相会产生一定变化，所以配色时须加热后进行比较、调整。

⑧ 必须选择质量稳定的油墨，而且要采用耐渗透性较好的原色进行配色，否则容易产生颜色迁移而引起变色。颜色迁移受印刷底材、材质等中间介质的影

响，不同的迁移性亦有差别，使用前要根据要求测试后使用。

⑨ 调试红色或浅蓝色时因油墨中颜料混合稳定性较差，在印刷过程或印刷到产品上之后，油墨可能会变色影响颜色的均匀性，因此混合使用应慎重。

6.5 彩釉玻璃常见问题及处理方法

6.5.1 釉料问题及处理

（1）釉料在生产环节出现的问题及处理

① 分批次生产的玻璃彩釉，会出现微量色差。

解决办法：严格控制原料质量，按照原始配比生产，尽量降低分批次生产产品色差；在具体销售过程中，尽量选择同批次产品，同时做好用户解释工作（此情况属正常现象）。

② 由于季节温度差异，玻璃彩釉会出现黏稠度不一致（温度低时，玻璃彩釉会变稠，反之会变稀）。

解决办法：严格按照配比生产，加强生产设备更新改造，在冬季到来前加大库存储备。

（2）釉料在使用环节出现问题及处理

① 清洁玻璃表面时操作不规范，釉料附着力差。

解决办法：不得用水或其他溶剂擦拭玻璃，尽量使用专用钢丝棉擦拭玻璃，使玻璃表面保持干燥状态；如果使用了水擦洗玻璃，必须对玻璃表面进行烘烤，保证玻璃表面绝对干燥。

② 天气潮湿及天气寒冷施工，釉料附着力差。

解决办法：尽量避免在空气湿度≥75％时，进行施工喷涂，提高操作车间空气干燥度及温度，或在喷涂前使用化石粉涂擦玻璃，降低玻璃表面湿度，涂擦后必须把化石粉擦净后喷涂。

③ 喷涂设备（空气压缩机）未串联油水分离器，且没有定期放水，附着力差，涂层内出现小气泡。

解决办法：每日给空压机放水，定期拆解油水分离器并对油水分离器内的过滤材料进行烘干或晾晒。另外还可在喷枪进气口处加装油水分离检查器，以便及时检查送气管气体中的含水量。

④ 调漆时，未使用标准称重器具（电子秤），凭经验随意配比，釉料附着力差，涂层发脆。

解决办法：施工时必须使用标准量具，严格按照使用说明配比施工，特别是固化剂的添加量一定要准确无误。

⑤ 调制好的釉漆未经过过滤，直接喷涂，涂层表面不光滑。

解决办法：将调制好的釉漆使用 200 目过滤网过滤后，进行喷涂。

⑥ 喷涂时，喷枪雾化不好，涂层厚度不均匀，釉漆浪费等现象。

解决办法：为确保喷涂质量，尽量使用专业喷枪，喷涂前须将喷枪调整到最佳雾化状态，且要保证走枪时枪头与玻璃表面的距离一至，均匀喷涂三遍即可。

⑦ 玻璃釉喷涂后，漆膜厚度过薄，遮光性差，涂层遮盖力差，附着力差。

解决办法：按照使用说明配比施工，在调制玻璃釉时避免过量添加稀释剂，应保持玻璃釉黏稠度适中，同时确保喷涂遍数，涂层厚度一般要达到 0.1～0.3mm 之间为宜。

⑧ 玻璃釉使用前未进行充分搅拌，附着力差，涂层表面粗糙。

解决办法：在使用玻璃釉之前，须充分搅拌均匀，并需要经过 200 目过滤网过滤，静放 10min 后喷涂，效果最佳。

⑨ 玻璃釉喷涂前，未将喷枪刷洗干净，涂层内有污点和杂质。

解决办法：喷涂施工后，应及时使用专用稀释剂对喷枪进行彻底清洗，下次使用前也应用稀释剂简单清洗。

⑩ 喷涂施工后，未进行防水防尘保护，涂层表面有污点和杂质，附着力差。

解决办法：喷涂好的玻璃，3h 内不得沾水，不得在灰尘很大的环境放置。

⑪ 低温烘烤时，炉温过高，涂层表面粗糙，局部颜色不均匀。

解决办法：如用户需要加快施工速度，可对喷涂好的玻璃进行低温烘烤，炉温控制在 70℃ 以内，保温 3h 即可施工安装；自然干燥需要 24h。

（3）釉料在运输和储存环节出现问题及处理

① 釉料在运输时出现破损，彩釉外溢。

解决办法：严格按照原始外包装纸箱的容积进行包装，纸箱内不宜有空缺，也不宜超量包装；在外包装纸箱上须注明易碎、防潮、不得颠倒放置等明显标志，发货时告知货运公司须轻拿轻放，不得野蛮装卸。

在用户订货时，尽量根据外包装纸箱容积为用户合理安排订货数量同时告知用户，如未按公司产品原始外包装纸箱容积订货的，有可能出现上述问题。

② 彩釉储存时间过长，出现凝固现象。

解决办法：釉料保质期大概为一年，尽量在保质期内使用，如超过保质期的产品，可由用户自行实验使用。

③ 釉料及相关辅料的储存环境恶劣，如室外、长期阳光直射、特别寒冷（-10℃ 以下）等情况，容易出现釉料变质、固化剂起絮、处理剂变质、稀释剂挥发等问题。

解决办法：尽量改善储存地的环境状况。

6.5.2 彩釉玻璃使用过程出现的问题及处理

（1）在运输环节出现的问题及处理

① 漆膜未完全干燥时装车运输，造成涂层与其他玻璃粘连，损坏涂层质量。

解决办法：彩釉玻璃在装车运输之前，应确保涂层表面彻底干燥，切勿从烘烤炉内，直接装车，应使烘烤好的玻璃在自然温度下降温到常温状态后，进行装车运输，有条件时应在每片玻璃之间垫好防护膜。

② 彩釉玻璃搬运装车时，码放不合理相互磕碰刮蹭，造成涂层受到磕碰，损坏涂层质量。

解决办法：根据玻璃尺寸合理码放装车，装卸工人须按照操作规范进行搬运轻拿轻放，避免野蛮装卸。

（2）在安装环节容易出现的问题

① 使用酸性玻璃胶或劣质中性玻璃胶，及其他不符合安装要求的化学试剂，进行施工安装，造成涂层与胶脂出现化学反应，涂层变色或脱落。

解决办法：使用正规厂家的中性玻璃胶进行施工安装。

② 将彩釉玻璃与水泥直接进行粘贴施工安装，造成涂层与水泥出现化学反应，涂层变色或脱落。

解决办法：在彩釉玻璃施工安装过程中，严禁与水泥直接接触，应在木质表面进行粘贴，或使用其他安装方式安装，如广告钉安装、钢挂件吊装等。

③ 成品（彩釉玻璃）未完全干燥就进行施工安装出现的问题，造成涂层与胶脂出现化学反应，涂层变色或脱落。

解决办法：无论是低温烘烤还是自然干燥的成品（彩釉玻璃），如须打胶安装，必须在喷涂完 24h 以后，使用中性玻璃胶经过测试无误后安装。

6.6 彩釉玻璃质量要求及检测

国外的彩釉玻璃生产起步较早，其质量要求及检测标准较多地参照了美国 ASTM C1048《热处理平板玻璃——HS 类、FT 类涂层和非涂层玻璃》，而国内彩釉玻璃批量推向市场相对较晚，比照传统的钢化、夹层、中空、镀膜等玻璃加工产品而言，彩釉玻璃还是一个新的产品类别。

我国目前施行的标准为《釉面钢化及釉面半钢化玻璃》（JC/T 1006—2006）。

6.6.1 外观质量要求及检测

（1）玻璃外观质量及检测　玻璃外观质量要求参见本书 3.5.3（4）。

玻璃外观检测方法：以制品为试样，在较好的自然光或散射背景光照条件下，玻璃垂直放置，观察者距玻璃 600mm，视线垂直通过玻璃进行观察。缺陷尺寸用放大 10 倍，精度为 0.1mm 的读数显微镜；划伤的长度用最小刻度为 1mm 的钢直尺或卷尺测量。

（2）釉面的外观质量及检测　釉面的外观质量应符合表 6-22 的规定。

釉面外观检测方法：以制品为试样，在较好的自然光或散射背景光照条件下，将玻璃垂直放置，以不透明的背景材料衬托，从距玻璃 600mm、2000mm 或 3000mm 处观察。缺陷尺寸用放大 10 倍，精度为 0.1mm 的读数显微镜；划伤的长度用最小刻度为 1mm 的钢直尺或卷尺测量。

表 6-22　釉面外观质量

缺陷名称	说明	建筑以外用	建筑用
漏光点	直径≤0.5mm	不允许集中	—
	0.5mm<直径≤1.2mm	中部 2×S 个，但任意两漏光点之间的距离大于 300mm；边部 4×S 个小于 0.5m² 由供需双方商定。	中部 4×S 个；边部 8×S 个
	1.2mm<直径≤2.5mm	不允许	中部 2×S 个；边部 4×S 个
	直径>2.5mm	不允许	不允许
斑纹	釉层上深浅不均的条纹印痕	600mm 处背光观察不可见	2000mm 处背光观察不可见
涂层划伤	宽度≤0.1mm	长度≤30mm 3×S 条小于 0.5m² 由供需双方商定	长度≤50mm 4×S 条
	0.1mm<宽度≤0.5mm	不允许	长度≤30mm 1×S 条
	宽度>0.5mm	不允许	不允许
色差	目视观察	2000mm 处无明显差异	3000mm 处无明显差异
图案完整性	图案有欠缺	600mm 处不可见	2000mm 处不可见
疵点	直径<1.2mm	不允许集中	—
	1.2mm<直径≤2.5mm	中部 3×S 个，边部 5×S 个，小于 0.5㎡ 由供需双方商定	不允许集中
	2.5mm<直径≤4.0mm	中部 1×S 个，边部 3×S 个，小于 0.5㎡ 由供需双方商定	中部 3×S 个，边部 8×S 个
	直径>4.0mm	不允许	中部不允许

注：1. 集中是指在任一直径 500mm 圆面积内超过 20 个。

2. 漏光点是指釉面覆盖区域中没有覆盖釉料的透光点。

3. S 是以为 m² 单位的玻璃板面积，保留小数点后两位。

4. 允许个数及允许条数为各系数与 S 相乘所得的数值。

5. 玻璃板的中部是指距离玻璃边缘 75mm 以内的区域，其他部分为边部。

6. 背光是指光源与观察者在同侧。

7. 色差是指釉面颜色有差异。

8. 疵点是指玻璃制品烧结后釉层上有明显的不均匀点，或颜色不同于釉面颜色的污点。

9. 边部 2mm 不作外观质量要求。

6.6.2 尺寸允许偏差及检测

（1）矩形制品长度和宽度　对于矩形制品长度和宽度允许偏差见表 6-23。其他形状或边长≥3000mm 的制品，允许偏差由供需双方商定。

表 6-23　矩形制品长度和宽度允许偏差　　　　　单位：mm

玻璃厚度 D	长边的长度 L		
	L<1000	1000≤L<2000	2000≤L<3000
D<8	+1.0/-2.0	±3.0	±4.0
D≥8	+2.0/-3.0		

检测方法：以制品为试样，用最小刻度为 1mm 的钢直尺或卷尺分别测量长、宽两条平行线的距离。测量时可在玻璃板上选取几个点，然后算出最大值与最小值的差值，该值即为尺寸偏差。

（2）对角线偏差　对于矩形制品对角线偏差见表 6-24。其他形状或边长≥3000mm 的制品，其对角线偏差由供需双方商定。

表 6-24　矩形制品对角线允许偏差　　　　　单位：mm

玻璃厚度 D	长边的长度 L		
	L≤1000	1000<L≤2000	2000<L≤3000
D<8	2.0	3.0	4.0
D≥8	3.0	4.0	5.0

检测方法：以制品为试样，用最小刻度为 1mm 的钢直尺或卷尺分别测量玻璃板两个对应角之间的距离，两者之差即为对角线偏差。

6.6.3 弯曲度要求及检测

平型制品的弯曲度，弓形时应不超过 0.3%，波形时应不超过 0.2%。
弯曲度检测参考本书 3.5.4（1）。

6.6.4 霰弹袋冲击性能要求及检测

（1）　霰弹袋冲击性能要求　全部试样符合下列①或②中任意一条的规定为合格。

① 玻璃破碎时，每试样的最大 10 块碎片质量的总和不得超过相当于试样 65cm^2 面积的质量。保留在框内的任何无贯穿裂纹的玻璃薄片的长度不能超过 120mm。

② 霰弹袋下落高度为 1200mm 时，试样不破坏。

（2）霰弹袋冲击性能检测　霰弹袋冲击性能检测参见本书 3.5.4（4）。

6.6.5　碎片状态要求及检测

（1）釉面钢化玻璃碎片状态　釉面钢化玻璃碎片状态要求及检测参考本书 3.5.4（3）。

（2）釉面半钢化玻璃碎片状态　釉面半钢化玻璃碎片状态要求及检测参考本书 5.1.5、5.1.6 和 5.1.7 的内容。

6.6.6　耐热冲击性能要求及检测

彩釉玻璃的耐热冲击性能应符合表 6-25 要求。

表 6-25　彩釉玻璃的耐热冲击性能

釉面钢化玻璃	釉面半钢化玻璃
耐 200℃温差不破坏	耐 100℃温差不破坏

检测方法：将 4 块 300mm×300mm 的釉面钢化玻璃试样置于（200±2)℃［釉面半钢化玻璃试样置于（100±2)℃］的烘箱中，保温 4h 以上，取出后立即将试样垂直浸入 0℃的冰水混合物中，应保持试样高度的 1/3 以上能浸入水中，5min 后观察玻璃是否破坏。玻璃表面和边部的鱼鳞状剥离不应视作破坏。

6.6.7　附着玻璃性能要求及检测

附着玻璃性能要求：釉层上不能有墨迹的残留。

检测方法：以 3 块制品为试样，在玻璃涂层上用单面刀片在 25mm×75mm 的区域内重复刮 20 次，刀片与试样成 45°。沿 75mm 方向，用墨水画一条线，画完线 15min 后，在线上涂细研磨膏擦拭。在散射光源照射下，用肉眼观察釉层，如有墨迹残留表明釉上的细孔会使水渗透，从而可能导致釉层的褪色或在结冰气候下造成釉与玻璃基片分离。

6.6.8　耐酸性和耐碱性要求及检测

（1）耐盐酸性　耐盐酸性要求试样允许有颜色的改变和粉化现象，但不应存在明显的脱落。

检测方法：选 3 块制品为试样，在室温条件下，将 3.5% 的盐酸溶液滴于釉面钢化、半钢化玻璃的釉面上，湿润直径 25mm 左右，15min 后用水清洗并干燥，之后观察玻璃釉面。

（2）耐柠檬酸性　耐柠檬酸性要求试样允许有颜色改变，但不允许有粉化和脱落现象。

检测方法：选 3 块制品为试样，在室温条件下，将 10％的柠檬酸溶液滴于釉面钢化、半钢化玻璃的釉面上，湿润直径 25mm 左右，15min 后用水清洗并干燥，之后观察玻璃涂层面。

（3）耐碱性　耐碱性要求试样应无明显变化。

检测方法：选 3 块制品为试样，在室温条件下，将 10％的 NaOH 溶液滴于釉面钢化、半钢化玻璃的釉面上，湿润直径 25mm 左右，30min 后用水清洗并干燥，之后观察玻璃涂层面。

第7章
玻璃热熔技术

热熔玻璃又称水晶立体艺术玻璃，是目前开始在装饰行业中出现的新家族。热熔玻璃源于西方国家，近几年进入我国市场。以前，我国市场上均为国外产品，现在国内已有玻璃厂家引进国外热熔炉生产的产品。热熔玻璃产品种类较多，目前已经有热熔玻璃砖、门窗用热熔玻璃、大型墙体嵌入玻璃、隔断玻璃、一体式卫浴玻璃洗脸盆、成品镜边框、玻璃艺术品等，应用范围因其独特的玻璃材质和艺术效果而十分广泛。

7.1 热熔玻璃基本概念

7.1.1 热熔玻璃定义

热熔玻璃是指将玻璃（或熔块）加热到软化点以上温度，黏度在 $10^5 \sim 10^6$ Pa·s 左右，通过模具相互黏合，从而成自然的或所要求的各种形态和立体图案的一种艺术玻璃（图7-1）。

图 7-1　热熔玻璃

7.1.2　热熔玻璃特点

热熔玻璃跨越现有的玻璃形态，具有款式多样、图案精美、立体感强、吸声性好、装饰华丽等特点，可以制作电视墙，沙发背景以及酒店，宾馆的形象装修。

① 产品具有别具一格的造型，丰富亮丽的图案，灵活变幻的纹路。

② 产品品质高、造型美观。

热熔玻璃适用于楼宇天花、屏风隔断、门、窗、背墙、壁饰、各种家具橱柜等，是现代家居、宾馆、娱乐场所、办公室的装潢首选。

7.1.3　热熔玻璃的发展

热熔玻璃具有悠久的历史，公元前 200 年代古代人即用彩色玻璃棒切割成片状，在模具中热熔成形为扁平玻璃盘，在透明层之间还镶嵌了不透明银色和金色的铂，成形后切割出精确的边缘，再经过抛光，使表面光洁无瑕。当时还曾用热熔法制造夹金玻璃碗，在两层玻璃内夹一层金箔，经加热黏合在一起。公元前 1 世纪，出现了由玻璃棒熔合而成的著名的亚历山大（Alexandrian）碗，到了公元 1 世纪，吹制法形成大量生产后，热熔法逐渐被吹制法取代。工业革命促进了 19 世纪和 20 世纪窑制玻璃工艺的复苏，手工艺制作成为可以接受的艺术家个人创作手段，法国成为热熔玻璃技术中心。第二次世界大战后，国际上出现了新一代玻璃艺术家和各种风格的玻璃艺术品。近年来我国热熔玻璃制作也有飞跃发展，既有展览馆、剧场、会堂、宾馆的热熔玻璃柱、屏风、隔断、内墙装饰材料，也有热熔的盆、碗、洗面盘等生活用品。

7.2　热熔玻璃生产工艺

热熔玻璃与热弯玻璃相比，有其自身的特点。首先热熔使用料坯既可以是平板玻璃，也可以是玻璃块料、粉料、球、珠等；其次热熔玻璃加热温度比热弯玻璃要高；第三热熔玻璃用复杂形状模具，不仅弯曲成各种形状，而且还可以叠层、夹层，制作出浮雕、立体雕刻，并且在加工过程中还可以在表面撒上有色玻璃粉、放置金箔、银箔以及各种金属丝，甚至贝壳、陶瓷、耐火物、云母以及树叶等有机物，达到五彩缤纷的效果，而热弯玻璃仅弯曲成模具的形状。

热熔玻璃和浇注玻璃也有一些区别，浇注法成形的玻璃黏度较热熔成形的要小，浇注时的黏度为 $10^3 \sim 10^5 Pa \cdot s$，玻璃是熔体，流动性较大，而热熔时的黏度为 $10^5 \sim 10^6 Pa \cdot s$，流动性明显降低。与黏度相对应的温度，浇注法也较高，为 1100～1200℃。浇注法所用的材质为流体（熔融玻璃液），而热熔法所用材质为固体（平板玻璃、玻璃块、玻璃颗粒）。浇注法一般成形后，开模取出玻璃制品，将玻璃制品单独送去退火，个别复杂不对称形状的制品才连模具一起退火，退火后把模具打碎取出制品；而热熔玻璃是玻璃和模具一起退火。

按采用的玻璃坯料的区别，热熔玻璃分为热熔平板玻璃和热熔块料玻璃。

7.2.1 热熔平板玻璃

热熔玻璃是采用特制热熔炉，以平板玻璃和无机色料等作为主要原料，设定特定的加热程序和退火曲线，在加热到玻璃软化点以上，经特制成型模模压成型后退火而成，必要的话，再进行雕刻、钻孔、修裁等后道工序加工。热熔玻璃的工艺流程如图 7-2 所示。

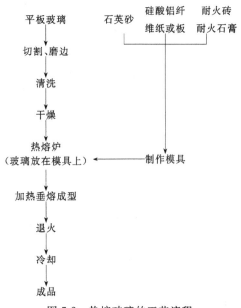

图 7-2　热熔玻璃的工艺流程

（1）**热熔玻璃材质**　热熔玻璃的材质为浮法玻璃，玻璃的厚度根据制品的形状和要求而定，但玻璃必须清洗干净再干燥。如有油迹、污秽等，热加工后会显现在玻璃表面上。玻璃的锡面必须向下，确定玻璃哪面是锡面，可用锡面探测仪，也可观察切刻断面，凭经验来判断。

除了采用透明无色和有色浮法玻璃为材质外，还可施透明色釉点缀在浮法玻璃表面上进行热熔。在热熔炉膛底部平铺石英砂，撒上脱模粉，将切割好的 5 mm 宽的彩色玻璃条按设计图案平放在平板玻璃上，加热到玻璃软化后，在平板玻璃上就形成彩色玻璃带，制备成彩带热熔玻璃。也可将切割的彩色玻璃条按方格形图案纵横向摆放在石英砂上，加热后，纵横方向的彩条玻璃就粘接在一起，形成网络形状的热熔玻璃。

（2）**热熔温度**　热熔玻璃主要设备为热熔炉，采用箱式电加热，在炉膛上部安装红外电热管为发热元件，以辐射加热为主，对炉膛内放置的平板玻璃进行加热。一般玻璃吸收 $2\sim4\mu m$ 的中波红外线，加热效率比较高，对钠钙玻璃，短波红外辐射效率为 30%～40%。红外电热管比电阻丝加热能使炉内温度分布更为均匀。通过数字控温箱来控制炉内温度制度，根据指定的升温曲线加热和保温，按退火温度制度进行退火。

热熔温度根据玻璃品种、厚度及加工图案而确定，必须在玻璃软化点以上，黏度在 $10^5\sim10^6\,Pa\cdot s$，该黏度的温度，国内优质浮法玻璃为 780℃，超白浮法玻璃为 785℃，保温时间 2.5h 左右。

热熔炉的尺寸、形状根据需加工的热熔玻璃的尺寸和形状而定，国外大都为多边形（六角形、八边形、圆形等），国内大都为长方形。一般采用上开门（上掀式，图 7-3）；也有用前开门式的，前开门式装卸玻璃制品比较方便，但价格比上开门式昂贵，一般小型玻璃制品用上开门式热熔炉，大型、制备数量多的则用前开门式热熔炉。热熔炉尺寸热比熔玻璃制品的尺寸要大，炉壁和玻璃制品最外边距离至少要保持 2.5cm 以上的空隙，热熔炉温度至少能达到 870℃。

图 7-3　上掀式热熔炉

（3）**热熔模具**　玻璃热熔模具用砂模或硅酸铝纤维纸与板。最常用的为砂模。将纯净的石英砂在炉膛内铺平，砂层厚约 1.5cm，然后按设计的图案用竹竿作画，细节部分可用木筷描绘，于是就在石英砂上形成凹形的图案作为阴模，再在上面洒上脱模粉，然后将平板玻璃平放在石英砂制成的阴模上，当玻璃加热到软化点以上，即因自重沉到砂模中成形。

硅酸铝纤维纸能直接加热成阴模，经浮法玻璃热熔后制成各种纹样与浮雕的玻璃制品。为了防止玻璃软化在纤维纸之间形成气泡，可以将裁成纤维纸面积比覆盖的平板玻璃要大，相互连接处形成一个通道，用以排除平板玻璃与模具之间膨胀气体，同时控制升温速率，在 720℃玻璃软化点以前要缓慢加热，使气体能有充分时间排除。国内已用纤维纸的模具制作出水波纹、树皮纹、乱石、冰峰、叠纹等热熔玻璃。

模具也可以用多种材质，如用高温水泥、耐火石膏或耐火泥按图案制成阴模，排放在石英砂面上，再把玻璃摆放在阴模上，然后进行加热，玻璃软化后就形成浮雕，制备成复杂图案的壁饰浮雕玻璃。如利用耐火砖粗糙的表面作模具，平板玻璃热熔后，就具有墙面的质感，由此制成城墙热熔玻璃。在平板玻璃上洒上各种低熔颜色玻璃粉，热熔后玻璃表面就产生色彩缤纷的效果。热熔玻璃还可和彩饰、上金、镀膜等各种装饰方法结合，从而得到各种流光溢彩的效果。

至于制作玻璃连体台盆，则用硅酸铝纤维板作模具，按玻璃尺寸要求在模具上挖所需盆形的孔，如椭圆、圆形、方形、心形等，在孔的四周用砂纸打磨光滑即可，再将不锈钢焊接个支撑模具，大小与模具差不多，平板玻璃加热软化后，就槽沉在硅酸铝纤维板的孔中形成盆形。对一般盆来讲，槽沉深度 15cm 左右即可。

果盆、餐盆、烟灰缸的模具制作方法是相似的，只是深浅和形状不同。以圆形果盆为例，先在 1～5cm 厚的硅酸铝纤维板中间挖一圆孔，孔的周围打磨光滑，再在四周雕刻要求的图案，或用硅酸铝纤维纸剪出图案，然后用大头针固定在已挖好的模具上。然后将玻璃放在模具上，送入热熔炉进行成形即可。

模具一般不直接放置在热熔炉底上，而是放在炉底的耐火材料搁板上，搁板又放在 3 个高度 12.7mm 的耐火材料支架上。采用搁板的原因是防止热熔玻璃因模具破裂流下，粘在窑底或损坏窑炉；采用支架是促进室内热空气对流，使炉温更为均匀，而退火阶段窑温均匀尤为重要。

国外玻璃艺术家还在搁板上再涂一层隔热涂层或放置硅酸铝纤维纸或纤维毯，以保护搁板。纤维纸厚度为 3mm、6mm，纤维毯比较厚，可达 50mm。纤维纸或纤维毯使用前要加热到 700℃，将其有机胶黏剂烧掉，纤维纸加热时要保持通风，以免有机挥发物污染环境。纤维纸不仅可保护搁板，而且也可以将其放在模具周边，既保护模具，又能防止模具损坏时，玻璃熔体溢出。

7.2.2 热熔块（颗粒）玻璃

热熔块玻璃是将整块或多块玻璃放在模型中，连模型一起加热成形的艺术玻璃和装饰玻璃，而热熔颗粒玻璃是在模型中装入不同尺寸的玻璃颗粒，与模型一起加热成形。

按装填方法和玻璃尺寸大小又可分为填充式热熔玻璃和塌陷法热熔玻璃两种。

（1）填充式热熔玻璃　填充式热熔玻璃是将研磨很细的玻璃颗粒加水和胶混合均匀，调成糊状，放在耐火石膏模具内，进行热熔成形。玻璃的颗粒大小不同，热熔的温度和时间不同，可以得到层次不同的效果。温度高、时间长，玻璃表面比较光滑；温度低、时间短，玻璃热熔不足，可以保留颗粒的纹理效果。玻璃颗粒愈细，热熔后愈不透明，每平方厘米面积模具使用玻璃颗粒越多，留在作品上接缝处的痕迹越多；采用各种有色玻璃更得到很好的艺术效果。

此方法适合于多种颜色、多种层次的热熔。玻璃颗粒加热熔化后，体积缩小，不足以填充模型，可在热熔过程中打开炉门，继续向模型中加玻璃料，以充满模型，也可将模型顶部（口部）做成漏斗状，加料时，起料仓作用，热熔后玻璃收缩，漏斗中的玻璃料下落而填充在模型中。顶部加料斗大小要经精密计算，使多加的一部分玻璃料恰好填满模型，如加料过多，超过成形玻璃制品需要，在成形、退火、冷却后可将多余部分切割去。

（2）塌陷法热熔　塌陷法工艺与槽沉法相同，将一整块玻璃放在模型中，加热到槽沉温度，玻璃软化沉入模型而成形，然后再进行退火。玻璃塌陷的黏度为 $10^6 Pa \cdot s$，钠钙玻璃相应温度为 800℃ 左右，铅玻璃 700℃ 左右。塌陷时，玻璃块一般大于模型，槽沉后才能充满模型。

不论填充式还是塌陷法，均要求玻璃能充满模型。加料多则从模型中溢出，将模型与热熔炉黏住，损坏窑炉；加料少则不能得到模型的形状，因此需测定模型的体积。将模型注满水，然后将水倒入量筒中，精确测量模型需加入玻璃的体积 v（以 cm^3 计），再将此体积乘以玻璃密度 d，即得到所需玻璃质量 W，即：

$$W = vd \tag{7-1}$$

热熔炉大都是单室式，热熔和退火均在同一炉内进行。热熔玻璃大都形状复杂，且不对称，比一般器皿要厚得多，有些艺术品还是几种不同颜色玻璃碎块热熔而成，冷却过程中产生的结构应力、热应力比一般器皿玻璃要大，消除这些应力比较困难，因此退火过程要很长。以钠钙玻璃为例，退火上限温度（黏度 $10^{12} Pa \cdot s$）为 550℃，退火下限温度（黏度 $10^{13.5} Pa \cdot s$）为 450℃。退火时，在退火上限温度保温 3h，再用 3h 缓慢冷却到退火下限温度，然后保温 3h，最后用 15h 冷却到室温，总退火时间为 24h。在此基础上，根据不同形状和厚度的艺术品再作调整。

7.3　环保型热熔玻璃制备及性能

环保型热熔玻璃是以 95%～99% 的废旧玻璃为主要原料，以 1%～5% 的石英砂为纹理形成剂，制备的建筑用环保型热熔玻璃。

环保型热熔玻璃的性能与纹理形成剂石英砂用量、烧成温度以及保温时间对等因素有关。如随石英砂用量的增加,试样的抗折强度逐渐降低;随烧成温度的升高,试样的抗折强度逐渐升高;随保温时间的延长,试样的抗折强度逐渐升高。

7.3.1 环保型热熔玻璃原料

(1) 碎玻璃 以废旧窗玻璃为主要原料,所用碎玻璃的性能见表 7-1 所示。碎玻璃的加入量为 95%~99%。

表 7-1 碎玻璃的性能

密度/(g/cm³)	抗折强度/MPa	热膨胀系数/(×10⁻⁷/℃)	透光率/%	软化温度/℃	硬度(莫氏)
2.55	6.8	91.4	88	650~710	6

(2) 纹理面形成剂 一般是以难熔的石英砂(工业纯,含量≥99.74%)为纹理面形成剂。石英砂的粒度为 300 目,加入量为 1%~5%。

7.3.2 环保型热熔玻璃制备

首先将碎玻璃清洗,烘干后破碎成 20mm 以下的颗粒,取一定重量破碎后的碎玻璃加入到球磨罐中,加入 3% 的蒸馏水后球磨 3min 后,再加入 1%~5% 的纹理形成剂石英砂,再球磨 3min,然后将球磨后的配合料倒入不锈钢模具(10cm×10cm×5cm)中,最后放入到马弗炉中,以 10℃/min 升温至 850~950℃下烧成,保温一定时间,自然冷却后就得到建筑用热熔玻璃。

(1) 石英砂加入量 图 7-4 所示为试样中加入不同质量百分比的石英砂在 900℃下保温 90min 后的抗折强度;由图 7-4 可以看出,随石英砂加入量的增加,试样的抗折强度逐渐降低。这是因为随石英砂加入量的增加,高温下碎玻璃的有效结合面积逐渐减少,从而导致试样的结合强度降低。

(2) 烧成温度 一般情况下,普通窗玻璃的软化温度为 650~710℃,要使得破碎的玻璃重新黏结在一起,则烧成温度通常要比软化温度高 100~300℃。图 7-5 所示为烧成温度 850~950℃时石英砂加入量为 3% 的试样在烧成温度下保温 1h 的抗折强度与烧成温度的关系曲线。

由图 7-5 可以看出,随烧成温度的升高,试样的抗折强度逐渐增加,并且,当烧成温度大于 900℃时,试样的抗折强度增加幅度逐渐降低。这是因为实验过程中,试样中的碎玻璃块被难熔的石英砂分隔开来,随温度的升高,碎玻璃的黏度逐渐降低,塑性逐渐增强,当温度较高时,碎玻璃可以绕过石英砂颗粒的缝隙而黏结成一个大块,并且黏度越低,黏结的越牢固。因此其抗折强度随温度升高而增大,且强度逐渐接近于窗玻璃的强度。

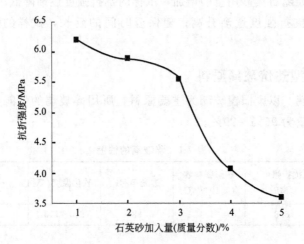

图 7-4   石英砂加入量对热熔玻璃抗折强度的影响

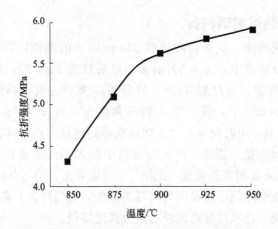

图 7-5   热熔玻璃烧成温度与抗折强度的关系

图 7-6 所示为试样在 900℃ 下保温 90min 后的 XRD 图谱,可以看出,试样完全为玻璃相,没有发现 SiO_2 等晶相产生,因此可以断定,在高温下石英砂是以非晶态形式存在于试样中,并与碎玻璃紧密地黏结在一起。

(3) 保温时间   图 7-7 所示为石英砂加入量为 3% 的试样在 900℃ 不同保温时间下的抗折强度。

由图 7-7 可以看出,随保温时间的延长,试样的抗折强度逐渐增加,这是因为在高温下,具有塑性的碎玻璃可以绕过石英砂颗粒而紧紧地粘接在一起,随时间的延长,碎玻璃颗粒之间的有效结合面积逐渐增加,因而碎玻璃之间结合越牢固,抗折强度越高。实验中还发现,当保温时间较长时,试样

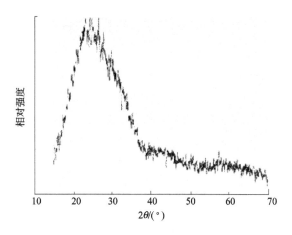

图 7-6　试样的 XRD 图谱

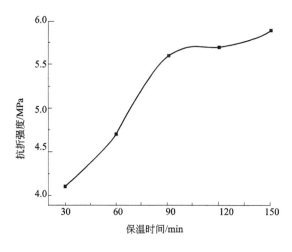

图 7-7　烧成保温时间对热熔玻璃抗折强度的影响

的透光率有所降低（图 7-8），这是因为，高温下碎玻璃的塑性形状变化带动了石英砂颗粒的运动，导致石英砂在试样中无规则的排列，而不是仅仅存在于碎玻璃的表面，从而导致试样的透光率降低。与此同时，所制备试样的纹理也随之模糊。

7.3.3　环保型热熔玻璃性能

表 7-2 是石英砂加入量为 3% 的试样在 900℃下保温 90min 的环保型热熔玻璃基本性能。

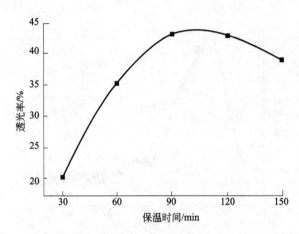

图 7-8　烧成保温时间对热熔玻璃透光率的影响

表 7-2　环保型热熔玻璃基本性能

性能指标	数值
密度/(g/cm³)	2.53
线膨胀系数/($\times 10^{-7}$/℃)	91.1
抗折强度/MPa	5.6
热稳定性(200℃时投入 20℃水中,温差 180℃)	无异状
透光率/%	43.1
硬度(莫氏)	6
吸水率/%	0
耐酸性($1\%H_2SO_4$)/%	0.08
耐碱性($1\%NaOH$)/%	0.03
是否有残余应力	无

　　由表 7-2 可以看出,由于石英砂的密度和膨胀系数比碎玻璃的低,因此所制备试样的密度和膨胀系数低于所用碎玻璃的密度和膨胀系数;所制备的热熔玻璃热稳定性、耐酸性及耐碱性好,透光率高,且纹理面上无残余应力,强度高,可大量用于建筑装饰材料。利用碎玻璃制备热熔玻璃是固体废弃材料再生利用、保护环境的又一新途径。

第 8 章

玻璃封接技术

封接玻璃的概念范围很广，因为能与玻璃进行封接的材料很多，几乎包括一切能与各种金属或合金、陶瓷以及其他玻璃（包括微晶玻璃）封接在一起的玻璃。目前用得最多的是玻璃与金属的封接，而玻璃与玻璃、玻璃与陶瓷的封接日趋增多。例如钠硫电池中，需要用 DM-305 玻璃同九五瓷管件封接。国外在某些电子产品中采用了相当于 DB-404 玻璃与橄榄石瓷的封接。

玻璃与金属封接是加热无机玻璃，使其与预先氧化的金属或合金表面达到良好的浸润而紧密地结合在一起，随后玻璃与金属冷却到室温时，玻璃和金属仍能牢固的封接在一起，成为一个整体。

经封接加工后的封接件，必须达到以下要求。

① 足够的机械强度和热稳定性。由于电真空器件在制造和使用过程中都要受到热的和机械的冲击，封接件必须坚实，不致遭受破坏。

② 必须气密。电真空器件要有良好的真空气密性，才能保证器件的电气特性和寿命，封接界面熔结良好、无裂缝、无气泡。

8.1 封接原理

玻璃与金属封接的密实，首先是两种材料间有良好的黏着力，这决定于两种材料的性质，即玻璃能湿润金属。其湿润角愈小，则黏着力愈好。纯金属时的湿润角一般比其氧化物的润湿角大，同时高价氧化物的润湿角也比低价氧化物的大，表 8-1 是钼及其不同氧化物对钼组玻璃的润湿角。

表 8-1　钼及其氧化物的润湿角

项　　目	钼及其氧化物		
	Mo	MoO_3	MoO_2
湿润角/(°)	146	120	60

从表 8-1 可以看出，纯金属钼的湿润角最大，而低价氧化物 MoO_2，其湿润

角小得多，这样用低价氧化物的 MoO_2 与钼组玻璃封接，其黏着力比用纯金属钼与钼组玻璃封接的要大得多。因此在被封接的金属上形成密实的氧化物薄膜，特别是此种氧化物能略溶于玻璃中时，则黏着作用就更好。为了得到良好的不透气的封接，常常先将金属制得一层低价氧化物薄膜（可将金属在空气中加热氧化，或涂上一层氧化物薄膜），这层氧化物能部分地溶于玻璃，就可获得气密良好的封接效果。松而多孔的氧化膜（如铜、铁的氧化物）妨碍了玻璃与金属间的黏着作用，得不到气密的封接，因而不能采用这种氧化物薄膜。

由于有大量气泡存在，造成熔封处的不密实。在熔封过程中，多半是由被封接的金属放出大量气体，如含有碳的金属氧化时，放出 CO_2，所以含碳金属应预先在 H_2 中或真空中退火，封接时要使用还原焰等措施，以避免产生气体包裹在封接件中，影响封接的气密性。被封接的玻璃与金属之间的热膨胀系数总有差异，纯金属的热膨胀曲线几乎是直线，而玻璃的热膨胀曲线在转变点附近向上弯曲，因而封接件就产生应力，如图 8-1 所示。

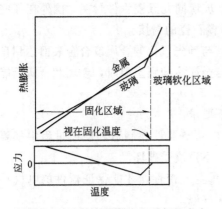

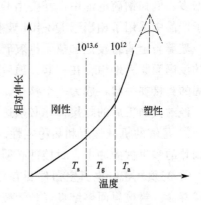

图 8-1　玻璃与金属膨胀差引起的应力　　　　图 8-2　封接玻璃的膨胀曲线

即使采用热膨胀系数比较接近的两种材料，在正常情况下封接时，由于温度高，玻璃尚处于黏滞流动状态，它可以通过自身的塑形变形来消除应力，这时不会发生应力。但在封接结束，冷却时，在 T_g 点以下，玻璃开始失去黏滞流动性，到退火下限温度玻璃完全失去塑性变形，开始产生应力，应力情况视两种材料的热膨胀曲线及封接形式不同而异。封接玻璃的热膨胀曲线如图 8-2 所示。经验证明，封接应力应小于 $980.665 \times 10^4 Pa$；否则将在封接界面出现裂纹，也不能保证封接件的气密性。

图 8-3 所示为玻璃围绕金属棒的封接件在 3 个方向产生不同的应力，若金属的热膨胀系数比玻璃大，则 3 个方向的应力分布如下。

① 轴向（P_z）　由于金属的热膨胀系数大，冷却时收缩较多，玻璃收缩少，就阻碍金属的收缩，因而金属为张应力，玻璃为压应力。

② 径向（P_r） 金属收缩多,位于内部,玻璃在外面有将金属往外拉的趋向,玻璃也受到金属往内拉的力,因而金属和玻璃均为张应力。

③ 切线方向（P_θ） 金属的收缩受到玻璃的阻碍,金属为张应力,玻璃为压应力。

封接操作结束后的封接件,如急速冷却则会产生更大的应力,由于玻璃导热性差,玻璃在接近金属处先冷却,若此处已达脆性状态,而其他部分还未失去塑性变形时会产生很大的应力,有使封接件损坏的危害,所以封接后的封接件必须退火。

为了避免封接应力对封接件的破坏,可采用以下措施。

第一,选用热膨胀特性相近的金属和玻璃封接,这是最普通的方法。从室温到 T_g 点范围内,金属和玻璃的热膨胀系数相差不超过 10%,就可以使封接应力在安全范围以内。

第二,利用软的或薄而细的金属来封接,采用这种方法,由于金属的延展性,它所产生的弹性变形可松弛由于玻璃与金属的热膨胀系数相差较大所产生的应力。

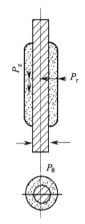

图 8-3 玻璃与棒状金属封接件的应力分布

8.2 对封接玻璃的性能要求

玻璃与金属的良好封接以及封接制品性能的优劣,在相当大程度上取决于该封接玻璃的性能,因此封接前,对采用的封接玻璃性能的了解及选择适宜的玻璃与金属封接是极为重要的。

对于与金属封接的玻璃的性能要求:在受热工作状态下不变形,保持刚性固态,与金属结合牢固,且结合处能保持良好的气密性,封接制品需有一定的热性能、电性能及有关理化性能,因而,所选择的玻璃应具有较好的抗热震性、电绝缘性能、机械性能以及化学稳定性。

（1）玻璃的抗热震性 室温下,玻璃是一种硬而脆的材料。在外力作用下,玻璃不可能像金属一样产生塑性变形,而容易产生脆性破裂。当温度发生突变性变化时,玻璃体由于经受不住热震而破坏。玻璃的热震破坏分两种情况:当受急热时,玻璃体表面产生压应力,内部受到拉应力;当受急冷时情况相反,即表面产生拉应力,内部受到压应力。由于受到瞬时热应力的作用,玻璃就应从应力集中的地方,即玻璃与金属封接的交界处或有表面缺陷的地方先行破裂。但玻璃"耐压不耐拉",耐拉强度仅为抗压强度的 10% 左右。玻璃经受急冷的破坏性要比经受急热的破坏性大的多。但无论是急冷或急热,如果是在局部温度作用下,则热震破坏性较大。

影响热震性的主要因素是热膨胀系数 α，α 越大，热震性越差，故在选择与金属相封接的玻璃时，宜采用 α 较低的材质，使封接体有较佳的抗热震性。通常，与金属封接用的玻璃分为两大类：一类是硬（质）玻璃，α 为 $(32\sim35)\times10^{-7}/℃$；另一类是软（质）玻璃，$\alpha$ 略高于 $88\times10^{-7}/℃$。由于软玻璃比硬玻璃 α 大，因此软玻璃的热震性一般比硬玻璃差。纯金属的 α 比合金的通常大，所以选择合金与相匹配的硬玻璃进行封接，比纯金属与软玻璃封接的抗热震性要好得多。

玻璃的抗热震性还与封接件的几何形状与尺寸有关。当玻璃与金属封接时，如果玻璃的表面积越大，厚度越厚，则封接件的抗热震性越差。

（2）玻璃的热膨胀系数　与金属相封接的玻璃，两者的 α 必须尽可能接近，以使封接后产生尽可能小的应力。如果热膨胀系数的差值 $\Delta\alpha$ 超过 $\pm5\times10^{-7}/℃$，则在封接界面会产生较大的内应力，当应力超过极限强度，封接件就会破坏，在封接玻璃交界处出现纵向线形裂纹。要得到无裂缝的封接件，一般要求在玻璃的应变点以下，两者的热膨胀曲线基本接近。

（3）玻璃的电绝缘性能　对于封接玻璃，电绝缘性能一般要求较高，室温下，石英玻璃的电阻率高达 $10^{16}\Omega\cdot cm$ 以上，普通玻璃的电阻率不低于 $10^{13}\Omega\cdot cm$。但玻璃的电阻率随着温度的上升而急剧下降。在电子玻璃中，规定相应的参数 T_{k-100} 点，它是以体积电阻率 $10^8\Omega\cdot cm$ 时的温度来表示玻璃绝缘性能的好坏，即取 $\lg\rho=8$ 的温度定义为 T_{k-100} 点。此点越高，玻璃的电绝缘性能越好。

温度超过 1000℃ 时，电阻率直线下降，玻璃几乎成为导体。玻璃是典型的离子导电物质，所以，对于绝缘性能要求较高的封接件来说，引入玻璃组成中一价金属氧化物应相应减少。

当玻璃表面吸附水分或其它杂质时，表面电阻明显下降。梅雨季节里，许多未加保护层的电子元件或其他封接制品阻抗变小，这是由于它从潮湿空气中俘获羟基离子使得电导增加。因此，减少玻璃组成中碱金属氧化物的含量和加强玻璃的表面处理，有助于提高玻璃封接件的电气性能。

（4）玻璃的抗水性　玻璃的抗水性主要取决于玻璃的化学组成，尤其是碱金属氧化物。玻璃组成中碱金属氧化物愈多，抗水性愈差；反之，RO 愈少，抗水性愈好。另外，增加玻璃组成中 Al_2O_3、ZnO 或 ZrO_2 的含量，则有利于抗水性的提高。通过热处理或表面处理，也可提高玻璃的抗水性。

（5）玻璃的软化点　对于封接玻璃，除主要性能外，希望玻璃的软化温度不要过高。过高一方面导致熔封温度的升高，另一方面不利于封接时的流动性，若流动性不良，玻璃体就不可能布满整个封接空间，润湿不充分，封接强度低，这也是造成慢性渗漏的一个重要原因。

（6）对玻璃质量的要求　用于封接的玻璃在澄清过程中，必须充分排除气泡，也不应有结石及明显的条纹。玻璃中由条纹所构成的拉应力，如果与金属封接所形成的应力相加，此拉应力能使封接件炸裂。

8.3　与玻璃封接用的金属

8.3.1　对金属的要求

能与玻璃形成气密封接的金属需满足下列要求。

金属的熔点必须远高于玻璃的加工温度；每种金属当成分一定时，必须有恒定精确的热膨胀系数；对匹配封接来说，必须使金属与玻璃的膨胀曲线在同一温度范围内一致；在与玻璃封接的温度范围内，金属中不应产生任何同素异形的转化，因为伴随着这种转化，金属的膨胀系数会显著改变；在与玻璃封接时，金属表面首先要通过氧化，此氧化层必须牢固地黏附在金属表面上；金属必须有一定的延展性，以便于加工；有些金属或合金在与玻璃封接前，需作烧氢除气的处理；金属和合金事先需经清洁处理，否则会引起封接处慢性渗漏、漏气或爆裂；倘若封接时需要通过大电流，则金属必须具有良好的导电性和导热性，否则由于大电流通过造成的升温会使应力大大增加。

8.3.2　与玻璃封接用的金属及其合金

与软玻璃封接时，可使用铂、代铂合金、铁镍合金以及膨胀系数高的含镉合金。通常在膨胀系数适宜的情况下，屈服点低的软金属比硬而脆的金属为佳。铂和铁镍合金比较适合于封接，屈服点低，导电性高。铂有许多与软玻璃相接近的膨胀系数，铂的屈服点低，且性柔软，能削弱制品中玻璃部分的应力。在铂上不会形成难封接的厚氧化层，铂上面的薄氧化层很牢固，极适宜与玻璃封接。但价格昂贵，限制了铂的广泛应用。目前在电真空技术中，杜美丝几乎替代了铂，杜美丝是用含镍 43％ 的铁镍心杆覆铜后拉制而成，铜的重量占金属丝总重的 30％。

与硬玻璃封接时，使用钨、钼以及它们的合金或铁钴镍合金。由于钨和钼的一些特点，逐渐被铁钴镍合金所代替。这类合金的膨胀系数在 $400 \sim 500℃$ 范围内逐渐向上弯曲，与有些玻璃（DM-305 玻璃、DM-346 玻璃）的膨胀系数曲线相接近，因而能匹配封接。

8.4　封接的形式

玻璃与金属的封接形式，概括地说玻璃与金属的封接可以分为匹配封接和非匹配封接两大范畴。

8.4.1　匹配封接

匹配封接（图 8-4），指金属与玻璃直接封接。但必须选用膨胀系数和收缩系数相近似的玻璃和金属。使封接后玻璃中产生的封接应力在安全范围之内。一般来说，某种金属就配以专门的玻璃来封接，如钨与钨组玻璃封接，钼与钼组玻璃封接等。这是玻璃与金属封接的主要形式之一。

8.4.2　非匹配封接

非匹配封接（图 8-5），指金属和玻璃或其他待封接的两种材料的热膨胀系数相差很远而彼此封接的形式。若直接封接，则封接件中的玻璃将产生较大的危险应力。解决非匹配封接有以下几种方法。

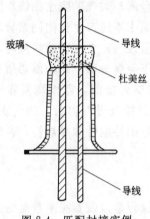

图 8-4　匹配封接实例

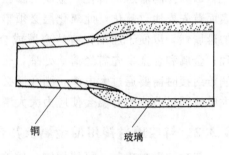

图 8-5　非匹配封接实例

① 选用直径细小的金属丝，或将金属端部加工成很劈形薄片与玻璃直接封接，目的是利用金属的弹性变形来松弛应力。使封接件所产生的应力减弱，不足以使之破坏。如无线电发送管中，铜丝（$\alpha = 178 \times 10^{-7}/℃$）和硬质玻璃（$\alpha = 36 \times 10^{-7}/℃$）直接封接；高压水银灯管内是用石英玻璃（$\alpha = 5.5 \times 10^{-7}/℃$）与铂箔（$\alpha = 93 \times 10^{-7}/℃$）的直接封接都属于非匹配封接。

② 选用性质柔软的金属，使封接处产生的应力可由金属变形而得到补偿。铜就是一例。使用直径小于 0.8mm 的杜美丝也可以。

③ 采用过渡玻璃进行封接，过渡玻璃的热膨胀系数介于被封接的金属与玻璃之间，如果金属和玻璃间的膨胀系数相差很大，可用几种不同的过渡玻璃，依次几层封接，最后一种过渡玻璃与金属的膨胀系数相近，就成为匹配封接。

凡是两种以上不同玻璃的相对连接，称为递级封接，该接头统称为过渡接头。例如将软质玻璃与九五硬质玻璃相对接，则需用 7 种以上膨胀系数不同的玻璃管依次逐段对接才能完成。这一类非匹配封接也是玻璃封接的另一种主要形式。

8.4.3　金属焊料封接

为了消除金属直接与玻璃封接的困难，先在玻璃表面上敷一层金属，然后用焊料使其焊到金属部件上。这种焊接方法常用在密封电容器以及其他较小的电器零件上。但这种焊接件不耐高温。

玻璃表面上涂覆上金属薄膜的方法很多，用银或铂的化合物的悬浮液加热而获得银层或铂层；在真空中进行金属的蒸发及沉积；金属的阴极溅射；将金属粉末或液态金属喷到玻璃上等。然后用焊锡、氧化锌、含银的锡铝焊料等使金属薄膜与金属件封接。此工艺相当于陶瓷金属化。

8.4.4 机械封接

机械封接（图 8-6），石英玻璃由于热膨胀系数很低，因而与金属或合金的封接有困难，可在玻璃与金属之间涂上熔融的低熔点金属作焊料，冷却后焊料紧密地使金属与玻璃密封，这种封接方法称为机械封接。如钨或钼导线和石英玻璃封接的地方填满熔融的铅（327℃），冷却后，铅层就牢牢地和石英玻璃黏合起来。也可用内表面敷有锡的金属筒加热，直到锡开始熔化（232℃），将玻璃管插入金属筒内再冷却，玻璃管与金属筒也就结合在一起。

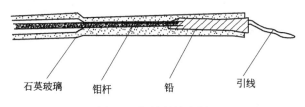

石英玻璃　　钼杆　　铅　　引线

图 8-6 机械封接实例

按照封接技术来分，可以分为：火焰封接；感应封接；高频电阻熔焊封接；压力扩散封接；粉末玻璃封接；玻璃料封接；氯化银封接。其中氯化银封接是玻璃非匹配封接的一种新工艺。AgCl 是一种白色粉末，熔点为 457.5℃，用时将它夹持在两种玻璃材料的封接界面处，此焊料具有很强的塑性变形能力。封接温度一般选用 480～490℃，保温 5min 左右。封接完成后，AgCl 焊料呈半透明。由于它是光敏材料，长期暴露在空气中逐渐转变成浅褐色，但这并不影响接头性能。接头具有足够的强度和真空气密性，能在 400℃下长期工作。

按金属零件的几何形状，可以分为珠状封接；管状封接；盘片封接，带状封接，羽状边缘。按封接的方式还可简单分成直接封接和间接封接两大类。前者主要是指玻璃熔融体与金属材料在高温下的直接熔合，后者是指通过封接玻璃焊料把两者连接成一体。

8.5 玻璃封接的条件

玻璃与金属的性质完全不同，要想使两者很好的封接在一起，需满足一定的条件。

8.5.1 两者的热膨胀系数要十分接近

玻璃和金属应从室温到低于玻璃退火温度上限的温度范围内，两者热膨胀系数尽可能一致，这样就可得到无应力的封接体。如果两者热膨胀系数和收缩率不一致，则在封接体中两者都能产生应力，当应力值超过玻璃的强度极限时，封接处容易开裂，导致元件漏气和失效。即使在短时间没有开裂，时间一长，由于玻璃体承受不了应力的作用，也会逐渐产生微裂纹。尤其当电子器件受到震动和碰撞时，微裂纹会迅速蔓延和扩展，导致器件的突然损坏。

一般情况下，封接体中存在的压应力比玻璃的抗压强度小得多。玻璃的抗拉强度是抗压强度的1/10，因此选择的玻璃和金属由于热膨胀不同引起的拉伸应力，必须小于玻璃的抗拉强度。

金属的热膨胀系数在没有物相变化的情况下几乎是一常数（图8-7），而玻璃的热膨胀系数在超过退火温度后会急剧上升。当温度超过软化点后，玻璃因处于黏滞状态，应力会自动消失而使热膨胀系数显得无关紧要。通常，如果玻璃和金属的 α 在整个温度范围内相差不超过 $\pm 5\%$，应力便可控制在安全范围内，玻璃就不会炸裂。形成良好封接件，单纯满足这一点是不够的。

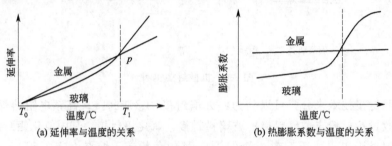

(a) 延伸率与温度的关系　　(b) 热膨胀系数与温度的关系

图 8-7　金属和玻璃的热膨胀特性

8.5.2 玻璃能润湿金属表面

玻璃对金属表面的润湿能力是通过润湿角来衡量的。润湿的概念可作为封接工艺的理论基础，因为玻璃和金属的封接实际上是表面润湿问题。通常情况下，玻璃和纯金属表面几乎不润湿（润湿角 θ 很大），但在空气和氧气介质中，则润湿情况会出现明显改善，这是金属表面形成一层氧化膜而促进润湿的缘故。

参考文献

[1]　刘志海等．加工玻璃生产操作问答．第2版．北京：化学工业出版社，2012.

[2]　刘志海等．节能玻璃与环保玻璃．北京：化学工业出版社，2009.

[3]　王承遇等．艺术玻璃和装饰玻璃．北京：化学工业出版社，2009.

[4]　刘缙．平板玻璃的加工．北京：化学工业出版社，2008.

[5]　王承遇等．玻璃材料手册．北京：化学工业出版社，2008.

[6]　段国平等．喷绘艺术玻璃技法．北京：化学工业出版社，2007.

[7]　龙逸．加工玻璃．武汉：武汉工业大学出版社，1999.

[8]　刘忠伟等．建筑玻璃在现代建筑中的应用．北京：中国建材工业出版社，2000.

[9]　马眷荣．建筑玻璃．北京：化学工业出版社，1999.

[10]　朱雷波．平板玻璃深加工学．武汉：武汉理工大学出版社，2002.

[11]　中国南玻集团工程玻璃事业部．建筑工程玻璃加工工艺及选用．深圳：海天出版社，2006.

[12]　石新勇．安全玻璃．北京：化学工业出版社，2006.

[13]　王承遇等．玻璃表面处理技术．北京：化学工业出版社，2004.

[14]　刘忠伟等．建筑装饰玻璃与艺术．北京：中国建材工业出版社，2002.

[15]　阎玉珍等．建筑玻璃幕墙玻璃屋面材料与施工．北京：中国建材工业出版社，2007.

[16]　杨修春等．新型建筑玻璃．北京：中国电力出版社，2007.

[17]　[美] Joseph S. Amstock．建筑玻璃实用手册．王铁华等译．北京：清华大学出版社，2004.

[18]　戴舒丰．玻璃艺术．北京：清华大学出版社，2005.

[19]　刘新年等．玻璃工艺综合实验．北京：化学工业出版社，2005.

[20]　陕西科技大学．玻璃工艺学．北京：轻工业工业出版社，1982.

[21]　王承遇等．艺术玻璃和装饰玻璃．玻璃与搪瓷，2008(1)：44-49.

[22]　郭宏伟等．环保型热熔玻璃的制备及性能研究．中国陶瓷，2008(2)：12-14.

[23]　黄华义．建筑用彩釉钢化玻璃生产工艺的合理控制．建筑玻璃与工业玻璃，2009(1)：11-15.

[24]　闻华明．低温烘烤型玻璃油墨．丝网印刷，2007(10)：35-37.

[25]　辛崇飞等．彩釉玻璃、超白玻璃在现代节能建筑中的应用．建筑节能．2009(2)：34-37.

[26]　黄友奇等．玻璃表面的增强处理．建筑玻璃与工业玻璃，2012(10)：4-7.

[27]　许伟光．浅谈汽车玻璃印后烘干的控制．建筑玻璃与工业玻璃，2012(10)：25-27.

[28]　许伟光．钢化玻璃彩虹斑纹现象的工艺控制．建筑玻璃与工业玻璃，2012(2)：33-35.

[29] 田永刚. 高温、高湿环境对玻璃深加工产品的影响. 建筑玻璃与工业玻璃, 2012 (3): 19-22.

[30] 许伟光. 浅谈影响钢化玻璃平整度的因素及处理对策. 建筑玻璃与工业玻璃, 2012 (3): 24-27.

[31] 许伟光. 叠片热弯玻璃生产设备、加热工艺及模具制作. 建筑玻璃与工业玻璃, 2012 (4): 30-33.

[32] 王蕾. 玻璃表面增强技术的研究进展. 建筑玻璃与工业玻璃, 2012 (5): 17-20.

[33] 许伟光. 玻璃印刷网布的选择. 建筑玻璃与工业玻璃, 2012 (5): 31-33.

[34] 许伟光. 在玻璃表面进行印刷常见的质量缺陷及其解决办法. 建筑玻璃与工业玻璃, 2011 (5): 30-33.

[35] 袁先红. 平板玻璃用釉料的装饰方法和发展趋势. 玻璃, 2012 (10): 46-49.

[36] 韩自鹤. 钢化炉辊印发生的几种原因及对策. 玻璃, 2012 (8): 35-38.

[37] 陈福. 显示屏用薄玻璃的化学钢化及性能分析. 玻璃, 2012 (5): 45-48.

[38] 王立祥. 影响化学钢化玻璃质量的因素分析. 玻璃, 2012 (4): 27-32.

[39] 高磊. 玻璃幕墙玻璃的选用. 玻璃, 2011 (8): 47-49.

[40] 王立祥. 影响钢化玻璃外观质量的因素分析. 玻璃, 2011 (6): 36-40.